U0292212

中国社会科学院创新工程学术出版项目

移动互联网蓝皮书

BLUE BOOK OF CHINA'S
MOBILE INTERNET

中国移动互联网发展报告
（2015）

ANNUAL REPORT ON CHINA'S MOBILE INTERNET DEVELOPMENT
(2015)

主　编／官建文
副主编／唐胜宏　许丹丹

社会科学文献出版社
SOCIAL SCIENCES ACADEMIC PRESS（CHINA）

图书在版编目（CIP）数据

中国移动互联网发展报告.2015/官建文主编.—北京：社会科学
文献出版社，2015.6
　（移动互联网蓝皮书）
　ISBN 978 - 7 - 5097 - 7512 - 7

　Ⅰ.①中…　Ⅱ.①官…　Ⅲ.①移动网 - 研究报告 - 中国 - 2015
Ⅳ.①TN929.5

中国版本图书馆 CIP 数据核字（2015）第 099510 号

移动互联网蓝皮书
中国移动互联网发展报告（2015）

主　　编／官建文
副 主 编／唐胜宏　许丹丹

出 版 人／谢寿光
项目统筹／邓泳红　陈　帅
责任编辑／陈　帅

出　　版／社会科学文献出版社·皮书出版分社(010)59367127
　　　　　地址：北京市北三环中路甲 29 号院华龙大厦　邮编：100029
　　　　　网址：www. ssap. com. cn
发　　行／市场营销中心（010）59367081　59367090
　　　　　读者服务中心（010）59367028
印　　装／北京季蜂印刷有限公司

规　　格／开 本：787mm × 1092mm　1/16
　　　　　印 张：23.25　字 数：386 千字
版　　次／2015 年 6 月第 1 版　2015 年 6 月第 1 次印刷
书　　号／ISBN 978 - 7 - 5097 - 7512 - 7
定　　价／79.00 元

皮书序列号／B - 2012 - 255

移动互联网蓝皮书编委会

主要编撰者简介

官建文 人民网副总裁，人民网研究院院长，人民日报社高级编辑。长期从事新闻编辑、网站管理及新媒体研究，是2011年度国家社科基金重大项目首席科学家，著有《新闻学与逻辑》等，主编2012年、2013年、2014年"移动互联网蓝皮书"。近年来的相关代表作有：《中国媒体业的困境及格局变化》《移动客户端：平面媒体转型再造的新机遇》《大数据时代对于传媒业意味着什么？》等。

唐胜宏 人民网研究院院长助理兼综合部主任，主任编辑。长期从事新闻网站管理和研究工作，代表作有《网上舆论的形成与传播规律及对策》《信息化时代舆论引导面临的难点和工作中存在的不适应问题》《运用好、管理好新媒体的重要性和紧迫性》《2012年中国移动新媒体发展状况及趋势分析》《利用大数据技术创新社会治理》等。

许丹丹 人民网总裁助理，副总编辑，环球网总经理。长期从事互联网新闻、互联网出版及移动互联网业务，对移动增值业务及手机WAP站、客户端产品运营有深入的研究和丰富的实践经验。主持开发的人民日报客户端获得中国互联网协会颁发的金手掌奖，此外还获得工业和信息化部、原新闻出版总署、中国国际网络文化博览会颁发的多个奖项。

彭 兰 中国人民大学新闻学院教授，博士生导师，国家社科重点研究基地"中国人民大学新闻与社会发展研究中心"专职研究员，新媒体研究所所长，北京网络媒体协会理事。主要研究方向为新媒体传播、媒介融合。著有《网络传播概论》《网络传播学》《中国网络媒体的第一个十年》等。

顾 强 曾长期在国家经济和贸易委员会、国家发展和改革委员会、工业和信息化部等部门工作，现为中国科学院科技政策与管理科学研究所博士后，中关村赛博大数据经济研究院首席研究员。主要研究方向为战略性新兴产业、工业发展战略、区域经济等。主持和参与若干国家社科基金项目、省部级重大课题研究。专著、主编、编著二十余部书籍。

胡　泳　北京大学新闻与传播学院教授，中国传播学会常务理事，中国网络传播学会常务理事，中国信息经济学会常务理事，"信息社会50人论坛"成员，世界经济论坛社交媒体全球议程理事会理事。2014年入选南都报系·奥一网颁发的"致敬中国互联网20年20人"榜单。著有《网络为王》《众声喧哗》等。

匡文波　中国人民大学新闻学院教授，博士生导师，中国人民大学新闻与社会发展研究中心研究员。兼任全国新闻自考委员会秘书长、中国科技新闻学会常务理事。是国内较早从事新媒体研究和教学的学者之一，入选2007年教育部新世纪优秀人才支持计划。出版《网络媒体概论》《网络传播学概论》《手机媒体概论》等多部著作。

项立刚　中国通信业知名观察家，研究领域为中国IT业和通信业，是我国第五媒体最早理论联系实践的研究者。曾被媒体评为"燕京大写手""最佳产业推动者"，入选"影响中国IT业Top 100人物""影响中国手机产业100人"等。曾创办《通信世界》，并任杂志社社长兼总编。2007年创办中国通信业专业门户网站飞象网，现任飞象网CEO。北京邮电大学世纪学院兼职教授，北京3G产业联盟副理事长、秘书长，中国电子学会会员。

摘　要

《中国移动互联网发展报告（2015）》由人民网研究院组织相关专家、学者与研究人员撰写。本书全面介绍了 2014 年中国移动互联网发展状况，梳理了年度发展的特征特点，展示了年度发展的重点亮点。

全书由总报告、综合篇、产业篇、市场篇和专题篇五部分构成。总报告梳理了 2014 年中国移动互联网发展的特点、亮点，对正在形成的移动互联网生态系统做了介绍、分析；综合篇对移动媒体的发展趋向、未来的移动互联社会、中国移动互联网的技术创新、智能互联网与人工智能在移动互联网的应用、移动信息安全等进行了分析与展望；产业篇分别对移动互联网对我国产业模式的影响、移动互联网的企业级应用、O2O 对传统业态的时空重构、移动智能终端发展趋势等做了介绍、分析；市场篇对中国移动互联网市场规模与投融资情况，以及移动社交、移动营销、移动阅读、移动医疗、移动视频等细分市场发展现状与趋势做了分析梳理和研判；专题篇涉及中国传统媒体移动传播格局、移动新闻客户端发展、移动音频应用、智慧城市建设、媒体微信公众号等，并将华为的海外移动战略作为案例进行了分析。

另外，附录列出了 2014 年中国移动互联网领域发生的重要事件。

序

移动互联网正在改变我们的生活和工作。手机已经成为第一上网终端，许多人获取信息、交友、交流讨论，都通过手机进行；订车票机票、购电影票、医院挂号，还有各种O2O服务，用手机比台式电脑多；网络购物、电子支付也多用手机，甚至一些政务也能通过手机办理。曾经被认为耗费大流量的视频，也大量通过手机观看了。2014年，手机首次超过台式电脑和笔记本电脑，成为我国网民观看视频节目的第一终端。工信部2013年底才发放4G牌照，但2014年全国4G手机销量接近1亿部。目前，中国已建成全球最大的4G网络，同时还成为4G手机的最大生产国和销售国。最近，李克强总理关注到"网费贵、网速慢"的问题，工信部立即作出回应。相信网速提升、网费下降很快就能实现。移动互联网让我们的工作和生活变得更便捷、更精彩。

2015年的政府工作报告提到"互联网＋"和移动互联网，指出要制定"互联网＋"行动计划，推动移动互联网、云计算、大数据、物联网等与现代制造业结合。报告将"互联网＋"和移动互联网纳入国家经济发展的顶层设计，这对整个信息产业、新兴产业，乃至国家经济社会的创新发展意义重大。互联网、移动互联网＋通信，出现了即时通信，＋零售，出现了电子商务，它＋各行各业，使各行业的中间环节锐减，时间与空间距离大大缩短，成本降低，效益提升，分工进一步细化深化，产业转型升级，带来一系列深刻的变化和变革。

移动互联网＋新闻媒体，带来的是新闻传播事业的繁荣和新闻传播方式、手段、形态的不断创新。过去，报纸、广播、电视虽然一统天下，但传播形式单一，传播时效性不强，活跃度不够。现在新闻媒体的传播手段、传播方式多种多样，丰富多彩，生动活泼。拿人民日报社来说，过去主要是编辑出版报刊，现在不一样了。截至2015年4月，人民日报社拥有29种报刊、44家

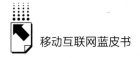
网站、118 个微博机构账号、142 个微信公众号、31 个手机客户端，总用户超过 2.5 亿。从传播频率、传播广度、传播有效性来说，互联网、移动互联网大大提升了人民日报的传播力和影响力。如今，从全国性媒体到地方媒体，都纷纷开设"两微一端"，都在重视网络传播和移动互联网传播。2015 年两会，各新闻媒体在创新、移动传播、全媒体报道、融合发展方面进行了一次颇有成效的探索。几乎所有采访全国两会的媒体，都既采用传统方式传播，也发微博、微信，还有的在新闻客户端、手机网发稿，有的媒体集团设立了"中央厨房"，一个新闻素材，制作出不同形态的新闻产品，通过不同渠道发布。移动端的报道风格和形式也在不断改变，除"两微一端"外，还有 HTML5 技术应用，小应用、小游戏、动漫等都被应用于两会报道，两会的移动报道各具特色，亮点纷呈。一个全媒体、全时段、全形态的传播格局正在形成。

中国移动互联网蓝皮书已连续出版了 4 本，它见证并记录了中国移动互联网的快速发展。从 2011 年到 2014 年，中国移动互联网从边缘走向主流，手机网民从 3.6 亿增加到 8.59 亿，移动广告额增长了 11 倍，移动支付额增长了 100 倍，移动互联网的投融资额增长了 22 倍。如今，无论从上网终端、用户规模、发展趋势、市场前景看，移动互联网都全面超过 PC 互联网。移动互联网无论在民众生活还是国家经济发展层面，都占据了越来越重要的地位。短短几年时间，中国的移动互联网产品、技术和创新模式已经走出国门，在国际市场占有一席之地，并且显示了较大的发展潜力，这是令人振奋的事。

为编辑出版移动互联网蓝皮书，人民网研究院召开了多次选题座谈会、专题研讨会，约请到在移动互联网研究方面颇有造诣的专家学者、业界大腕撰稿，确保了书稿的高质量。该书对 2014 年中国移动互联网基本情况、发展重点及特色、亮点作出了回顾、展示和分析，涉及诸多方面，包括产业模式、企业级应用、O2O、移动互联网资本市场、移动营销、移动阅读、移动医疗、移动视频、新闻客户端、媒体微信公众号、智慧城市等等，既有详尽的数据，又有比较深刻的分析。更重要的是，该书对中国移动互联网发展趋势作了分析和预测，如移动媒体的创新与发展趋向、智慧互联网及未来的移动互联社会、移动信息安全等，研究较为深入，分析也有力度，具有参考与启示价值。

一本书、二十几篇文章，便对整个行业一年的发展作出全面回顾和展望，这挺不容易。在此，我对皮书的编撰者表示敬意！衷心希望这本凝聚了编撰者满腔热情和辛勤劳动的蓝皮书再创佳绩，成为业界和关注移动互联网的各方人士欢迎和喜爱的图书。

人民日报社副总编辑

2015 年 4 月

目 录

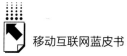

B Ⅳ　市场篇

B Ⅴ　专题篇

B VI 附 录

皮书数据库阅读 **使用指南**

总 报 告

General Report

B.1
正在形成的移动互联网生态系统

官建文　唐胜宏　王培志*

摘　要：　"移动互联网+"是"互联网+"的核心，它给人们带来了极大的想象空间。移动互联网开始渗透到各种行业，颠覆传统，创造新模式，形成移动互联生态系统。中国移动互联网已进入稳健发展阶段，它将进一步走向全球化，走向智能化，智慧社会之门正在开启。与此同时，移动网络空间正面临各种安全问题的挑战，加快发展与加强治理都正当其时。

关键词：　移动互联网　"互联网+"

　　2014年，"互联网+"成为热词，并且被写入了2015年国务院的政府工

* 官建文，人民网副总裁，人民网研究院院长，高级编辑；唐胜宏，人民网研究院院长助理兼综合部主任，主任编辑；王培志，人民网研究院研究员。

作报告。一个"+",具有丰富的内涵,也存在极大的想象空间。制造、零售、金融、教育、电信、传媒、医疗、餐饮、外贸,甚至农业等领域,一旦与互联网相"+",便会产生反应——观念转变、发展模式改变、新渠道被发现、新形态被创造、效率提升、效益增大,给人们带来惊喜。

在"互联网+"中,"移动互联网+"是核心。在互联网基础条件较好的中心城市、发达地区,移动互联网渗透的范围越来越广,影响程度越来越深。在互联网基础条件较差的欠发达地区,移动互联网比传统互联网发展得更快,在三四线城市、广大农村地区,不仅移动互联网用户规模急速扩大,而且移动互联网对各个领域的渗透全面展开。在这些地区,人们使用更多的是"移动互联网+"。移动互联网的随时、随身、随处特点,带来了无限商机,创造了独特的商业模式,"摇一摇"能让亿万人着迷,这在以往是不可想象的。多屏互动、O2O及场景化服务……移动互联网让想象的翅膀飞翔,给人们带来了更多贴身、贴心的优质服务。网络连接、移动设备、应用服务形成了一个完整的闭环,形成了一个以移动互联网为纽带的服务系统、商业生态系统。未来,进入这个系统的人与物越来越多,它们之间将形成与以往大不相同,与当今也不一样的产业生态、商业生态、社会生态系统。

一 中国移动互联网发展新景观

2014年,中国移动互联网的用户、终端、网络基础设施规模持续稳定扩大,移动应用生态链初步形成,移动支付、电子商务、视频、广告、阅读、医疗等各细分市场都获得了长足发展。

(一)用户、终端、网络基础设施规模持续稳定扩大

1. 移动互联网用户增速减缓,巨大存量的用户价值凸显

对于我国移动互联网的用户规模,主要有两类统计数据:一类是中国互联网络信息中心(CNNIC)基于抽样调查定期发布的数据,另一类是工业和信息化部根据运营商的移动通信接入数据汇总统计的数据。据中国互联网络信息中心统计,2014年12月,中国手机网民规模达5.57亿人,增长11.1%,低于

2013 年 19% 的增长率。① 另据工业和信息化部统计，2015 年 1 月，中国移动互联网用户总数达 8.8 亿人，同比增长 5.1%，其中使用手机上网的用户达 8.39 亿人。总体来看，我国移动互联网用户规模大幅度增长的时代已经结束，开始进入中低速的稳步增长时期。② 2014 年，我国手机网民数量首次超过传统 PC 端网民数量：6 月，上网设备中手机使用率达 83.4%，12 月为 85.8%；6 月，传统 PC 端的上网使用率为 80.9%，其中台式电脑为 69.6%，笔记本电脑为 43.7%，12 月台式电脑上网使用率为 70.8%，笔记本电脑为 43.2%。手机网民数量持续增长，PC 网民数量增长乏力，占比下降。庞大的手机网民，为移动互联网应用提供了巨大的市场，86% 的即时通信工具用户使用手机，使用手机进行旅行预订的用户数量比 2013 年增长了 194.6%。截至 2014 年 12 月，使用手机看视频的用户占比达 71.9%，首次超过了使用 PC 端看视频的用户占比（71.2%）。

2. 移动智能终端主体市场趋于饱和，机会正在外移和下移

2014 年，中国智能手机市场趋于饱和，增长速度在下滑。根据中国信息通信研究院的数据，2014 年中国手机市场累计出货量为 4.52 亿部，比 2013 年的 5.79 亿部下降 21.9%，其中智能手机出货量为 3.89 亿部，同比下降 8.2%。③ 易观国际的数据显示，2014 年国产手机厂商的出货量占中国整体市场出货量的 70% 以上，国产手机厂商数量降至 60 家以下，趋于集中。小米、华为、联想、中兴通讯在电商渠道加快布局，其他各类品牌手机不断涌入市场，主要品牌的市场份额难以继续拉开大的差距，国内三、四线城市和海外市场正在成为各品牌市场争夺的主战场。三、四线城市市场有很大的潜力可挖，未来大部分的新增用户将来自这一市场。海外市场中的发展中国家市场也将成为中国国产品牌手机的主攻市场之一。

3. 上网设备结构加速优化，移动网络全面进入 4G 时代

2014 年是我国的 4G 商用元年，与 3G 商用元年 2500 万 3G 用户的成绩相

---

① 中国互联网络信息中心：《中国互联网络发展状况统计报告（2015 年 1 月）》，2015 年 2 月。

② 工业和信息化部：《2015 年 1 月份通信业经济运行情况》，http://www.miit.gov.cn/n11293472/n11293832/n11294132/n12858447/16471274.html。

③ 另据互联网数据中心（IDC）数据，2014 年，中国智能手机出货量为 4.207 亿部。2014 年第四季度，中国的智能手机出货量达 1.075 亿部，季度环比增长 2%，同比增长 19%，增长主要由厂商发售新机、4G 手机拉动。

比，我国 4G 用户发展速度提高近 3 倍，全年新增 4G 用户 9728.4 万人。2014年，TD－SCDMA 和 TD－LTE 用户总净增达 1.43 亿人，在用户增量、总量中所占的份额分别达 79.1% 和 57.4%。① 在 2015 年 GTI（TD－LTE 全球发展倡议）国际产业峰会上，工业和信息化部科技司副司长李力称，我国 TD－LTE 4G 用户规模已经突破 1 亿人，预计到 2015 年底突破 4 亿人。随着中国电信和中国联通获得 FDD－LTE 牌照，FDD 国际主流 4G 网络与中国自主创新主导的 TDD－LTE 同台竞争，会迎来有利于用户的充分竞争市场，带来资费的下降、宽带网速的提升等，移动数据流量消费渐成主流，流量不清零的愿景也将走向现实。

（二）移动应用生态链初步形成，高渗透率与高集中度并存

1. 生活需求带动应用高速增长，具有高渗透率

根据应用数据追踪公司 App Figures 的统计，2014 年底，Google Play 的应用数量达 143 万款，App Store 的应用数量达 121 万款。② 全球移动应用的使用量增长了 76%，③ 而中国是仅次于美国的世界第二大移动应用市场，④ 即时通信、社交、视频、旅游等应用具有高渗透率，维持在高位运行。人们生活的各种场景正在被移动互联网改造：9.9 元选座看电影，1 分钟手机预订酒店、门票，1 秒钟抢一个红包，社交选匿名，通信用微信，吃饭就定位到附近的餐馆。不断有垂直细分市场及小而美的创新应用渗透到人们生活的各种场景当中，手机应用在人们日常工作和生活中已不可或缺，据统计全国平均每部移动上网设备安装了 34 款应用。⑤

2. 用户对应用的依赖度大、集中度高、黏性强

用户在移动设备和应用上投入的时间和精力不断增加。根据中国互联网络

---

① 资料来源于工业和信息化部。
② Ariel, *Permalink to App Stores Growth Accelerate in* 2014, http: //blog. appfigures. com/app－stores－growth－accelerates－in－2014/.
③ 《Flurry：2014 年使用移动设备购物数量同比增长 174%》，http: //www. 199it. com/archives/319798. html。
④ 《App Annie & MEF：2014 年 10 月全球移动应用市场经济发展报告》，http: //www. 199it. com/archives/287581. html。
⑤ 《每部移动设备平均安装 34 款应用　好产品才能"黏"住用户》，http: //www. ce. cn/xwzx/gnsz/gdxw/201503/25/t20150325_ 4921470. shtml。

信息中心的调查，2014 年中国移动互联网用户平均每天启动应用的时长达 116 分钟；每天上网 4 小时以上的重度手机网民比例达 36.4%，相比于 2013 年增加了 16.4 个百分点；每天实时在线的手机网民比例为 21.8%；87.8% 的手机网民每天至少使用手机上网一次。友盟统计数据显示，20% 的人每天查看 100 次手机；近 1/4 的人忘带手机会心慌；1/3 的人起床第一件事是打开手机看微信。多数人生活在移动网络中，不少人全天候在线。与此同时，中国移动互联网用户的应用使用高度集中，经常使用 1 ~ 5 个应用的用户占比最大，接近用户总量的一半。① 据 2014 年 12 月的调查统计，安卓平台用户覆盖率超过 30% 的移动应用依次为 QQ、微信、手机淘宝、支付宝钱包、搜狗手机输入法、360 手机助手、酷狗音乐，② 其中 QQ 和微信的用户覆盖率超过 70%。移动应用在高度集中的同时又具有高用户黏性，以微信为例，55.2% 的用户每天打开 10 次以上，每天打开 30 次以上的用户占到了近 1/4。

在中国移动应用大发展的背景下，中国移动应用开发者数量超过 300 万人，同比增长约 16%。规模庞大的第三方移动应用开发与服务平台、应用分发平台为移动应用开发提供了支撑。2014 年，35.7% 的移动应用开发者实现了小幅盈利，30.3% 的移动应用开发者实现了盈亏持平。③ 一个良性的移动应用生态系统初步形成。

（三）革新消费模式，开启移动新商业时代

1. 移动支付增长迅速，移动电子商务崛起

2014 年，中国手机支付用户达 2.17 亿人，同比增长 73.2%，网民手机支付的使用比例由 25.1% 提升至 39%；④ 移动支付金额增长 134.3%，增速连续两年超过 100%。⑤

得益于移动支付的增长红利，2014 年中国移动购物用户规模突破 3 亿人，

---

① 中国互联网络信息中心：《中国互联网络发展状况统计报告（2015 年 1 月）》，http：//www.cnnic.net.cn/hlwfzyj/hlwxzbg/hlwtjbg/201502/t20150203_51634.htm。
② 《2014 移动互联网数据报告》，http：//www.yixieshi.com/it/20293.html。
③ 何树煌：《面向移动开发者的服务及平台发展分析》，2015 年 3 月。
④ 中国互联网络信息中心：《中国互联网络发展状况统计报告（2015 年 1 月）》，http：//www.cnnic.net.cn/hlwfzyj/hlwxzbg/hlwtjbg/201502/t20150203_51634.htm。
⑤ 中国人民银行：《2014 年支付体系运行总体情况》，http：//www.gov.cn/xinwen/2015 – 02/12/content_2818590.htm。

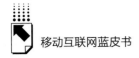

增速超过 35%，高于 PC 端购物用户 25% 的增长速度。移动购物的交易规模接近 10 万亿元，增长率达 270%。① 在"双十一"大战中，天猫移动交易额达 243 亿元，是 2013 年"双十一"移动交易额的 4.54 倍。

2. 移动视频骤热，移动广告市场风起云涌

4G 牌照颁发后，移动基础设施建设加快，加上 Wi－Fi 网络覆盖面不断扩大，以及智能手机大屏化、高清化，移动视频发展条件趋于成熟，使得手机超越 PC 端成为用户观看视频的第一终端。到 2014 年底，移动端与 PC 端视频流量之比进一步扩大到了约 7∶3。国内的统计分析平台 TalkingData 发布的《2014 移动互联网数据报告》显示，在用户覆盖率前 20 的移动应用中，视频类应用已占据两席。艾媒咨询数据显示，2014 年底，中国移动视频用户规模达 3.41 亿人，较 2013 年底增长 32.7%。PC 端视频网站用户加速向移动端迁移，优酷土豆、爱奇艺的移动端流量占比均已超过 60%，移动端的营收占比也已超过 30%。此外，腾讯微视、新浪秒拍提前布局，美拍、微拍、微录客、啪啪奇、微可拍等短视频应用如雨后春笋般出现。

2014 年，国内外移动互联网广告市场增长可观。市场研究公司 eMarketer 的数据显示，2014 年全球数字广告市场规模达 1460 亿美元，其中移动广告市场规模为 402 亿美元。谷歌和 Facebook 建立了全球最大的移动广告平台。中国移动广告市场增长近 6 倍，达 64 亿美元，超越英国和日本，成为全球第二大移动广告市场。② 4G、大数据、云计算、富媒体技术成为移动广告市场发展的重要推动力。多盟、点入、点媒等移动广告企业的融资拉开了资本市场进入广告行业的大幕，百度、阿里巴巴、腾讯都在加大在移动广告生态体系中的布局力度，推出了直达号、服务窗、企业号，建立了移动广告联盟和平台。

3. 移动阅读变现加速，移动医疗前景广阔

2014 年，中国移动阅读的活跃用户数已达 5.9 亿人，市场规模 88.4 亿元，同比增长 41.4%（不含手机报收入），③ 中国人 2014 年移动阅读的图

---

① 《2014 年微信购物发展白皮书》，http：//www.enfodesk.com/SMinisite/newinfo/articledetail－id－418624.html。
② 《2014 年全球数字广告市场报告》，http：//www.199it.com/archives/315665.html。
③ 《易观分析：中国移动阅读市场趋势预测 2014～2017》，http：//www.enfodesk.com/SMinisite/maininfo/articledetail－id－418653.html。

书量已经超过 14 亿册,① "指尖上的阅读"深受青睐,手机成为人们随身携带的"口袋图书馆"。移动阅读的场景更加碎片化,阅读目的更加偏向娱乐消遣,优质内容用户付费意愿增强,一些公司靠正版内容已经可以实现盈亏平衡。

受益于传感器、可穿戴设备和大数据技术的发展,移动医疗市场即将迎来发展的黄金时期。2014 年,中国移动医疗市场规模增长至 30 亿元,同比增长 89.9%,同年全球移动医疗市场规模达 45 亿美元。② 2014 年,中国互联网医疗创业融资交易发生 80 起,披露融资额近 7 亿美元(2013 年仅为 2 亿美元),这些融资都涉及移动医疗,其中挂号网融资 1 亿美元,丁香园融资 7000 万美元。③ BAT(百度、阿里巴巴、腾讯)已经开始抢占移动医疗先机,与医院、政府合作,推进移动医疗在"最后一公里"落地。2014 年 5 月,支付宝钱包推出"未来医院"计划;6 月,微信上线"全流程就诊平台";7 月,百度与北京市人民政府共同发布"北京健康云"平台。部分国内移动医疗企业,如丁香园、春雨、好大夫等,加速累积用户,探索商业模式。

(四)媒体加速转型,多端跨屏融合传播

1. 新闻客户端与微信公众号成媒体转型方向

2014 年底,移动新闻用户规模达 4.1 亿人,比 2014 年初增长 141.2%。④ 传统媒体吹响了向新兴媒体转型的"集结号"。6 月中旬,人民日报社与新华社相隔一天发布了各自的新版新闻客户端。上海报业集团连续推出"上海观察""澎湃""界面"等新闻客户端。另据统计,15% 的电视频道应用下载量在 5000 万次以上,其中综艺类电视节目在视频客户端点击量过亿节目中的占比已超过六成。⑤ 以人民日报社为代表的中央媒体持续发力微信平台,除了"人民日报""央视新闻"等官方"大号"外,还推出了"学习小组""侠客

① 《"2014 年移动阅读报告"发布》,http://www.chinadaily.com.cn/hqcj/xfly/2014 - 12 - 30/content_ 12961629.html。
② 《2014 年移动医疗市场分析报告》,http://www.sootoo.com/content/534034.shtml。
③ 《2010 ~ 2014 年中国互联网医疗投融资报告》,http://www.199it.com/archives/318419.html。
④ 《2014 移动互联网数据报告》,http://www.yixieshi.com/it/20293.html。
⑤ 人民网研究院:《2014 中国媒体移动传播指数报告》,2015 年 2 月。

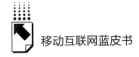

岛"（《人民日报·海外版》）、"团结湖参考"（北京青年报社评论部）、"海运仓内参"（《中国青年报》）等一批视角独特、笔锋犀利、语言亲民的清新"小号"，展现了较强的"吸粉""收赞"能力。

2. 媒体"中央厨房"时兴，多端跨屏传播兴起

移动互联网的快速发展，带来了人们新闻消费习惯和消费方式的变化，新闻生产与传播模式必须变革，只有这样才能满足消费需求，媒体"中央厨房"应运而生。媒体融合包括内容、渠道、平台、经营、管理等多方面的融合，"中央厨房"是媒体融合的尝试，指将记者采集的各类信息在一个平台上"加工"成文字、图片、视频、图解、HTML 5 等不同形态的新闻产品，分别提供给报纸、杂志、视频网站/电视台、微博、微信等不同传播渠道发布。2014年，"中央厨房"开始在少数媒体集团试行，2015 年两会期间，一批媒体集团设立了"中央厨房"，记者既是传统媒体记者，又是网站记者、客户端记者及官方微博与微信的撰稿者，记者身兼多职，配备了多种设备，如智能手机、谷歌眼镜、自拍杆，甚至还有远程视频对话设备，正在探索新闻的一次采集、多次生成、多渠道传播。

（五）创新：由追赶者转向引领者

1. 技术：由微创新转向突破式创新

一味模仿与依附，会处处受制于人，只有自主创新才有出路。2014 年，中国企业在手机芯片、人机交互等关键技术上均有新的突破。在手机芯片领域，年营收约 10 亿美元的华为海思、展讯通信在移动处理器、基带芯片等领域已具备较强的竞争力，首款 8 核 4G 华为海思麒麟 920 芯片，支持 LTE Cat 6 标准，数据下载速率峰值可达每秒 300 MB。在人机交互领域，百度、讯飞、微信等在自然语言理解、图像识别、语音识别等方面实现了突破。李彦宏提出了"中国大脑"计划，旨在深耕大数据和深度学习等面向未来的技术，布局引领移动互联网未来的人机交互、人工智能。

2. 标准：由参与式转向主导式

TD – LTE 是继 TD – SCDMA 之后，又一个由中国主导的无线通信国际标准，目前用户数已经突破 1 亿人，正在向覆盖全球 30 亿人的目标迈进。2014年，中国移动正式加入 W3C，推进通信及移动互联网领域 Web 标准的制定；

IMT－2020（5G）推进组发布了《5G 概念白皮书》；华为先行一步，斥资 6 亿美元，用于 5G 研发，希望自己成为下一代移动通信技术的领跑者；工业和信息化部、交通运输部积极推动物联网、车联网的标准制定。

3. 产品：拓展海外模式

越来越多的中国企业扬帆"出海"，"海外军团"连连报捷。2014 年，猎豹移动产品的迅猛发展推动了其在美国成功上市，其全球移动端用户规模达 5.021 亿人，63% 的移动端月活跃用户为海外用户。[1] 2014 年底，UC 浏览器在全球移动浏览器市场拿下了 11.1% 的市场份额，连续一个季度在全球第三方移动浏览器市场中排名首位，占印度市场份额第一，在俄罗斯、印度尼西亚的 Play Store 下载量排名中居首位。华为在海外市场的表现抢眼，2014 年，荣耀系列手机在 57 个国家和地区上市，出货量达 2000 万部，销售额增至 30 亿美元，海外销量为 150 万部，海外收入占总收入的 10%。[2]

二　移动互联网年度关键词

（一）BAT："丛林法则"进化为"生态游戏"

BAT 是百度、阿里巴巴、腾讯三家公司拼音首字母的组合。三家互联网巨头在移动互联网时代纵横驰骋、跑马圈地，在 PC 端原有优势的基础上布局延展，明显领先于其他互联网企业和创业公司。百度不再是单一的搜索公司，阿里巴巴也不再是单一的电商公司，腾讯更不是单一的即时通信公司，一家公司的业务都覆盖社交、电商、搜索、游戏、阅读等，甚至通过令人咋舌的大额投资并购，完成了在移动互联网领域的布局。

1. "移动卡位战"基本结束

2014 年，阿里巴巴以 43.5 亿美元收购 UC 优视，以 10.45 亿美元收购高德；腾讯以 7 亿美元注资滴滴打车，以 10 亿美元投资大众点评；百度以 2000

---

[1]　猎豹移动上市招股书。
[2]　《华为荣耀 2015 年目标：重点突破海外市场》，http：//www.cctime.com/html/2015－3－9/2015391748511038.htm。

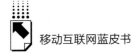
万美元投资移动互联网安全公司猎豹移动，以 2000 万美元投资移动游戏开发商蓝港互动。从用户市场看，在应用覆盖率 Top 20 的移动应用中，[①] BAT 强势占据了 16 个，其中腾讯占据 9 个，阿里巴巴占据 5 个，百度占据 2 个。从总体来看，因为 PC 互联网时代的用户积累和资本积累，主导移动互联网行业发展的还是 BAT 以及其他一些老牌互联网公司，也许可以说，在大格局上留给新创企业的发展机会已经不多，但新创企业从细分领域入手的机会则可能比较大。

2. 生态开放格局有待重塑

随着各大互联网企业强强联合，以及巨头战略投资并购的基本完成，竞争的层次正在从产业链竞争升级到产业生态系统的竞争，打造各自的生态圈成为各大互联网企业的首要任务。阿里巴巴致力于打造电商、金融数据生态平台；百度努力在"搜索王国"上嫁接垂直业务生态系统；腾讯试图连接一切，做互联网的"水"和"电"。在入口布局基本趋定的前提下，BAT 在给自身注入团队、技术、产品的活力，因此推出开放平台，试图将优秀的创业产品和团队吸收到自己的生态系统中。对中小初创企业来说，进入 BAT 的生态系统，开发成本、资源甚至推广渠道等问题都能得到有效解决。

（二）O2O：移动互联网时代的商业革命

O2O 是线上支付购买、线下提供服务的商业模式。互联网时代的 O2O 很早就开始尝试，餐饮团购就是最直接的代表，但是团购平台恶性竞争，团购商户多是只赚吆喝不赚钱，有的甚至"赔了夫人又折兵"。随着智能手机的普及、LBS 定位服务的成熟、移动支付的实现，O2O 出现了新概念、新模式、新技术，巨头纷纷涌入，中小企业如雨后春笋般出现，开始上演火热的 O2O 大战。

1. O2O 商业迎来黄金时代

一是 O2O 应用场景大范围拓展，PC 互联网时代缺乏具体的应用场景，不具备线上、线下贯通场景，不具备数据采集场景，而移动互联网时代这些问题

---

① 《10 亿台移动设备的大数据，告诉你移动互联网已是年轻人天下》，http://www.tmtpost.com/189209.html。

都已被解决，餐饮、家政、出租、洗衣、洗车等领域都已出现大量场景应用。二是 O2O 营销和服务个性化、精准化，移动智能终端可提供身份识别服务，加之 LBS 定位、后台数据支持，用户可以根据自己的兴趣爱好、个性化需求组合订阅信息和服务，同时，微博、微信、社交网络的社会化分享成为精准的广告营销手段，为商家带来了更多的用户。三是移动支付普及让 O2O 商业模式效率更加高效，用户不仅可以通过移动互联网进行远程在线交易，然后在线下进行体验，而且可以先体验、后支付。

2. O2O 生态百花齐放

移动互联网的发展，使 O2O 的生态链更加包罗万象，BAT 虽然拥有搜索、地图、电子商务、支付、电商、社交等配套设施上的优势，但是 O2O 的细分领域众多，不管是餐饮、旅游、家政、美容，还是医疗、房产、社区服务、婚庆等，都有可能诞生一批优秀企业。因此，该领域投资并购不断增多。例如，大众点评投资饿了么，腾讯参投滴滴打车、e 家洁、e 袋洗等，阿里巴巴投资快的打车，百度与 Uber 达成战略投资与合作意向。腾讯的微信公众号、阿里巴巴的支付宝服务窗以及百度的直达号掀起了 O2O 布局之争。未来的 O2O，可能是一个平台生态整合互联的 O2O。

（三）流量：消费"G"时代加速到来

语音、短信曾经是运营商的主要业务，未来五年，流量业务将会成为运营商经营的重点，用户月均移动流量消费将会加速"G"时代的到来。

1. 流量消费激增，价格持续下降

4G 用户快速增长，流量套餐资费持续下降，移动互联网接入流量呈现爆发式增长态势。2015 年 1 月，中国移动互联网接入流量达 2.47 亿 GB，同比增长 86%，再创单月移动数据流量历史新高。月人均移动互联网接入流量达 287.9MB，同比增长 74.4%。在 2015 年春节七天假期内，用户共消费了 4937.6 万 GB 移动互联网流量，人均每天使用 54.8MB，比平日高出 50% 以上。[①] 然而我国移动数据流量消费仍处于起步阶段，与 2014 年底全球每月人均流量约 270MB 相比，与韩、日、美三国人均月流量进入"G 时代"相比，

---

① 工业和信息化部：《2015 年春节中国通信业运营数据》，2015 年 2 月。

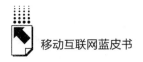

仍有很大发展空间。随着 TD - LTE 和 FDD - LTE 在我国全面铺开、三大运营商大刀阔斧地进行资费改革，更多的用户需求将被释放，带动我国移动数据流量的高速增长。

2. OTT（over the top）持续冲击运营商语音、短信业务，流量业务成重点

OTT 是指互联网公司越过运营商，发展基于开放互联网的各种视频及数据服务业务，如以微信等为代表的 OTT 业务。OTT 对传统电信运营商的挤压非常明显，造成运营商短信、语音、彩信、视频等业务的大量流失。工业和信息化部公布的数据显示，2014 年，全国移动短信业务量达 7630.5 亿条，同比下降 14.4%，降幅同比扩大了 13.8 个百分点。从春节时段看更为明显，2014 年春节期间，全国移动短信发送量累计达 182.1 亿条，同比下降 42%。2015 年春节短信发送量继续大幅下滑，除夕当日，全国短信发送量为 82.8 亿条，同比下降 25%。全国移动电话去话通话时长为 29270.1 亿分钟，同比增长 1%，比 2013 年增速下降 4 个百分点。[①] 因此，三大运营商都将流量业务作为未来五年内业务发展的重点，降低 4G 套餐资费，增加 4G 终端补贴，引导用户由 2G 套餐向 3G、4G 套餐转变，提升手机 3G、4G 上网流量增幅和无线上网收入。

（四）红包：引发一场轰轰烈烈的移动营销大战

传统的红包经过"数字化改造"，与移动互联网结合，焕然一新，在 2015 年春节期间引发了全民狂欢。小小红包，引发了百万商家大战、亿万民众参与，而且乐此不疲，为什么？因为它凝结了太多元素：电商抢滩、移动金融与支付卡位、品牌营销、多屏互动，以及亲情、友情、娱乐、运气……抢红包赚足了人气、抓够了眼球，以至于人们吃年夜饭、看春晚都受到了影响。

1. 抢红包成为"全民大战"

除夕当天，微信红包收发总量达 10.1 亿次，是 2013 年除夕当日的 200 倍，在零点峰值，每分钟有 165 万个红包被拆开。除夕当日，QQ 红包收发总量为 6.37 亿个；支付宝有 6.83 亿人参与了抢红包游戏，收发总量超过 2.4 亿个，总金额达 40 亿元。有 1541 万微博网友分享了由央视春晚及 39 位明星与

---

① 工业和信息化部：《2014 年通信运营业统计公报》，2015 年 2 月。

商家送出的1.01亿个红包。① 从社交关系来看，熟人间的红包，营造了富有互联网气息的年味，它用一种全新的方式传承了几千年的习俗。对商家而言，这是全新的营销模式，腾讯微信的"摇红包"和支付宝的"口令红包"，将平台、厂商、用户有机地串联起来，在娱乐中进行品牌营销，实现了多方共赢。

2. "社交+支付"成为成功的"病毒营销"

红包大战的真正意义不仅仅在于春节期间的一时热闹。通过红包大战，互联网企业促使用户开通微信支付、下载支付宝、绑定银行卡、开通网络支付，移动社交应用和移动支付应用得以迅速普及。对广告主来说，卡、券红包在带给用户实惠的同时，呈现了商家的LOGO，提升了品牌知名度。红包大战已从单纯的移动支付场景争夺，演变成平台、商家间的营销战。

（五）自拍：美颜文化与社交表达

一部智能手机，加上美颜应用和社交分享网络，甚至自拍杆，便衍生出了美颜文化和巨大的创业机会空间。

1. 人人爱自拍，美颜催生现象级产业

从明星到普通大众，人人都爱自拍，这已经成为日常生活不可或缺的一部分。在2014年奥斯卡颁奖典礼上，主持人和诸多影帝影后的一张自拍照，入选了美国《时代》杂志十大年度自拍照。爱美是人的本性，在自拍手机强大的美颜功能下，变身白富美、高富帅成为部分普通年轻人的"刚性"需求。因此，智能手机关联厂商和软件开发者，在自拍功能上拓展细分市场，包括苹果、三星、HTC、索尼、诺基亚、华为、OPPO、VIVO、金立、联想等众多手机厂商在内，都在手机摄像头上添加了美颜功能，美图、OPPO甚至推出了专门的美颜手机。在应用商店里，美颜应用多不胜数，既有主打人脸识别快速拍照的，也有强调多种滤镜一键美白的，其最重要功能就是让自拍更简单，让自拍者更美。

2. 社交网络"晒"文化，更多社会意义得以表达

在社交平台上晒自拍照、收获赞美，是一种生活方式和文化表达。当下，智能手机和社交网络将人与人、人与世界连为一体，微博、微信等自媒体平台

---

① 腾讯、支付宝官方披露数据。

兴盛，仅转发和点赞就能让人获得存在感，获取外界关注与认同。就商业目的来说，用户将自拍照分享至社交网络，蕴含了巨大的商业价值，可以成为运营商很好的营销手段。2014年奥斯卡颁奖典礼的那张上传至Twitter的自拍照，转发量当天就破世界纪录，达336.9万次。事实证明，这一自拍照让手机品牌与明星都提升了商业价值。自拍也可以为政治服务，成为政治家宣传和营销的工具。美国副总统拜登在Instagram社交平台上传了一张他与总统奥巴马在一辆车的后座的自拍照，据称两人当时正在去宾夕法尼亚州宣布增加职业培训资金投入的路上，该自拍照获得了6.3万个赞。2015年两会期间，政协委员崔永元用手机搭配"自拍神器"采访王岐山的视频，也在社交网络上得到了广泛传播。

三　移动互联网发展趋势

（一）多元化、去中心化引领移动互联网向纵深发展

移动互联网的优势是差异化、定制化、场景化和增值服务，随着终端的转移，移动互联网入口被场景分解，信息的聚合变得无处不在。网络连接的端口，从实物走向了虚拟，从单一走向了多元。没有哪一个超级入口能覆盖每一个细分垂直领域，微博、微信也垄断不了人们衣食住行的方方面面，即使BAT投资Uber、快的、滴滴、沪江网、跨考教育等垂直领域，很多细分领域的应用也仍能够遍地开花。未来可穿戴设备的普及，会使网络接入的端口更加分散。

移动互联网的开放、平等也给了创业者更多机会，正是由于移动互联网的"去中心化"，一些"小而美"的企业、产品才能快速成为明星企业、明星产品。与PC互联网相比，移动互联网普及成本低、速度快，能够破除中间环节，消除等级障碍，抹平差异，让产销直接对接。物质产品如此，精神产品也如此。无论是一、二线城市还是三、四线城市，用户是平等的，企业机会也是平等的，用户的每一处"痛点"都是一个很好的创业机会。

移动互联网能够更好地满足用户的长尾需求，个性化定制、多场景应用等会倒逼产品创新。长尾的资讯内容可以通过个性化推荐直达用户，长尾的应用

可以通过应用商店的分发直达用户，长尾的服务可以通过 O2O 和地理位置直达用户，移动互联网的连接特性让小微创新企业不断涌现，并且能够探寻到行之有效的商业模式。此外，国家不断加大对小微企业创新创业的政策扶持，支持小微企业发展移动电子商务，发展普惠金融，帮助解决小微企业融资难的问题。国务院决定设立总规模 400 亿元的国家新兴产业创业投资引导基金，重点支持处在"蹒跚起步"阶段的创新型企业，从而推动大众创业、万众创新。

（二）"移动互联网＋"具有广阔的想象空间

2015 年，中国的政府工作报告写入了"互联网＋"，明确提出要编制"互联网＋"行动计划，推动移动互联网、云计算、大数据、物联网等技术的运用。"互联网＋"顿然大热，两会之后，报刊、网络大谈"互联网＋"，有的省级政府甚至与互联网公司达成了"互联网＋"战略合作意向。

"互联网＋"当然包含"移动互联网＋"，甚至更多地表现为"移动互联网＋"。"移动互联网＋"首先是连接，移动互联网的连接是最丰富、最便捷的连接，移动互联网可以高效地连接人与人、人与设备、设备与设备，连接产品与消费者、企业与企业、企业与社会。这里的"＋"，是连接，是使用，移动互联网将全面融入各行业。移动互联网已经不仅仅是"术"和"器"，更是"道"和"场"，作为工具和手段，伴随着网络和终端无处不在。它已作为生产要素、管理元素，融入生产、管理、销售的各环节，打通了各个节点，大大提升了生产效率。

"移动互联网＋"绝不是简单连接，还带来了转化与再造。传统行业受时间与空间的严重制约，形成固化流程，产品需经层层批发、销售才能到达消费者手中；教育、医疗、旅行、娱乐等需要一次次往返，预约、确认、付费、实施，时序难以改变。移动互联网对传统业态的时空进行了重构，破除了许多中间环节，再造了行业流程，形成了全新的生产、经营与管理模式。各个行业，"＋"上移动互联网，都会发生改变：生产流程与管理流程缩短、简化，部分会议被取代，审批环节简化，成本降低，效率提高，效益提升。

富有魅力与想象空间的"移动互联网＋"，还是创造、创新。移动互联网是一张渗透的网、颠覆的网，它不断地冲击、不断地改变，创造了一个又一个新的形态、新的业态、新的模式。农业，这个拥有几千年历史的行业，自动灌溉、机械的应用，并未改变其生产模式与流程，但移动互联网让它开始变了样。有一种农庄，资金是众筹的，模式是共有的，生产者与消费者是同一的，投资者、消费者可以通过移动互联网随时随处监看整个生产过程。小米科技以独特方式在移动互联网领域深耕，仅仅用了5年时间便发展成了令人惊奇的公司，创造了与众不同的高速发展模式。

"移动互联网+"绝不可能止于现状，将带来更多变化，催生更新的模式与业态。移动互联网对传统行业的改造，已开始从消费服务领域向生产领域渗透。有人说，现在极为火爆的电商将来可能消失，消费者扫描商品的二维码，可直接从厂家那里下订单，货物可直接被送到家，"工业4.0"将带来个性化的预订、智能化的生产；就连应用商店也可能被颠覆，经过不断改进，目前仍在完善的HTML 5可能在未来使应用商店失去市场。颠覆、创新是移动互联网的基因，不变是不可能的。

（三）移动互联网生态系统正在逐步形成

苹果推出的App Store虽然自成系统，但并不封闭，它是一个开放的封闭系统——对第三方软件应用开发者开放，由此创建了一个全新的移动互联网生态系统。苹果这一模式很快被效仿，谷歌推出了Google Play，诺基亚推出了Ovi Store，黑莓推出了BlackBerry App World，微软推出了Windows Phone。整个移动互联网以应用商店为中心，上连数以百万、千万计的第三方软件应用开发者，下接数以十亿计的用户，形成了一个全新的完整产销链：企业开发应用、销售产品与服务甚至观念，用户获取商品、服务，营销、预订、支付、配送都围绕应用商店进行。这是以往从未有过的系统，却是一个富有魅力和巨大发展空间的系统。

App Store创造了第一个新的移动互联网生态系统，但绝不是唯一的新生态系统。O2O是移动互联网带来的又一重要创新，它将几千年来已经固化的商家与顾客在同一空间下完成实时交易的过程切分开来，实现了异步完成。这一时空错置的重构，颠覆了传统的商业模式，给消费者带来了全新的消费体验，降低了销售成本，提升了购物效率。由O2O衍生而来的场景化应用，改变了以销售者为中心的场地经营模式，完全以用户为中心、以用户行走路线为流动轴，让用户自主选择，形成了极具特色的新的移动互联网生态系统。

营销生态是多种多样的。公开课、远程教育将形成新的教育生态系统；远程医疗以及由可穿戴设备带来的保健与慢性病治疗新模式，将形成新的医疗生态系统。整个社会，从商品生产到销售，从文化生产到消费，从社会组织运转到社会管理，都将在移动互联网时代发生转变。

苹果重新定义了手机，移动互联网则重新定义了互联网。移动互联网改变了传统的游戏规则，可能颠覆商业的一切、工业的一切，带来无限增值的可能性。移动互联网已经全面拥抱新一批数字移民和原住民，他们追星、看小说、玩游戏、看电影、购物，都不是支离破碎的行为；优秀的知识产权（IP）可以在游戏、阅读、电影行业处处吸金，因为移动互联网让社交和口碑营销无处不在，企业可以用口碑营销、粉丝文化创造一线互联网化的产品，让人们口口相传，并让消费者参与决策。

（四）泛智能化开启智慧社会之门

移动互联网与智能是紧密相连的。虽然移动互联网产生于 2G 时代，但是在"移动梦网"时期，谁都不看好移动互联网。真正开启移动互联网时代的是 iPhone 3 的推出和 App Store 的启用，现在对 3G、4G 手机的通俗说法是"智能手机"。移动互联网开启了智慧链条，打开了人类社会广泛使用、人人享用智能设备之门。这些智能设备将越来越廉价、越来越智能、越来越好用。

这个智慧链条至少会沿着两个方向发展：一个方向是设备的泛智能化，现在主要是手机的智能化，同时还出现了手环、眼镜、手表等的智能化，未来还会有更多智能设备出现，如智能家居、智能汽车等。另一个方向是智能化程度不断加深，以手机为代表的智能设备会更"智慧"。在人机互动方面，语音识别、机器翻译很快会获得突破，机器学习、计算机视觉、自然语言处理、语音合成等，都会有长足发展，像微软的小冰、小娜这样的"虚拟秘书"会走向实用，并且越来越多。随着大数据、云计算的广泛应用，手机会内置许多传感器，各种智慧应用会被下载到手机上，手机不再仅仅是通信、计算、浏览、拍摄、存储工具，将成为一台超级电脑。

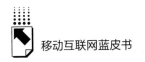

（五）产业地位提升，全球化进程加速

没有哪一个产业比移动互联网产业更有魅力。中国移动互联网整个产业硬件、软件、应用、流量、用户都以惊人的速度增长，其发展速度超过 PC 互联网的 3 倍，已经远远超越摩尔定律，迭代周期从 18 个月缩减到了 6 个月，超乎想象。2014 年，中国移动互联网市场规模达 2134.8 亿元，同比增长115.5%。[①] 移动互联网 VC/PE 融资规模达 22.70 亿美元，环比上涨220%，融资案例达 308 起，环比上涨 56%。[②] 移动互联网对其他产业的影响也越来越大，渗透到了零售业、餐饮业、交通业、传媒业、旅游业、金融业、娱乐业等领域。移动互联网随时随地将各种服务连接起来，形成了庞大的生态系统，移动网络空间也已经成为人们欲望、情感、诉求表达的平台，与人们的日常生活密不可分。

如果分行业将中国与世界进行比较，那么移动互联网无疑是最令中国人振奋的行业。在各传统工业行业及农业中，经过 30 多年的改革开放，我国只有少数行业达到或接近世界先进水平。移动互联网则不同，我国与世界几乎同时起步，虽然美国仍领先全球，但中国稳居第二梯队，并且已显现较强的竞争实力和良好的发展前景。中国是世界上最大的智能手机生产及消费国，占据全球智能手机出货量 40% 的份额。此外，在全球智能手机出货量十强企业中，中国智能手机生产商占据六席。[③] 中国首次超越美国，成为全球最大的 LTE 市场。在全球互联网公司十强中，中国占了 4 家，分别是阿里巴巴、腾讯、百度、京东商城，这些企业都在大力拓展移动互联网业务。

走出国门，打造世界级企业，是我国政府及民众的期望。过去中国企业走出国门困难重重，要冲破当地文化隔阂、国家保护政策和各种渠道壁垒的阻碍，但今天的互联网世界已经变得越来越"平"，传播渠道也日益扁平化，我国移动互联网行业"走出去"的步伐迈得更快，海外市场拓展已颇具规模。在网络方面，全球市场积极参与中国主导的 TD – LTE 标准制定，截至 2014 年

---

① 艾瑞咨询 2014 年度中国互联网经济核心数据，参见 http：//news. iresearch. cn/zt/246303. shtml。
② 《投中：移动互联网 VC/PE 融资爆发增长　并购交易规模趋稳》，http：//research. chinaventure. com. cn/report_ 972. html。
③ 市场调研机构 TrendForce 报告，参见 http：//tech. qq. com/a/20150121/031758. htm。

10 月底，GTI①已拥有 114 家运营商成员和 95 家厂商合作伙伴，全球已有 26 个国家开通了 42 个 TD - LTE 商用网。在终端方面，中国自有品牌手机在高端手机市场上已经具备较强竞争力，销量稳步上升。华为在欧洲，小米在印度及东南亚，中兴通讯在北美洲，都开拓了广阔的市场。在应用方面，腾讯的微信、阿里巴巴的 UC、金山的猎豹移动在 140 多个国家和地区登陆。在技术方面，由中国主导的 4G 标准制定，5G 前瞻研究，以及移动芯片、人机交互、智能硬件等关键技术都有了新的突破。

经过几年的快速发展，中国移动互联网的影响已经超越 PC 互联网，展现了无比广阔的应用空间与市场前景。即便如此，我们仍然可以说，移动互联网的发展仍处在初期阶段，其未知远远大于已知。下一步，移动互联网将如何发展？将向何处去？带来什么影响？是众所关注的问题。

四　移动互联网安全与治理

移动互联网的快速发展造就了中国最大的信息消费市场、最活跃的创新领域，同时也带来了发展过程中的一系列问题。这些问题主要表现在两方面：一是安全，个人、社会以及国家安全在移动互联网环境下受到了越来越严峻的挑战；二是治理，移动网络空间既是社会现实的反映，又是虚拟社会，其治理既与现实社会的治理有相通之处，又有较大区别。中共中央网络安全和信息化领导小组办公室的成立，标志着网络安全上升为国家战略，维护网络安全、加强对网络空间的治理已经成为社会共识。

（一）移动互联网安全问题与管理

1. 网络安全问题与生俱来

网络的脆弱性是伴随计算机网络一同产生的。互联网因为某些特殊需要而被发明，发明者不可能预料到互联网被如此广泛地运用。互联网具有无数节点，这是网络的特性，既是网络稳定性的重要基础，又是其易被攻击的环节。软件本身很难十全十美，很难没有缺陷，总是需要不断完善。可以说，没有任

---

① GTI，即 TD - LTE 全球发展倡议。

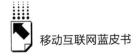

何一个网络是绝对安全的，互联网自身的协议栈和组成软件存在先天脆弱性和技术漏洞，每个节点和缺陷都是可能的被攻击点，依靠"打补丁"式的漏洞修复难以从源头上避免网络受到攻击。互联网既有的安全问题，移动互联网都具有，而且它还有自身特有的安全问题，地址、账号、身份等个人信息和关键数据在移动互联网存储和传输方面会面临更大风险。安全是互联网、移动互联网始终未解决的问题。

2. 移动互联网安全形势严峻

当前，黑客、犯罪分子将注意力转向了移动互联网，制作、发布、预装、传播移动互联网恶意程序，利用伪基站发送垃圾信息和诈骗信息，通过移动互联网、机顶盒、电视棒实施侵权盗版等，初步形成了一条完整的利益链条。移动互联网领域的网络隐私侵害、网络侵权、网络诈骗等事件频发，形势严峻，给个人信息安全、单位机构信息安全、国家信息安全带来巨大威胁。仅2014年上半年，我国新增移动互联网恶意程序超过36.7万个，并且正以每天2000多个的速度增加，恶意扣费类程序占了62%以上，超过300家应用商店存在移动恶意程序。①

3. 加强信息安全管理成为共识

移动终端与生俱来的用户紧耦合性决定了其信息的敏感性。而其"移动"特性对信息安全的保护提出了更高的要求。2014年，国家已经出台或正在制定相关法律规范，组织实施了一系列移动互联网整治专项行动，以保障个人、社会和国家信息安全。

2014年10月9日，最高人民法院发布《关于审理利用信息网络侵害人身权益民事纠纷案件适用法律若干问题的规定》，指出利用微博、微信及其他自媒体等转载网络信息需承担相应连带责任，这明确了网上公开个人隐私信息承担侵权责任的要点。除此之外，国家近几年还要制定《电信法》《网络安全法》《电子商务法》《个人信息保护法》《互联网信息服务法》《电子政务法》《未成年人网络保护条例》等，其中《电信法》和《电子商务法》已经被列入全国人大近期立法规划，修订版的《互联网新闻信息服务管理规定》也将颁布实施，应用程序相关管理办法也在加紧制定。

---

① 国家互联网应急中心：《2014年上半年移动互联网环境治理报告》，2014年9月。

2014 年 4~9 月，工业和信息化部、公安部、国家工商行政管理总局在全国范围内联合开展了打击治理移动互联网恶意程序专项行动。利用第三方数字证书对应用程序进行签名，实现应用程序的防篡改和可溯源，帮助用户辨识应用程序的来源，保护合法应用程序开发者的知识产权。2014 年 6~11 月，国家版权局、国家互联网信息办公室、工业和信息化部和公安部联合开展了第十次打击网络侵权盗版专项治理"剑网 2014"行动，打击移动网络应用中出现的未经许可转载、非法传播他人作品的侵权盗版活动，重点规范移动智能终端应用软件商店、网络电视棒、电视机顶盒等网络载体的版权经营行为。2014 年 2 月，中宣部等九部门在全国范围内部署开展了专项整治行动，依法严厉打击非法生产、销售和使用"伪基站"设备等违法犯罪活动，依法整治影响公共通信秩序的突出问题。这些活动已经取得了初步成效，相信管理部门会进一步加大整治力度，依靠全社会力量，有效保障移动互联网的安全。

（二）移动网络空间的治理

1. 移动网络空间亟须治理

虚拟社会也是一种实实在在的社会，只不过它存在于网络空间中，因为网络特别是移动网络的普及，网民数量已经极其庞大，虚拟的网络社会已经与物质的现实社会交织在一起，相互影响。网民随时可以在现实社会与网络社会之间穿梭，现实社会发生的事很快会在网络社会传播，网络社会的舆情会立即影响现实社会。一个法治社会，不可能允许法外的网络社会存在，一部有效的法律应该既管现实社会又管网络社会。在互联网及移动互联网发展的初期，因各种原因，网络社会曾一度出现与现实社会不协调的"自由度"，但这种情况正在改变。微博、微信、应用等新媒体平台成为信息传播的重要载体，为全民参与营造了公共空间，移动网络空间已经成为人们思想文化信息的集散地。在这个公共空间中，绝大部分信息是健康的、有益的，使用者从中获益巨大，但不可否定，这里也出现了一些违法和不良信息，如果不加强治理，依法坚决打击，整个移动网络空间会深受其害。

2. 违法和不良信息成为治理难点与重点

中共中央网络安全和信息化领导小组办公室副主任彭波直言："互联网上从来没有这么多科技文化知识，从来没有这么多励志的心灵鸡汤。当然，也从来没有这么多垃圾和口水。"移动互联网使信息传播的门槛进一步降低,这为民众获取知识、信息提供了极大便利,也为谣言、诈骗、色情、恐怖、暴力等违法和不良信息传播提供了新渠道。社群化、圈子化地传播淫秽低俗信息和未经核实的虚假信息,往往具有更大的迷惑性,利用应用、微信公众号、朋友群传播低俗与不良信息的情况已经比较普遍,一些企业、公关公司甚至借助淫秽色情、低俗内容做移动营销。

移动互联网集传播工具属性、媒体属性和社交属性于一体,信息传播方式由集纳、展示向推送、分享转变,主流媒体在新的传播格局和舆论生态中面临挑战。微博、客户端属于弱关系,场域公开,舆论处于显性状态;微信属于强关系,场域封闭,舆论处于隐性状态。移动舆论场中蓄意造谣、煽动、盲目从众等行为更加隐秘,社会动员功能更强,主流媒体舆论场与民间舆论场在一些突发事件和公共议题上,经常存在较大的分歧。一些不法账号捏造事实,歪曲历史,混淆视听;某些主流媒体在突发事件发生后失声,有时误传谣言,误导舆论。

3. 加强移动网络空间治理成为基本共识

依法治理互联网是世界各国的通行惯例和普遍共识,移动网络空间绝非"法外之地"。将移动客户端、移动应用商店等移动互联网的各种服务、各类主体纳入法制化轨道是大势所趋。2014 年,国家出台了移动网络空间管理的法规,实施了整顿移动网络空间违法和不良信息的专项行动,使移动网络空间环境大大改善。国家互联网信息办公室 2014 年 8 月 7 日发布《即时通信工具公众信息服务发展管理暂行规定》(俗称"微信十条"),对即时通信工具服务提供者、使用者的服务和使用行为做出了规范,对通过即时通信工具从事公众信息服务的活动做出了明确规定。该规定还对时政类新闻的发布、转载提出了要求,要求对通信工具传播中的"八类违规行为"进行查处。2015 年 2 月 4 日,国家互联网信息办公室发布《互联网用户账号名称管理规定》,规定账号管理按照"后台实名、前台自愿"的原则,就账号的名称、头像和简介等,对互联网企业、用户的服务和使用行为进行了规范,涉及"在博客、微博客、即时通信工具、论坛、贴吧、跟帖评论等互联网信息服务中注册或使用的账号名称"。

2014 年 4 月中旬至 11 月,全国"扫黄打非"工作小组办公室、国家互联网信息办公室、工业和信息化部、公安部在全国范围内统一开展了"扫黄打非·净网2014"专项行动，移动互联网传播淫秽色情信息问题成为重点整治的三大问题之一。2014年12月底，国家互联网信息办公室、国家新闻出版广电总局在全国开展了清理整治网络视频有害信息专项行动，重点清理淫秽色情、暴力恐怖及虚假信息等。

2014年5月27日，国家互联网信息办公室联合工业和信息化部、公安部等部门，开展了移动即时通信工具专项治理行动，严厉打击在移动即时通信公众信息领域传播虚假、暴力、恐怖、欺诈、色情信息等违法违规行为。要求移动通信工具使用者开设公众账号应经服务提供者审核；非新闻单位公众账号发布、转载时政新闻须经批准；特别鼓励党政机关等开设公众账号。出台《即时通信工具公众信息服务发展管理暂行规定》后，国家互联网信息办公室依法关闭了"这不是历史"等133个传播歪曲党史、国史信息的微信公众账号。

网络空间及移动网络空间的治理才刚刚开始，各种力量不可能放弃对网络空间的争夺。对移动网络空间的治理将是长期的、艰巨的，甚至会出现反复。当然，治理最主要的措施是完善法律法规，依靠管理部门依法治理，同时依靠各方力量共同治理。移动互联网从业者要加强行业自律，接受教育和培训，自觉做全面推进网络空间法制化的践行者和推动者；公民要提升自我保护意识和安全防范技能，保护个人隐私和财产，同时依照规则和程序理性表达，有序参与，遵守法律。移动互联网应该是守法、诚信、绿色、健康的移动互联网。

综合篇

Overall Reports

B.2

移动媒体的创新线索与发展趋向*

彭 兰**

摘 要： 移动媒体市场由接入产品、内容产品、关系产品和服务产品
构成。四者的融通、支撑，构成了合理的市场结构。移动媒
体有三个基本创新法则：在钟摆式运动中寻求最大势能；通
过"限制"求"突破"；让业余用户"专业化"。中国移动媒
体近期发展趋势体现为：新闻客户端社交化程度加深，UGC
和众包式生产模式升级，自媒体实现部分专业化，入口向平
台转化加速，服务媒体兴起。物联网、可穿戴设备、大数据
将全面影响未来的移动互联网，云媒体将成为新的个人门户。

关键词： 移动互联网　移动媒体　UGC　物联网

---

* 本报告为笔者与腾讯企鹅智酷合作项目"中国网络媒体的未来（2014）"的研究成果。
** 彭兰，中国人民大学新闻学院教授，博士生导师，中国人民大学新闻与社会发展研究中心研
究员，中国人民大学新闻学院新媒体研究所所长。

一 移动时代的新市场结构与产品关系

在移动时代，将媒体内容转化为产品成为普遍的思维。但是，内容要成为产品，需要建立在一个完整的市场结构上。移动媒体市场主要由四种产品构成：接入产品、内容产品、关系产品和服务产品。四者的相互融通、相互支撑，构成了一个合理的市场结构。从这四者的结构关系来看，接入产品无疑是基础，没有接入产品就没有一切，占据了接入产品的优势位置，可以给内容产品带来"先据"优势。而关系产品和服务产品对内容产品的支持关系，在今天尤为值得关注，它们既是内容产品价值放大的条件，又是移动媒体产品创新的源泉。

（一）关系产品：内容产品的"伴侣"

互联网时代媒体市场的一个重要变化，就是关系产品开始大量涌现，并且对媒体内容产品产生或放大或制约的作用。关系产品是内容产品的基础，它为内容产品的流动提供了渠道，为内容产品聚集了规模化用户，也成为内容产品黏性的一个重要源头。

在移动时代，关系产品对内容产品的意义变得更为重大。对移动媒体用户的调查，可以进一步说明社交媒体这样的关系产品对内容产品的影响。2014年10月，中国人民大学新闻学院新媒体研究所联合腾讯企鹅智酷对移动媒体的用户进行了两轮调查，[①] 调查问卷通过腾讯新闻客户端、腾讯网首页、QQ新闻弹窗（迷你腾讯网）、腾讯网科技频道、腾讯科技微信公众号等多个渠道发布。调查没有覆盖移动用户整体，而是将新闻资讯的主要消费者作为调查对象，这一人群也是移动媒体的主要使用群体。调查的目标是了解移动媒体用户的新闻资讯消费习惯及新闻消费与社交活动的关系，以及他们在娱乐和其他服务方面的使用偏好。

---

① 笔者是此次调查问卷的主要设计者之一。调查分两轮进行，第一轮侧重研究移动媒体用户的新闻消费行为及其与社交的关系，第二轮侧重研究移动媒体用户娱乐和其他服务的使用情况。第一轮参与调查的用户数为109783人，第二轮为107576人。本报告中只引用了部分调查结果。

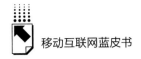
在第一轮调查中，表示经常和偶尔在社交平台分享新闻的占比达78.52%；表示经常和偶尔因别人分享而关注某新闻的占比达83.01%；表示经常和偶尔因别人的分享或评论而加深对新闻的了解的占比达84.71%。这些数据表明，今天的社交平台正在成为重要的新闻传播平台，分享成为新闻信息扩散的重要手段，而社交平台的讨论，可以有效地提高用户对新闻的关注度与理解程度，有助于提高新闻传播的效果。

社交活动与新闻信息的消费，已经是如影随形的"伴侣"关系。不能很好地运用关系平台，就难以实现内容产品的有效扩散与增值。从某种意义上说，内容是社交的"润滑剂"，今天的内容生产与传播应该更多地从这样一个思路出发。报网互动、台网互动，是传统媒体向新媒体转型时经常提到的概念，但过去的报网互动、台网互动是传统媒体人唱独角戏的互动，只是两种渠道间的互补，而不是真正互动。网络媒介最重要的属性、网络文化的本质，都是建立在人与人的互动基础上的，因此，未来传统媒体与新媒体的互动，也应该以人与人的互动，也就是社交为核心，这是媒体融合的关键。

但是，对传统媒体来说，关系平台并非它们的强项，哪怕曾经有不少媒体做过博客、微博平台，也有不少媒体有了自己的微信公众号，传统媒体最终营造的都很难被称为"平台"，因此，对内容产品与关系产品的结合来说，传统媒体最大的障碍，在于它们在关系平台上缺乏天时地利人和，这不仅是体制与思维造成的，而且是文化基因造成的。与商业化的大型关系平台的拥有者进行合作，似乎是必然的选择。例如，在社交电视领域，江苏卫视、湖南卫视等不少电视台开发了自己的社交电视产品，但从实际效果看，远不如2015年中央电视台春晚与微信"摇一摇"互动带来的效果好。微信平台的用户黏性与用户规模以及"摇一摇"这个动作形成的惯性，使得用户参与互动的成本降到最低。

关系产品或关系平台的开发，应以顺应用户已经有的行为习惯为目标，而不是以改变甚至摧毁其惯性为目的。已经在这方面占据优势的新媒体企业，更多地应成为传统媒体的合作伙伴，而不是竞争对手。另外，利用关系平台进行内容传播，也需要传播"语态"的改变，特别是选题角度与表现形式的改变。与网络文化产生共鸣，是内容产品在社交平台得以广泛传播的基础。

（二）服务产品：内容产品新的能量输入来源

服务产品过去主要与媒体的盈利模式相关，它与内容产品之间通常是彼此隔绝的，但移动媒体的发展，使得内容产品与服务产品之间界限模糊，并形成了新的相互支持关系。

在产品的连通性增强的时代，服务产品可以为内容产品吸引用户，提高用户规模。浙报集团的实践便展示了服务平台与内容平台的新型关系。通过对其收购的游戏平台"边锋"的媒体化改造，即在用户退出游戏时用弹窗推送重要新闻，浙报集团新闻的到达率大大提高，其弹窗新闻的日均页面访问量超过500万次，日均独立访客访问量稳定在50万次。① 也许在浙报集团收购一个"边锋"这样的游戏平台之初，人们不会把它与媒体的主业联系起来，但事实上，今天的服务平台与内容平台之间已经有了创造新的能量互输机制的可能，而这将给媒体内容产品的价值转化和提升带来新机会。

服务平台对内容平台的另一个意义将在大数据技术的支持下变得更为明显，那就是对用户行为与偏好的分析。尽管利用大数据进行用户分析是今天的一个热门话题，但是媒体的一个普遍障碍是，用户数据是蕴藏在用户平台里的，而内容平台能获得的数据较为单一，远不如社交平台与服务平台的数据那么丰富与深刻。

人们在享受服务产品的过程中，会形成大量的行为数据，例如购物记录等，这些数据可以成为用户分析的依据，不仅有助于服务的进一步优化，而且有助于描绘完整的用户画像，而用户画像甚至可以用于解释其内容消费的偏向。例如，缔元信公司通过对网络用户的数据进行分析发现，爱买红酒的用户最爱看的是军事新闻。② 类似这样的数据分析与挖掘，在未来将更为普遍。尽管今天服务平台上的数据应用于服务本身已成为惯例，但如何将这些数据变成内容产品生产和传播的依据，还是一个需要继续研究的问题。

---

① 《浙报传媒董事长高海浩：媒体融合核心是人的融合》，http：//gb.cri.cn/42071/2014/10/31/5187s4748840.htm。
② 《用户分群画像：抽样"猜想"让位于大数据"观察"》，http：//www.dratio.com/2014/1204/141042.html。

二　移动媒体的新运营思维

对传统媒体而言，移动媒体不只是渠道的拓展，它要求的是运营思维的全面变革。其中，以下几个方面尤为值得关注。

（一）场景：移动时代媒体的新要素

传统媒体的要素主要是内容与形式；互联网时代，社交成为媒体的核心要素；而移动互联网时代，场景成为一个新的要素。与传统互联网传播相比，场景的意义大大强化，移动传播是基于场景的服务，也就是对环境的感知及与信息和服务的适配。构成场景的基本要素包括：空间与环境、用户实时状态、用户生活惯性、社交氛围。场景不仅是一种空间位置指向，而且包含与特定空间或行为相关的环境特征，以及在此环境中的人的行为模式及互动模式，而用户在此时此地的状态与需求、以往的生活习惯以及社交营造的环境氛围，都会影响其在特定场景中的需求。

春晚与微信"摇一摇"的互动、微信的抢红包等，正是典型的场景应用。春节与新媒体时代的社交氛围结合在一起，构成了新的场景特征。也许在不久的将来，用户能够用"摇一摇"或类似方式，获得附近位置的新闻和动态信息。对传统媒体来说，挖掘场景应用，显然不都靠"摇一摇"，但"摇一摇"这样的用户体验——以最简单的动作赢得最多的用户参与，对未来的场景应用具有启发意义。今天的场景适配，更多的还只是一种标准化适配，也就是只考虑场景中人们需求的共性，提供某一场景下的无差异服务。而未来的场景适配，还需要向个性化发展，也就是将个人特征与场景特征结合起来，提供专属性服务。

（二）个性化：两个维度的驱动

在信息超载的时代，用户的个性化信息需求变得日益突出，提供个性化服务成为媒体的主要追求之一。移动时代的个性化信息需求体现在两个维度：基于个体偏好的与基于空间或场景的。后者是移动时代个性化服务的一个突破口。前文所说的对场景元素的应用，正是这样一种新的个性化服务的关键。对个性化服务来说，包括大数据在内的用户分析技术无疑是基础。

2014 年，尽管像今日头条这样一种自称"推荐引擎"的新闻客户端引起了很大争议，甚至激起了传统媒体的公愤，但是从用户的角度看，他们对这样一种形式是持肯定态度的。今日头条创始人张一鸣称，截至 2014 年 11 月，今日头条的用户安装量达 1.8 亿次，有近 2000 万名日活跃用户和 5000 万名月活跃用户。① 这样的数字无疑让传统媒体羡慕。今日头条是否侵犯了传统媒体的版权，至今没有定论，但选择与今日头条合作的媒体在增多，2014 年已达5000 家。

个性化的极致满足，是否会使人们越来越封闭在自己的小天地里，形成桑斯坦所说的"信息茧房"，即我们只听我们选择和让我们愉悦的东西?② 也许现在还难以做出明确判断，但在不断推动个性化需求满足的同时，媒体需要保持其公共整合的功能，这是毋庸置疑的。张一鸣认为，推荐引擎其实平衡了三样东西：用户的兴趣、公共话题以及人与人之间的"放化"话题。所谓"放化"，就是一种共性，是有共性的人之间传递的话，社交是"放化"的一种重要途径。③ 除了技术外，社交网络也是实现个性化信息服务供给的一个基础手段，比起技术推荐来，基于人际关系网络进行的信息过滤，成本更低，人们也拥有随时调整作为信息来源的关系网络的权利。

（三）注意力与用户黏性：不只是眼球的争夺

进入互联网时代，"注意力"这个词变得越来越流行。以往的注意力往往与"内容"这个词联系在一起，注意力似乎都归功于内容的吸引力，并且在多数情况下，注意力与吸引眼球画上了等号。但是，互联网时代注意力的产生并非只归功于内容，移动媒体的注意力竞争更不仅仅是对眼球的争夺。以下三方面的注意力的形成值得我们关注。

---

① 《专访今日头条张一鸣：推荐引擎没有让信息变窄》，http：//tech. qq. com/a/20141119/041386. htm。
② 〔美〕凯斯·R. 桑斯坦：《信息乌托邦》，毕竞悦译，法律出版社，2008，第 8 页。
③ 《专访今日头条张一鸣：推荐引擎没有让信息变窄》，http：//tech. qq. com/a/20141119/041386. htm。

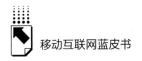

1. 基于关系或情感的注意力

在今天的互联网中，关系和情感的召唤同样可以刺激注意力的产生，而这种注意力更多地嵌入了社会关系网络，与社会资本相关，它不是基于眼球的刺激，而是基于情感或联系的需要。在多数情况下，基于关系纽带产生的注意力，会比基于内容产生的注意力更具有持续性，更为牢固。将内容传播嵌入社会关系网络，借助关系的激发，有助于使内容获得更多的关注。因此，拥有社交平台，在今天的注意力竞争中变得尤为重要。

2. 基于场景的注意力

移动传播永远与场景这个概念相伴。因此，移动传播中的注意力的形成，也与场景有关。与场景相适配的信息，能带来特定时空下注意力的聚集。这种注意力的特点是，注意力切换与场景切换节奏一致，在某个场景下形成的注意力，只属于这个场景。

3. 基于关联的注意力

有关系的对象之间可以形成注意力的传递，在移动平台上，符合用户需要的内容－内容、关系－内容、内容－服务、关系－服务等关联，可以带来注意力的延伸，关联的程度决定了注意力的强度。在依靠某些瞬间的冲击获得了注意力之后，我们需要使其持续、固化，成为用户黏性。用户黏性与注意力的关系犹如同一条河流的下游与上游，注意力是用户黏性的源泉，而用户黏性是注意力不断奔涌、集聚的结果，是注意力的凝固和深层转化。

门户时代，我们已经可以看到黏性的普遍意义。用户黏性来源于产品的基本功能，那些能满足人们最基本需求的产品总是具有更强的用户黏性。但从新媒体角度看，关系需求是人们的基本需求，而人与人的关系，往往比人与内容的关系更能产生持久、牢固的黏性。关系产品的用户黏性往往强于内容产品的用户黏性。因此，要使内容产品产生更强的用户黏性，同样需要更多地借力关系产品。

用户黏性的形成，常常与惯性有关，而在新媒体中，形式往往更容易带来人们习惯的固化。因为熟悉的界面可以减少获取信息的时间成本，也可以让人们产生路径依赖，良好的界面形式和用户体验更容易带来用户黏性。产品的转换成本，也是用户黏性的一个来源。如果一个用户放弃某个产品需要付出比较大的代价，那他就更难以摆脱这个产品。同样，人们在内容产品的转换方面，成本是较低的，而在关系平台上，人们长期互动形成的个人声誉、人脉关系，都是相对稳定的资源，离开社区往往意味着这些资源会丧失，因此，关系产品的转换成本要高于内容产品的转换成本。依附关系产品的内容产品，也许可以增加转换成本。

对产品文化特质的认同，或文化上的共鸣感，同样也有助于用户黏性的形成。因此，对移动媒体来说，用户黏性的形成不是由内容品质这个变量决定的，它是由内容、社区、服务、界面形式与用户体验、产品的文化基因等各种变量共同决定的，甚至在某些时候，社区、界面形式、用户体验等变量的作用更大。

三 移动媒体的创新法则

创新是新媒体永恒的主题，移动媒体产品自然也会不断推陈创新。看上去新媒体产品形态多样，但其中也有些万变不离其宗的法则，对这些法则的领悟与应用能力，决定着移动媒体的产品开发能力。

（一）在钟摆式运动中寻找最大势能

新媒体产品的发展，很多呈钟摆式运动。新媒体产品开发的核心是对人性的洞察与把握。而人性的一个特点是，人在某个方向的需求得到一定满足后，就会产生向它的反面发展的需求。也就是说，一个需求走到"极点"，就会有回摆的趋向。例如，网络社区早期是以匿名为基本特征的，当人们从实名的现实世界来到匿名的网络世界时，会因为匿名而获得一种安全感，并在这种"保护伞"下尽情释放自己在现实世界中累积的压力。但是，这种匿名社区越发展，人们对实名的需要变得越迫切，因为尽管匿名可以释放压力，但它对现实世界的社会资本的贡献极为有限。于是，Facebook带来了网络社区第一次实名化风潮，使线下的社会资本真正嵌入线上社会。此后，大量的网络社区，特别是SNS社区，开始以实名为基本运行前提。但这并不是终点，当人们已经习惯网络中的实名社交时，另一次匿名社区潮又悄然出现，在中国，"无秘""乌鸦"等便是这种新型匿名社区的代表。在"实名"和"匿名"社区间切换，是用户在社会资本与心理释放之间寻找平衡的过程。这意味着，"实名"

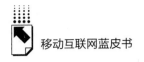

和"匿名"化产品都有其市场。

做移动媒体产品的设计，也需要对"极点"进行判断的能力，"极点"是势能最大的地方，也是回摆的节点。新媒体的创新，往往是一个在钟摆式运动中寻找最大势能的过程。回摆并不是回到原点，重复过去的运动，而是要注入新的元素，加入新的动力。例如，新一轮的匿名社区潮并不是让人们完全回归陌生人世界，而是在特定熟人圈子中"匿名"，这既可以让人们有一定程度的自由，又可以较好地维系社会资本。

从内容产品方面看，这样的钟摆式运动也是常常存在的。当被过于刻板的硬新闻包围时，人们对娱乐性、软性新闻的需求就变得越来越突出，但是当人们被淹没在八卦的海洋里时，人们又会渴望有质量的硬新闻。2014 年"澎湃"这一新产品的出现，顺应了这样一种需求。

（二）通过"限制"求"突破"

在今天的移动媒体环境下，人们的时间更为碎片化，人们的注意力更为分散。在某种意义上，它们会成为人们使用媒体的限制条件。移动媒体产品开发可以以"限制"性思路来与之适应，但其也蕴含着"突破"的可能，具体表现为以下几方面。

第一，内容上的限制。指某一媒体专注于某一个（或几个）"窄"的领域（如豆瓣），甚至某一个话题（如贴吧），这往往可以促进深度上的突破。

第二，形式上的限制。尽管今天已经进入多媒体、全媒体时代，但是这并不意味着任何一个应用都应该是多媒体的。把一种感官手段运用到极致，有时可以给人们带来更高程度的满足。对手段进行"限制"或者说"窄化"，也是移动媒体产品的创新路径。在国外，将社交方式限制为图片，产生了 Instagram 等新平台。在中国，单纯基于音频或视频存在的社交平台成为近几年社交媒体的新亮点，如专注于音频的荔枝 FM、喜马拉雅，以及专注于视频的微视、美拍。它们的出现表明，"听觉动物""视觉动物"仍然广泛存在。但多媒体并不一定适用于任何人、任何时候，多媒体时代如何进行单媒体的市场细分，是一个需要不断探索的问题。

第三，量上的限制。给用户更大的空间，似乎应该是新媒体产品追求的目标，但有时反其道而行之，也可以带来意想不到的效果。例如，微博有字数的限制，微视、美拍等有视频时长的限制，这样的限制会使技术门槛、参与门槛进一步降低，人们参与的频率、持续度会提高。微信公众号信息发布数量的限制，促成了媒体内容的"萃取"与用户注意力的"聚焦"，也有其意义。当然，限制并非目的，限制如果不能带来某个方向的突破，就会失去意义。

（三）让业余用户"专业化"

美图秀秀、美拍等产品近年来风靡一时，即使用户没有受过专业训练，也可以瞬间成为图片美化或视频剪辑的高手。这些产品给我们的启发是，不要试图要求每个用户都有专业的背景，但要用工具让他们变成高手，让业余的用户快速实现"专业化"，这是未来产品开发的一个重点。当今天的用户普遍参与内容生产过程，成为新媒体的生产主力时，通过产品中蕴含的技术与机制来提高用户内容的专业表现力与水准，应当成为产品创新的重要考虑。

四　中国移动媒体的发展趋向

（一）新闻客户端社交化程度加深

前文提到了内容产品与关系产品的关系，充分认识与利用这样一种关系，是内容产品产生更大价值的基础。但今天的新闻客户端，基本还是门户网站思路的延续，虽然其嵌入了一些社交元素和个性化元素，但社交仍是附属品。新闻客户端也"继承"了门户网站的超载与同质化问题，尽管一些客户端采取技术过滤的方式提供更个性化的信息，但技术的过滤总有其局限性，而社会化媒体早已经通过社交关系网实现了信息的过滤功能。将社会化媒体的底层结构与新闻客户端的内容架构进行嫁接，将是新闻客户端创新的方向之一。

（二）UGC 和众包式生产模式升级

目前，移动媒体的 UGC（用户生产内容）生产仍然有限，但简单地把 UGC 填塞进 PGC（专业生产内容），未必能产生好的结果。今天，我们更多地要探索将 UGC 转化为 PGC 的途径与机制。

以博客起家、被称为美国互联网第一大报的《赫芬顿邮报》在这方面给

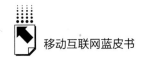

我们提供了很多启发。例如，2007 年，它启动了名为"Off The Bus"的公民新闻项目，从普通民众中大量招募志愿者共同参与总统大选的报道。网站设计了统一的采访问题或要采集的信息，参与的公民将信息填入相应表格，发回网站。网站将一项采访任务，比如跟踪奥巴马在十几个州的拉票过程，分给 50~100 名普通人，每人每天花 1 小时，就能完成一个记者两个月才能完成的工作。而网站统一设计的采访提纲，为这些 UGC 生产提供了专业化的指导。

今天的 UGC 需要与众包的协作模式结合起来。众包模式可以将无意的、零散的 UGC 生产放进专业化的框架，也可以将用户中的专业力量集聚起来，将 UGC 转化为 PGC。但今天的众包还只处于"1.0 阶段"。在众包基础上的规范、协同、纠偏机制有待进一步升级与完善。

（三）自媒体实现部分专业化

"自媒体"这个词在进入中国之初，是与公民新闻联系在一起的，它指的是普通人进行信息传播，是"业余传播"的代名词。但是近几年，自媒体越来越多地在摆脱"业余"这个标签，日益专业化。

2014 年，新浪微博自媒体计划的推出，意味着自媒体的"进入"有了更高的门槛。而以微信公众号、今日头条的"头条号"等方式出现的自媒体，虽然进入门槛不太高，但是要能坚持下来，必定要靠较高的专业水准。有人评价："自媒体将来真的会改变社会传播结构，一部没有央视播出平台的片子取得的收看率如此高，这是会写在历史中的。自媒体的时代真开始了。"[1]

今天的自媒体已经不再是"个人媒体"，即使没有专业媒体背景，自媒体也越来越多地靠团队的方式来完成。自媒体在今天正在变成专业媒体人转型的一个方向。这种转型不仅仅表现在个人脱离传统体制拉起自己的团队，更多地表现在传播语态与传播模式的转变。

媒体人赵何娟在评价一则自媒体报道火爆的原因时指出："我们在传统的新闻学框架和实践里受到了太多的限制，以至限制了我们在新技术应用时代的

---

① 参见 http：//weibo. com/1477045392/C6rHarPHR？ ref = #！/1477045392/C6rHarPHR？ ref = &type = comment。

认识边界和框架……拥有专业能力的作者个体，个性化能量的释放，自媒体式非传统新闻学内容创作，通过社交网站的爆发性链条式传播，加上新技术新模式赋予的多样化呈现。"[①]

无疑，自媒体正在专业化。这一方面指更多的具有专业背景与能力的媒体人以独立的身份继续从事媒体事业；另一方面指自媒体人通过对社会化媒体、移动平台等新传播媒介新"习性"、新传播法则的理解与操练，获得传播水平与传播效果的不断突破。这样一种专业化的自媒体，对传统媒体的冲击，将比以往非制度化的公民新闻的冲击更为强烈。

（四）入口向平台转化加速

移动环境下的内容、关系、服务三者的交融，使移动媒体的平台化成为趋势。平台化，也是提升移动媒体获利能力的基础。一个新媒体平台应该具有以下特征：（1）与一个产品只是在单一环节提供单一功能的满足不同，平台应该涵盖产品生产与消费的更多环节，提供综合服务。（2）平台的生产主体是开放的，平台也是所有生产主体共同经营的。（3）平台是产品的孵化器。平台需要为新产品的开发提供用户基础以及开放的技术接口。

更重要的是，平台不只是各种产品的集合，也是以用户为核心、围绕用户需求形成的有机体系。一个平台的理想目标是构建合理的生物链条和平衡的生态系统。平台还意味着，它所聚集的不是传统意义上的受众，甚至也不是简单的用户，而是"成员"。"成员"是平台的基本构成单元，他们既是使用者又是参与者，平台的兴衰与"成员"的各种活动直接相关。

今天，在移动领域的内容、关系、服务三个方向下的"入口"级产品，最有可能成为未来的核心平台，尤其在关系与服务领域。2014 年，BAT（百度、阿里巴巴、腾讯）在各个方向下的动作，都意味着这种平台化发展的加速。视频客户端也可以具有一定的成为入口及平台的可能性，一些视频客户端已经开始向服务领域拓展，将网上商城和各种在线服务整合进来。

场景将是形成入口的一个新的思路。基于空间的服务类应用已经不少，如滴滴打车、快的打车等，未来在电子商务、在线医疗等领域，也必然会

---

① 参见 http：//content. businessvalue. com. cn/post/33686. html。

有越来越多的以场景为基础的应用。但今天基于场景的服务更多的是分而治之的、割裂的。因此，任何一个应用都难以被称为服务的入口。如果可以将与某一场景有关的一整套服务整合在一起，那么场景的入口作用将更为显著。今天有一种说法，移动互联网更倚重场景而非入口，但事实上，场景与入口并不对立，对场景的把控其实也可以转化为对入口的把控。但无论是从哪个方向看，传统媒体的移动产品在入口、平台这个级别的竞争都处于劣势地位，这种劣势也是在短期内难以突破的。与"大佬"们的合作，将是必然的选择。

（五）服务媒体兴起

移动媒体不等于新闻客户端，它将具有内容媒体、关系媒体与服务媒体三种不同取向。前两者今天已经成熟，而服务媒体将是未来的一个发展方向。服务媒体源于两种可能：一是今天的内容媒体在服务属性上的强化，或与服务平台的连通、融合。垂直媒体未来的深化方向是和服务平台打通。二是今天的服务类客户端的媒体化。一些服务类客户端因为社交元素的使用，公共化信息越来越丰富，显现了越来越明显的"媒体"痕迹，尽管今天它们还大多处于服务的阶段。在现有服务模式基础上的"媒体化"，是服务类客户端的可能发展方向之一。一些天气、地图类客户端，因为社交元素的加入，用户的分享更为普遍，公共信息传播的属性日益突出，已经有了一定"媒体化"色彩。在服务领域，移动医疗与健康、移动教育类应用，或许是两个重要的新引爆点。美国互联网分析师玛丽·米克尔（Mary Meeker）及其所在的研究机构 KPCB 发布的《2014 互联网趋势报告》指出，教育行业和医疗健康业或将迎来拐点。[①]

在对移动媒体用户的第二轮调查中，107576 名用户对"是否使用过移动端的医疗健康或运动类产品"的回答结果如图 1 所示，对"是否使用过移动端的教育类产品"的回答如图 2 所示。从调查来看，尽管移动媒体用户在这两大领域的应用习惯并没有完全形成，但是对这两类应用的兴趣正在产生。

---

① 《Mary Meeker 2014 互联网趋势报告》，http：//www.36kr.com/p/212449.html。

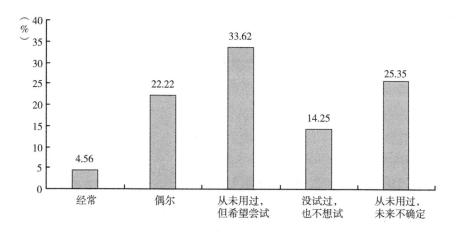

图1　移动媒体用户对移动端的医疗健康或运动类产品的使用情况

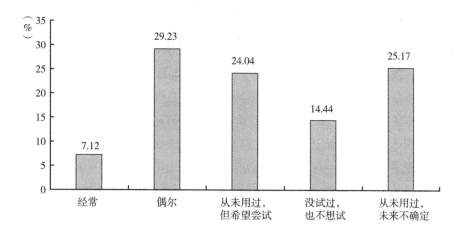

图2　移动媒体用户对移动端教育类产品的使用情况

过去几十年，互联网在人们的社会归属感需求方面提供了较大的满足，而未来用户的需求将更多地体现在自我实现和提高生活质量等层面。用户需求的升级，也意味着产品的升级，教育类与医疗健康或运动类应用的升级将是产品升级的两个支柱。传统媒体要向服务媒体延伸，障碍会更多，也并非所有专业媒体一定要涉足这个领域，但完全无视这个新的领域，会使传统媒体陷入更加封闭的境地。

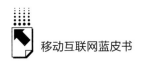

五　移动媒体的更长远未来

（一）物联网重新定义移动互联网

今天当说到移动互联网时，我们主要关注的是手机、平板电脑等终端，但未来的移动互联网时代将是一个"万物皆终端"的时代。移动互联将不仅仅是信息－信息、信息－人及人－人的互联，物－物及物－人的互联将成为更重要的追求。当"物体"自己发出信息越来越普遍时，移动媒体将出现全新的模式：对来自"物体"的信息的采集、加工以及应用，将成为移动媒体创新的方向。在完成由内容向产品的转化，以及整个市场结构的调整后，传统媒体应该对物联网带来的新机会有更多关注，尽早进入这个全新的领域。

（二）可穿戴设备带来媒体数据资源扩张

移动媒体对场景要素的挖掘，需要可穿戴设备的助力。这既包括对空间环境的辨识与分析，也包括对用户实时状态、惯性数据的采集与分析。可穿戴设备如果被应用于新闻信息的采集，也将影响未来的新闻采集与表现形式。据报道，"美国新闻评论"调查了美国 15 家顶级新闻学院，结果显示，各家新闻学院近十年来对教学大纲进行了大幅修订以适应新闻业变革，增加的热门课程包括谷歌眼镜的应用等。[①] 谷歌眼镜的发展前景目前似乎并不明朗。2015 年 1 月，谷歌宣布停止销售谷歌眼镜，谷歌眼镜项目将不再属于 X 实验室，而是归到一个新的部门。一部分观察者将这视为谷歌眼镜计划破产的标志，但也有人认为这是它获得新生的开始。类似谷歌眼镜这样的可穿戴设备对新闻采访的影响在于，新闻当事者的第一视角或沉浸式记录将成为媒体报道的新素材。当事者的主观记录与媒体的客观记录的结合，将会改变传统新闻报道的模式。无论谷歌眼镜的前景如何，类似这样的设备的影响都是值得关注的。

---

① *Journalism Schools Add Courses in Sports，Emerging Technology*，http：//www.looooker.com/archives/11606.

（三）大数据成为移动媒体的核心生产要素

大数据技术今天正在逐步成为媒体新的技术手段，而在未来，大数据将作为新的生产要素，在移动媒体的内容生产、关系挖掘和服务创新方面，扮演更基础的角色。移动终端本身推动了更多的数据生产，包括 UGC 的快速生成，以及用户地理位置、行为数据的实时记录等，这为媒体的报道深化提供了新的可能。

2014 年春节期间，百度推出了"百度迁徙"项目，它通过对用户手机的 GPS 定位数据的收集与整理，将分散个体用户的迁徙轨迹聚合起来，呈现了春运期间中国人口流动的整体面貌。央视《晚间新闻》开设的《"据"说春运》栏目，多次引用了"百度迁徙"的研究成果。2015 年春节，"百度迁徙"再度被推出，引起了更广泛的关注。类似这样的数据分析思路，在未来将得到越来越普遍的应用，其技术水准也将不断提高。

当数据成为媒体的核心资源时，"机器"在媒体的内容生产中也将进入更深层的环节，甚至包括新闻的写作。几年前，一家名为 Narrative 的公司运用其开发的 Narrative Science 软件，大约每 30 秒就能够撰写一篇新闻报道，其稿件主要涉及财经、体育领域，其中一些曾经在福布斯等著名出版机构的网站上发表。美联社则宣布从 2014 年 7 月起与 Automated Insights 公司合作，使用该公司的 Wordsmith 平台撰写财经文章，包括突发事件短消息和公司业绩报道等。该平台每季度可撰写 3000 家公司的财报，美联社内部人员表示，Wordsmith 解放了记者，使他们可以集中精力撰写有深度的报道。①

无论今天的媒体人如何看待机器人写作带来的影响，从技术角度看，这样一种现象必将越来越普遍。虽然技术不可能替代人，但是善于利用技术的人，会更好地提升自己的能力，增强自己的不可替代性。将大数据应用到内容生产领域，需要一个漫长的学习与适应过程，数据思维也并非在报道中加上数字和信息图表这么简单，数据可能带来的欺骗、陷阱超乎想象，但无论如何，正如

① 《美联社机器人记者每季度撰写三千篇新闻报道》，http：//www. gg‐robot. com/asdisp2‐65b095fb‐52436‐. html。

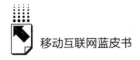

万维网思想的提出者蒂姆·伯纳斯·李指出的：数据驱动的新闻代表着未来。[1]

（四）云媒体——新的个人门户

今天越来越多的用户不再依赖专业媒体或门户网站进行信息消费，而是拥有了自己的个人门户。但今天的个人门户主要是用户的社交账号，它受限于某一个具体的平台，而未来，用户可能将所有个性化的需求整合在一个"云"端的个人平台。这一平台仅是公共信息和服务的个性化承载平台，而且将是私人信息、个体数据的集中存储及处理平台。因此，对云计算、云存储等相关技术的控制，在未来有可能演变成对内容平台、内容通道的控制。

移动互联网的发展，最终会改变媒体的存在方式，甚至改变"媒体"这个词的意义。本报告沿用"媒体"这个词，只是为了更多地从媒体转型的角度来透视移动互联网在现阶段的应用，而只有超越"媒体"这个视角来看移动互联网的发展，才能面向未来。

---

[1] *Why is Data Journalism Important?* http：//datajournalismhandbook. org/1. 0/en/introduction _ 2. html.

B.3
智能互联网：未来的方向

摘　要： 传统互联网面临发展瓶颈，下一个发展机会是智能互联网。
智能互联网是在泛在移动通信网络、智能感应和大数据的基
础上形成的新的业务体系。它会从根本上改写军事、智能交
通、智能健康管理和移动电子商务的大格局。

关键词： 智能互联网　大数据　智能感应

一　传统互联网已经面临发展瓶颈，
下一个机会是智能互联网

毫无疑问，智能互联网和传统互联网一样，依然需要高速度，高速度的网络是智能互联网的基础。此外，它还应该是广域覆盖的，也就是说，任何人，在任何地方，都可以随时随地利用网络。

当今，大数据分析能力完全改变了人们对网络的理解。传统的网络还只是信息传输，人们只关注信息的流动，很少关注信息的存储和分析。在智能互联网世界里，云存储帮助人们记录了一切，对这些数据进行整理、挖掘、分析，具有巨大的价值。智能互联网不仅能够实现信息传输，而且可以对人的感知能力进行完善与补充。以手机为代表的终端产品，以及大量的智能可穿戴设备，开始慢慢形成自己的力量，使智能感应成为可能。一部普通的智能手机，已不仅仅是一个计算、存储与通信的工具，它已具有传统电脑的基本能力，甚至超

---

* 项立刚，通信观察家，《通信世界》、飞象网、720 健康管家创始人，北京邮电大学世纪学院兼职教授，北京 3G 产业联盟副理事长、秘书长，中国电子学会会员。

越了传统电脑的能力。但是，智能手机与传统电脑最不同的一点是，智能手机中有大量感应器，让其具有了强大的感应能力，如压力感应、重力感应、矢量感应、旋转感应、加速度感应、高度感应、方向感应、方位感应、影像感应、声音感应、温度感应、红外线感应、辐射感应等。众多的感应能力已经让智能手机成为传统电脑不可比拟的工具。

二 智能互联网的综合能力是传统互联网不可比拟的

智能互联网具有高速度移动网络、大数据分析和挖掘、智能感应能力形成的综合能力。互联网和移动互联网是其基础，但是必须要用数据挖掘、数据分析来整合，诸多智能感应能力整合起来形成的力量，是传统互联网不可比拟与想象的。

传统互联网解决了自由的信息传输问题，自由、开放、共享是它的最基本精神，免费是它最基本的商业模式。传统互联网系统虽然也有服务，也在逐渐建立电子商务体系，但是其最核心的力量还是信息传输。

智能互联网增加了对世界的认知和感应，在这个基础上，其可以形成越来越有价值的服务能力。信息传播是传统互联网的核心，而服务是智能互联网的核心。传统互联网时代可以有独立的互联网公司存在，互联网公司的功能就是做平台和进行信息传播。但是智能互联网时代很少有专门的互联网公司，所有的智能互联网服务是和传统行业结合在一起的。如打车应用，在传统互联网时代，用电脑和互联网打车其实也是可以做的，只是人们使用起来非常不方便，用户打车时不可能随身带着电脑，出租车上也很难安装电脑并且联网。手机彻底解决了这一问题：用户手里有手机，他可以随时随地叫车；司机手中也有手机，他也可以方便地进行应答。除此之外，打车应用流行起来的原因还有：定位系统让信息推送更加准确，可以让司机清楚地知道用户的位置，定位系统和电子地图还可以让用户很清楚地看到自己叫的车到了什么位置，离自己有多远；电子支付系统让用户可以到了目的地就下车，下车以后再付钱。这些功能没有智能感应和移动网络是无法支撑的。更多的智能感应器可以被安装在手机上，还可以被安装在可穿戴设备上，它们和大数据分析、移动网络一起，将改变传统行业未来的服务能力与服务体系。

三 智能互联网将创造一个服务新时代

智能互联网不是要创造和形成一个新的行业，而是渗透到传统行业中，和传统行业结合，提升传统行业的服务能力。我们相信未来所有的传统行业都要被智能互联网影响和改造。

在传统互联网发展过程中，新浪、搜狐、腾讯等互联网公司的核心业务是和传统行业没有关系的。但是阿里巴巴等互联网公司的核心业务和传统行业紧密相关，这些互联网公司帮助传统行业提高了效率，解决了支付问题，形成了远程的业务销售。传统互联网一开始把信息传播当成自己的核心业务，其商业模式是免费，通过免费业务逐渐找到收入；智能互联网的核心业务是有价值的服务，它本身就是有商业价值的，也具有更多的市场空间和市场机会。

四 被智能互联网渗透和改造的领域

（一）军事领域

军事领域已经被智能互联网改造。我们都知道，新技术总是在军事领域首先出现，也被军事领域广泛采用。例如，互联网就起源于军方的"阿帕网"。智能互联网也是首先在军事领域出现的，并且被军队采用，后来才逐渐民用化。

今天我们看世界军事的发展，网络体系在现代战争中起着越来越重要的作用，这一网络体系覆盖了全球，不仅可以提供通信支持，而且可以进行侦察、远程打击、远程设备管理等。在现代战争中，军人的身影越来越少，而器材和设备越来越多，从大规模轰炸变成了定向、精准打击。除了庞大的网络体系在起作用，大数据的分析也越来越重要，大量的计算机每天在担负着这些工作，使信息越来越精准。例如，在对阿富汗的一次攻击中，美军之所以能实现精准打击，就是因为其跟踪对象使用了智能手机，被美军分析系统锁定了位置。

（二）交通领域

智能交通体系正在开创新的人类出行模式。智能互联网在交通领域的应

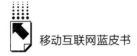

用，我们已经在导航产品中看到了端倪。几年前，导航仪还是一个专门的产品，我们经常能听到人们对导航仪的抱怨，因为其地图品质不高，没有更新，人们经常被导航到"沟"里。但是，随着4G网络的逐渐完善，地图不再是封装在汽车和手机里的地图，而是可以实时更新的，我们会发现，导航变得越来越精准。除了基本的导航功能，实时交通路况、周边商业信息推送等也被加入了导航应用。导航应用已经是一个功能强大、效率很高、用户广泛使用的产品。未来的智能交通是什么样的？城市交通拥堵问题如何解决？智能互联网或可给我们提供答案。

首先，所有的汽车出行，必须要由中央控制系统进行控制。每一辆车到达目的地，应该走哪条路，车速控制在什么水平，都需要通过大数据进行分析和规划，由中央控制系统进行控制。这样，就不会发生某条路已经有交通事故、已经出现拥堵，还有车往里挤的情况了。中央控制系统规划的是效率最高、速度最快、到达目的地最经济的路线。

其次，未来的汽车可以是无人驾驶汽车。无人驾驶不仅是要把人从驾驶状态中解放出来，而且要提升驾驶的安全性。在中国，每年死于交通事故的人数约为10万人，一个重要原因是驾驶员存在很多问题，信息处理和反应能力较差。要解决这个问题，就要让汽车变得智能化。无人驾驶汽车必须配有大量的感应设备，便于取得道路情况、天气情况等各方面数据。除了每辆汽车接受中央控制系统的控制外，车与车之间的感应也是相通的，前面一辆车刹车，后面的汽车会根据安全距离自动实现刹车。

最后，今天的地图也要从模拟地图改变为数字地图。今天的模拟地图只是记录了道路的情况，信息记录较为粗放，无法精确地记录某一点，所以无法给用户提供精准的指向。数字地图通过一套科学的办法，可以对陆地甚至海洋所有地方进行精准的数字编码，给人们提供精准的指向。

（三）健康领域

智能健康管理有利于延长人类的寿命。现代社会健康的问题变得越来越复杂，人们大量的健康问题不是到了生病才去解决。要解决健康问题，人们需要养成良好的生活习惯，如生理协调、环境清洁、饮食均衡、运动适度、睡眠充足、心理平衡。但我们发现，现代人很少能够遵守这样的生活习惯，很多人运动不够，饮食非常不均衡，心理压力大，睡眠质量非常差。要形成良好的生活习惯，必须要有一定的数据监测，对人的行为进行有针对性的干预。未来的智能健康系统是由一系列智能可穿戴设备构成的，如智能手机、智能手环、智能钥匙扣、智能健康卡等。这些智能可穿戴设备可以采集人体和环境的各方面信息，利用蓝牙等低功耗的通信网络实现信息和手机的同步。在未来的5G技术下，这些信息也可能通过低功耗的通信网络直接传送到云端，云端的大数据分析系统根据多维度的人体健康模型对信息进行分析，之后提醒用户，帮助其形成健康的生活习惯。除此之外，专用的血压、血糖、心电图监测等设备，也可以对人体的基本健康信息进行实时跟踪，通过医疗大数据系统分析，及时发现用户可能出现的病症，提醒用户调整生活习惯。

（四）家居领域

智能家居不仅可以让生活更加方便，而且可以让生活更加安全和节能。智能家居市场已经启动，成为智能互联网应用的一个重要领域，众多厂商在抢占智能网关这个市场。未来的家用路由器，不仅是互联网的接口，而且会成为家庭存储中心、家庭智能产品管理中心。当前，人们大量的数据，包括文档、图片和视频等，分散存储在电脑、平板电脑、手机、存储卡、照相机、摄像机等设备中，一旦某一个设备丢失或者损坏，数据就会丢失。因此，在自己家中建立一个存储系统是非常有价值的事。路由器就可以完成这个工作，路由器可以集成硬盘与Wi-Fi，通过管理功能，把所有设备的数据自动传送到路由器上，形成一个永远的家庭存储系统。除了存储之外，通过家庭网关对所有家居产品进行管理，也是未来智能家居发展的一大方向。除了灯和插座，家庭智能产品管理中心可以对空气净化器、抽油烟机、洗衣机、冰箱、窗帘、空调、门窗、马桶等进行管理，让这些家居用品更加安全、节能。目前，智能家居已经进入快速发展期，相信未来三年会有大量家庭智能产品出现，不断提升用户的生活质量。

（五）电子商务领域

移动电子商务完全不同于电子商务。今天的电子商务和传统的商业本质上是没有区别的，只是把传统的超市和贸易市场搬到网上，通过网络进行产品销

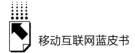

售。未来，智能感应和电子支付会被引入移动电子商务，任何人看到某个产品，就可以用手机通过近场通信技术（NFC）等进行识别购买。这种情况完全可能改变整个电子商务的格局：一方面，产品内置了识别芯片，基本无法做假，假货可能会成为历史；另一方面，产品本身就是宣传渠道，本身就是销售渠道，每一个生产商同时可以成为销售商。这种情况可能对电子商务的平台商、纯粹的电子商务网店带来冲击，改变目前电子商务的产业结构。

今天，智能互联网的发展刚刚起步。如果仅从移动互联网去看，人们远远不能理解智能感应和大数据在这个体系中的作用。必须用一个新的理论体系来研究、观察智能互联网，理解智能感应和大数据的作用。一个新的体系正在形成，机会属于跟得上这个时代的人。

B.4

崭新的移动互联社会

胡泳 向坤*

摘 要： 移动互联网经过不断深化，已经成为中国社会变革的有力杠杆。它孕育了新的"社交一代"，重塑了社会结构与社会功能。社会交流、互动方式的变化将导致社会治理方式的变革，催生一个崭新的移动互联社会。

关键词： 移动互联网 社会结构 个体解放 社会治理方式

一 2014年移动互联网发展特点

（一）移动互联网持续快速发展

根据中国互联网络信息中心的报告，截至 2014 年 12 月，中国网民规模达 6.49 亿人，其中手机网民达 5.57 亿人，网民中使用手机上网的人数占比提升至 85.8%，手机作为第一大上网终端设备的地位更加巩固。2014 年，中国网民手机商务应用发展迅速，手机网购、手机支付和手机银行等手机商务应用用户年增长率分别为 63.5%、73.2% 和 69.2%，远超其他手机应用增速。① 移动互联网的持续快速发展，主要得益于以下两方面因素。首先，智能手机大面积普及，尤其是 4G 发牌后，三大运营商都在大幅提升 3G、4G 网速，并且不断下调手机上网资费，千元 4G 智能手机大量出现，这完善了移动互联网的网络基础，并且使得用户使用移动互联网的成本更低。其

---

* 胡泳，北京大学新闻与传播学院教授，博士；向坤，新华网经济师。
① 中国互联网络信息中心：《中国互联网络发展状况统计报告（2015 年 1 月）》，2015 年 2 月。

次，传统 PC 经济逐渐适应移动端发展，并且在已有商业模式基础上，不断推出新的应用及服务。在转型和创新中，移动市场有可能迎来视频、音乐、游戏、电商等一大批重流量应用业务的爆发式增长。据艾瑞咨询统计，2014年中国移动互联网市场规模达 2134.8 亿元，同比增长 115.5%，同时未来依旧会保持高速增长，预计到 2018 年整体移动互联网市场规模将突破 1 万亿元大关。①

（二）"90后"群体浮出水面

移动互联网的迅速发展使得代际权力转移出现了变化。从"80 后"这个名词出现开始，出生年代的代际特征被媒体和网络空间放大，类似于美国的"Y 一代"和"千禧一代"。"90 后"对移动互联网技术更为敏感，且善于利用移动互联网的特点进行信息传播，他们在移动互联网上创造了大量新名词和新现象，引领了时代风尚。

移动互联网降低了创业门槛，一批"90 后"创业新锐尝试为传统行业嫁接移动互联网基因，通过各种传播工具迅速扩大潜在客户范围，并且减少了一部分广告成本。而风险投资人也成了支持"90 后"创业的力量。拿 2014 年的流行移动互联网应用脸萌来说，其创始人郭列是位"90 后"，他敏锐地发现，在移动互联网这个虚拟空间中，人们有希望释放生活压力和开拓第二生活空间的需求。脸萌这个产品通过对人的形象加以萌化而具有了很强的社交传播性，其初始用户都是年轻人，尤其是学生，他们将萌化的照片分享到微信朋友圈，带动了许多人刷屏。

（三）移动互联网深度嵌入中国社会

2014 年出现了一批标志性的移动互联网应用，除了上面谈到的脸萌，还有微信红包等。这些应用虽说都披着移动互联网的技术外衣，但深入探究可以发现，这些应用的走红与移动互联网深度嵌入中国社会之后社会成员的潜在需求被不断细分有关。例如，郭列发现，许多用户使用移动社交产品时已经越来

---

① 《艾瑞：移动互联网市场保持快速增长，商业环境逐渐成熟》，http：//report. iresearch. cn/html/20150205/246191. shtml。

越难以享受到快乐，一个大而全的产品的用户关系趋于复杂，发状态要非常小心，怕被父母等"敏感人群"看到，因此，一个更加细分的、为年轻人服务的社交产品会更有市场。① 而微信红包引起的红包大战，缘于移动互联网和社会传统习俗的完美结合，反映了移动互联网可以建构在传统土壤上，降低一批未习惯移动互联网的人的使用门槛。陌陌则挖掘了社会成员的隐秘需求，通过对社会人群维度的精准细分和定位，基于陌生人社交开发了新的应用场景。从生活到工作，从娱乐到社交，智能手机和移动互联网已成年轻人的生活必需品，同时也日益大众化。

二 移动互联网孕育"社交一代"

（一）移动互联网提升了个人的社会预期

移动互联网使得大量过去缺乏有效晋升渠道的人的潜力得到了发挥，正如腾讯许下的诺言："要让天下没有被埋没的才能。"比如，2014 年迅速出现的自媒体和各种自媒体联盟，使得普通人也有机会直接与拥有一定社会地位和社会资本的人对话。社交距离在网络空间中部分地出现了虚幻化的缩短，也容易造成一种现象，就是成功的奋斗历程在网络传播和社交互动中被高度简化，助长了年轻人认为成功十分容易的情绪，提升了其社会预期。但如果现实不能充分满足预期，年轻人就容易失落。2014 年非常风光的一些创业品牌，在媒体的大力炒作后常常出现发展后劲不足的现象：黄太吉烧饼被诟病质量不佳，马佳佳的情趣用品最后被视为一种噱头。这些都说明，虽然借助移动互联网的传播能够迅速让产品成名，但是质量的保证和持续的品牌经营更为重要。另外，预期的提高使得年轻人对未来职场的态度变得更加开放，个人价值实现的高诉求导致其跳槽频仍，也更容易产生创业的念头。即使仍然为组织机构工作，他们也更相信移动互联网有助于其提升自身能力，并帮助组织获得更高的效率。

① 《脸萌与无秘创始人：萌萌哒与躲猫猫》，http://www.bjnews.com.cn/inside/2014/11/08/340638.html。

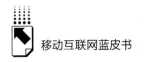

（二）个人网络资产成为个人生活就业的重要组成部分

移动互联网技术能够帮助年轻人突破地域和职业界限，推动他们迎接新的挑战。对很多在移动互联网条件下成长的年轻人来说，只要有笔记本电脑、手机和 Wi - Fi，其随时随地可以工作。对组织机构来说，如何吸引和留住"社交一代"（social generation），成为至关重要的问题。这一代人喜欢与他人联系，希望拥有开放而便于社交的工作环境。他们期待同事和老板都是容易接近的。他们也乐于参与合作性的、以团队为基础的工作项目，渴望信息在各个层面实现无障碍流动。他们是数字交流高手，擅长多任务处理，精力充沛；他们有社会意识，更强调工作与生活的平衡。"社交一代"选择工作时首选具有创新性的公司，他们希望能够持续不断地以有意义的方式增加自己的工作技能。

三 移动互联网重塑社会结构和社会功能

（一）一方面强化了圈子的"差序格局"，另一方面使社会团体的形成更加即时化、松散化、跨地域化

移动互联网的社群功能形成了大量的圈子，这些圈子以微信群、陌陌群等形式大量存在。这些群相对于 PC 端的圈子而言形成更加快捷，封闭性更强，消失也更加容易。社会学家费孝通先生在研究中国乡村结构时提出了"差序格局"的概念，这个概念指每个人都以自己为圆心在社会群体形成的圈子中定义自己的位置，[①] 这样一来，每个人都有一个以自己为中心的圈子，同时又从属于以优于自己的人为中心的圈子。这种"差序格局"在移动互联网上得到了强化。

不管是微信还是微博，只要是社交网络账号，都以互联网上的"我"为中心构建一个社会互动和信息浏览的环境，而每个移动互联网上的人在关注信息和其他人方面，也并不是漫无目的的，而会划分出重点。移动互联网扩展了人际交往的圈子，也自然使人出于发展需要而依附社会资源更多或者在某一方

---

① 费孝通：《乡土中国 生育制度》，北京大学出版社，1998，第 24 ~ 30 页。

面更有优势的圈子。

以微信群为例来解释移动互联网的圈子效应，任何微信群的建立门槛都不高，而解散的成本也很低。移动互联网上的圈子不强求和现实生活发生联系，人际互动往往基于兴趣和热门话题而产生，因而组织结构非常松散。因此，移动互联网上的圈子具有松散性和即时性的特征。而随着高速无线网络的普及，任何人只要拥有移动终端，就能无缝接入移动互联网。

（二）各种社会关系逐渐向移动终端迁移，网络对现实社会的复制更加完整

随着移动互联网的发展，普通人的各种社会关系逐渐向移动终端迁移。不管是工作关系、学习关系还是基于血缘的亲情关系，都在移动终端上得到了复制，由此出现了大量的"群"。手机可以说构成了人们社会关系被呈现和延展的空间。无论何种社交工具，都展现了一种陌生人社交 – 熟人社交 – 工作关系逐渐渗透的路径。

（三）社会组织和动员能力增强

移动终端不只能复制社会关系，也能够实际形成一定的社会组织和动员能力。目前手机的应用程序多种多样，而微信公众号进一步降低了运营难度，人们不需要掌握技术就能够实现运营，进行有效的信息传播和互动。各大互联网巨头也都注意到了这个现象，希望能够向移动端注入更多的聚合管理功能。监管部门也看到了同样的趋势，也开始加强对移动终端信息传播平台的管理。

微信能够使信息迅速地基于社交关系链条进行传播。朋友圈、微信群、公众账号协同发展，文字、语音、图片、视频等通信方式充分融合，媒体、社交、娱乐、生活、商务等各种产品形态交相辉映，这种综合性很容易使之成为社会组织和动员平台。比如，2014 年在中国互联网上流行的"冰桶挑战"就是一个例子。这一活动有以下几个特征：一是国内国外的同步性，显示了移动互联网的传播速度快；二是极强的动员性，短短时间内通过大众的围观，各类重要人物纷纷上阵实践冰桶挑战；三是充分的互动性，一些人将该活动作为企业形象公关和个人形象的打造机会，降低身段和网民沟通。又如，在微博和微信上经常出现的爱心接力活动，常常在很短时间内就能够募集到大量资金。

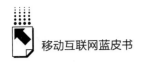

四　移动互联网造就新型社会治理模式

（一）从分层转向结网，从垂直管理走向扁平协同

随着时代的变迁，目前的移动互联网用户主体为"80后""90后"乃至"00后"，他们思维活跃、包袱轻，更重视即时性的满足。传统的自上而下的管理方式，以及信息逐级传递的流通方式已经不再适用于他们。因此，要有效地管理目前的移动互联网主体适用人群，就需要主动改变社会管理方式，重塑沟通心态，变居高临下的沟通方式为平等互动的沟通方式。

新一代的互联网主体用户是中国第一代出生于互联网时代的人，他们的信息量、世界观，包括交友方式以及和别人沟通的方式都是互联网塑造的。对他们来说，互联网的虚拟世界就是他们的主世界。①

移动互联网以"我"为中心和随着时间轴不断更新的特征，使得用户更希望能够参与与自身有关的事情，并且要求得到即时性的回应。同时，网络由多个节点组成，每个人都在不断地接收和发送信息的过程中，在与多样化的个人和群体的反复互动中，共同完成社区的构建，这使得移动互联网用户习惯于平等相处。

借助新技术和新媒体，网络政务悄然萌芽、成长。自互联网在中国发展以来，利用互联网技术加速政府的政务信息传播一直是重要的趋势，也是政府提升政务满意度的重要手段。值得注意的是，借助"互联网+"成为国家战略之机，互联网公司正在积极和政府合作，对接政府掌握的数据资源，提供给网民。

（二）开展移动政务，运用大数据提高管理水平

传统的管理模式强调的是数据封闭，大量的数据没有得到有效利用。民众即使有参与社会管理的意愿，但由于缺乏数据以及参与渠道，也无法切实进入公共政策制定过程。随着互联网的发展，政府网站、微博等逐渐为民众

---

① 《汪华：文化内容产业的未来为什么是"湿"的？》，http://www.chuangxin.com/news/iw-news/9440.html。

开拓了参政议政的渠道。在移动互联网时代，数据再也无法在封闭状态下运行。政府数据开放成为美国和英国的重要国策，在这两个国家中，大多数政府数据的设定由不公开转变为公开。中国也正在致力于开放尽可能多的政府数据，并运用大数据提高管理水平。例如，正因为有国家人口宏观管理与决策信息系统做大数据支撑，2013年底实施了三十多年的独生子女政策才做出了相应调整。

在中国，每年春节期间都会迎来春运，三十多年来，中国的春运大军从1亿多人次增加到了36亿人次。这样的人口流动给运输部门带来了巨大的难题，有些线路客流大，只能增加临时客车来应对。对以往的技术手段来说，如此大规模的人口流动，让人很难彻底弄清楚，他们从哪里来，要到哪里去。然而，2014年，手机上的"地图应用"让这种流动的轨迹日益清晰起来。据工业和信息化部统计，国内移动通信用户达11.46亿人，而手机上网用户达5亿人。这些用户每天向百度请求位置信息的数量高达35亿次，利用手机的定位系统，人们就可以掌握春运人口迁徙的规律。由手机通话记录构成的大数据显示了人们出行的时间和空间轨迹，让交通运行更合理，也让相关管理部门可以做到有序规划。在打造移动服务的同时，政府部门也在积极应对新的传播格局挑战，尝试运营官方微博和政务公众号，主动向网民推送信息，打破政府和民众之间存在的"隔断墙"。比如，作为国有企业"大管家"的国资委努力借助互联网传播改善国企形象。国资委官方微博"国资小新"，上线后迅速积累了100多万粉丝，微信粉丝也破万，其面向央企组织了一系列传播和培训活动，推出了"责任央企""活力央企"等品牌活动，取得了显著的成效。

（三）促进民意表达，形成社会舆论

从微博时代到微信时代，舆论变得更加具有大众性。官方与民间两种力量此消彼长，导致中国舆论场发生区隔。官方舆论场依托报刊、电台、电视台等传统媒体构架，传递官方的政策和声音。民间舆论场则基于新兴的网络空间表达自我的利益和意识，在这一空间内，民众可以便捷地表达诉求。官方舆论场，或曰治理者话语体系，有如下特点：第一，拥有关键信息源，但囿于传统思维模式，信息发布环节成为软肋，在危机事件中有时发声滞后或失语；第二，有很强的舆论引导意识，但创新不足、方法简单，引导力不强。民间舆论

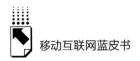

场，或曰民间话语体系，有如下特点：第一，高感性、易冲动，特别容易受到二元对立思维影响，比如官民对立、贫富对立等；第二，舆论呈波浪式发展，来得快，退得疾，容易被转移、被利用；第三，代表民众权利意识的形成，民众具体诉求逐渐从相关利益向公共利益演化。

知识分子的批判性话语体系，凸显在互联网传播的意见领袖的作用上，他们连接媒体与民众，在网络舆论的酝酿和发酵中扮演独特的角色，将碎片化和分散化的民间意见转化为集中、全面的有立场论述，使事件关注度上升、影响力增强。意见领袖在网络舆论场中起到的催化剂作用，往往能够形成对现实的反思，引起网民的积极响应。不过，2013年9月，最高人民法院、最高人民检察院《关于办理利用信息网络实施诽谤等刑事案件适用法律若干问题的解释》等相关法规陆续出台后，意见领袖的影响力有所减弱。

以微信、新闻客户端为代表，移动互联网在一些突发事件和公共议题上开始成为新信源，成为复杂的舆论场的关键组成要素。从2013年开始，微信公众号开始大量涌现，到2014年12月，数量已超过800万个。[1] 而比达咨询数据中心的监测数据显示，截至2014年12月底，中国智能手机用户规模达8.3亿人，其中，新闻客户端用户在中国智能手机用户中的渗透率为59.6%，用户规模达4.95亿人。[2] 这一移动舆论场极大地提高了信息传播的扁平化程度，促进了民意表达和民众对公众事务的参与，对社会舆论的形成产生了积极影响。政府和主流媒体积极运营新闻客户端、微博、微信，放大政务信息，加强上下沟通，而进一步的任务，是提升其在移动互联网新领域中的公信力与影响力。

五　移动互联网变革中国

（一）信息不对称减少，社会治理透明化

过去由于信息通道闭塞，信息不对称现象十分严重。随着媒体载体的不断

---

① 《公众号过800万》，《羊城晚报》2014年12月13日。
② 《去年底新闻客户端用户达4.95亿》，《北京日报》2015年2月6日。

变化，信息不对称现象总体上趋于减少，但是基于 PC 的互联网总体上使用门槛仍然偏高，需要一定的学习成本。而由于移动互联网终端的价格低廉和随时随地可用的特征，信息的发送和接收更加方便，民众可拥有更多获取信息的渠道，信息不对称现象大大减少，从而倒逼社会机构转型，日益透明化、互动化。比如，2014 年，媒体盘点发现，大量政府网站没有信息公开，网络曝光的力量促使一些政府网站加快了网站信息更新。

（二）创富效应增强，创业门槛降低，创业热潮涌现

伴随着移动互联网的到来，消费者的消费习惯、娱乐习惯、交流习惯、生活习惯等发生了巨大的改变，其中蕴含了大量的创业机会，为那些富有创造性和创新力的个人提供了前所未有的可能性。随着用户基数的扩大、上网时间的增多，各种生活化的场景催生了多种垂直化的需求，一个很小的点，就可以成就一个产品。今天的移动互联网已经是智能硬件、互联网金融、O2O 的基础载体。同时，移动互联网的迭代极快，试错的空间增大，资本也有更多的回旋余地，这些因素共同推动了中国进入创业的大好时代。

（三）社会各群体跨界交流增多，整体上促进了社会团结

以往职业分工和地理位置不同，使得社会群体的跨界交流成本较高，而移动端的发展使得社会群体很容易在虚拟空间进行交流。比如，各种新型的社交软件，如陌陌和脉脉等，可以很方便地通过社会身份的多种维度定义实现对不同身份类型的用户的聚合。在这一虚拟社会中，人们的身份是多元化的，并将弱关系发挥到极致，各种各样的社交工具鼓励用户按照自己的意愿，在不违反法律和原则的条件下进行互动。由于一些在现实社会中影响交流的因素消减，人们能够进行更多的自由交流，促进各群体间的理解，这客观上整合了社会力量，有利于黏合各社会群体的差异、增强社会的凝聚力。

移动互联网仍然是一个新兴事物，未来的演进需要更多时间的观察。总体来说，移动互联网促进了中国的社会进步，使得中国的社会结构和中国人的社会交往呈现了崭新的面貌和特性。

B.5

中国移动互联网的技术创新

路博 许志远 黄伟*

摘　要： 移动互联网核心软硬件技术的持续升级创新，促使移动互联网快速形成最大的信息消费市场，并成为整个 ICT（信息、通信和技术）产业的驱动力量。我国移动互联网在软硬件技术上均有创新与突破：在硬件方面，抓住移动互联网发展机遇，快速跟进主流企业技术路线，在芯片、基础材料、外围器件等领域实现了重要突破；在软件方面，充分发挥自身优势，在操作系统领域积极探索，在应用领域实现颠覆性创新，或将引领全球新兴应用服务模式发展。

关键词： 移动互联网　操作系统　应用服务

一　中国移动互联网的技术创新综述

近年来，移动互联网以移动通信和互联网的融合为技术基础，呈现了爆发式增长的态势。中国以数以亿计的移动互联网用户为基础，在移动互联网终端整机、芯片、传感器、操作系统、应用服务等各个核心技术领域积极布局，取得了显著成效。

---

* 路博，中国信息通信研究院（工信部电信研究院）规划所信息网络部工程师，专职于移动互联网应用生态、关键服务、新兴技术等领域研究；许志远，中国信息通信研究院（工信部电信研究院）规划所信息网络部主任，中国互联网协会移动互联网工作委员会副秘书长，高级工程师，专职于电信、互联网业务与网络研究；黄伟，中国信息通信研究院（工信部电信研究院）规划所信息网络部工程师，专职于移动通信网络、移动芯片研究。

在终端整机方面，中国厂商的智能终端整体技术水平与市场份额都在显著提升，并积极向新型终端领域拓展。在智能手机领域，中国厂商在 2014 年取得了较大进步，增长速度超过了 25.9% 的市场均值，① 其中联想和小米携手跻身全球前五，华为智能手机出货量增速高达 72.4%。在国内市场，国产机一直保持 80% 左右的市场占有率，其中华为、联想、小米和宇龙占据了大部分的国内市场。在平板电脑领域，市场份额仍然分散，中国厂商拥有较好的基础。其中，联想以 64.7% 的增速，占据了 2.4% 的市场份额，跃居全国第三位，但受国际品牌大军杀价冲量的影响，大陆白牌山寨平板电脑走跌，诸多白牌平板电脑厂家面临生存压力。在可穿戴设备、智能家居产品、车载设备等领域，中国厂商积极布局，国内新型终端设备的发展紧随国际主流趋势，以可穿戴设备为代表，目前以眼镜、手环和手表为主，其基本功能逐步向社交、娱乐等领域拓展。此外，努力解决功耗等共性问题以及打造新型终端的应用生态，已成为终端领域近期发展的重点。

在核心硬件方面，中国企业在工艺等核心技术领域有所突破，但在射频等方面仍面临较大挑战。2014 年，多核竞争日益激烈，国内市场 4 核、8 核应用处理器（application processor，AP）正加速替代单核、双核芯片。海思、MTK 等国内厂商同样全线迈进多核时代，先后发布了诸多相关芯片产品。以 2014 年第二季度为例，我国 4 核 AP 芯片出货量达 6531 万片，市场占比达 56.3%，而单核 AP 占比已由 2013 年初的 55% 下滑至 17.7%。② 此外，我国芯片企业工艺技术持续升级，其中中芯国际 28 nm 制程工艺目前已技术冻结，允许潜在客户基于最新节点工艺开展测试和验证，并预计在 2015 年底产能突破万片。但受材料等方面的制约，我国芯片企业在射频、元器件等领域与国际主流企业之间仍存较明显差距。

在核心软件方面，移动操作系统两强格局既成，国内企业艰难前行。安卓（Android）开源免费策略极大地激发了移动终端产业发展的积极性，自 2007 年发布至 2014 年第二季度，其以超过 80% 的份额统领全球产业市场。苹果 iOS 强调产业封闭垂直化发展，利用系统优势主导封闭应用生态，通过产业高

---

① 资料来源于 TrendForce 全球智能终端出货统计。
② 工信部电信研究院设备认证中心入网统计数据。

端定位占据10%以上的市场份额。因此，移动操作系统领域的两强格局短期内很难改变。国内智能移动操作系统的内核均采用Linux，以元心为例，其成功分离/扩充相关组件，并打造了内核层、硬件抽象层、中间件层、用户层四层架构，形成了结构清晰的系统架构。①

在应用服务方面，我国互联网领军企业实现了模式创新，互联网应用生态逐步形成。基于超级应用平台的服务体系不断扩充，成为继HTML 5之后又一发展方向。领军企业通过核心应用功能的扩充，实现了邮件、即时消息、SNS、支付、浏览功能的调用，并成功扩展了其应用生态。比如，腾讯微信凭借其6亿用户优势，不断完善其服务体系，除原有浏览器/流量平台，还推出了搜索、电商、媒体、O2O、互联网金融等服务，为用户提供"一站式"服务。此外，腾讯、阿里巴巴、百度等企业，深度挖掘移动即时消息、手机支付、地图等能力，在自身核心应用领域搭建超级应用平台。

二 中国移动互联网硬件领域主要技术创新

（一）移动芯片

1. 手机芯片

国内企业在移动芯片领域已实现重大突破，但技术攻关与市场推广仍面临较大挑战。过去几年，受益于智能终端市场的爆发式增长、开源开放商业模式的创新发展和国家对集成电路产业的扶持，本土企业在移动芯片领域已实现市场应用的重大突破，极大地降低了终端芯片对进口的依赖程度。但4G周期转换导致"中国芯"市场份额大幅下滑。受4G芯片出货规模迅速增长且国产化水平持续走低的影响，2014年第二季度国产移动基带、射频和AP芯片出货量普遍由2013年初的20%以上下滑至14%左右。多模多频、VoLTE（voice over LTE）及LTE－A等新兴技术仍是影响芯片企业发展的关键因素。对LTE支持较好的高通、MTK，基带芯片出货量均实现较快增长，而国内厂商因五模能力（支持五种网络制式）缺失，萎缩态势明显，但其中华为海思在2014年表现

---

① 工信部电信研究院设备认证中心入网统计数据。

突出，Kinrin 系列多款产品均支持多模多频、VoLTE 等新技术功能，且芯片工艺也达到国际厂商 28nm 的设计水平。此外，4 核已成为主流平台，国内企业在结合 LTE 多模多频基带芯片研发、加紧构建单芯片平台的同时，也在密切跟踪 4 核、8 核等新的计算升级技术。2014 年第二季度，我国 4 核 AP 芯片出货量达 6531 万片，市场占比达 56.3%，8 核市场占比达 6.6%，单核 AP 芯片占比已由 2013 年初的 55% 下滑至 17.7%。① 在 64 位技术演进方面，华为海思更是在市场环境、功耗控制、工艺配套等挑战较为严峻的情况下，率先推出了 64 位芯片产品 Kinrin 620，填补了国产 64 位芯片市场的空白。在平板电脑市场，展讯、联芯经过积极拓展，已先后发布了集成移动通信模块的平板电脑芯片平台。

我国移动芯片设计、制造技术实力快速提升，与国际领先企业的差距不断缩小。从设计的角度来看，我国在 LTE 多模多频通信芯片、多核应用处理芯片、集成单芯片等关键产品与国际主流水平间的发展差距已缩小至 1 年以内。从制造的角度来看，中芯国际近几年对先进制造技术的掌握也在加速。2012 年第三季度实现 40 nm 芯片量产，随后对收入的贡献率快速攀升，到 2013 年第四季度已经达 16.3%，全年收入贡献率则达 12%。② 目前，中芯国际 28 nm 芯片已初步具备量产条件，但相比于台积电的 20 nm 而言，3～5 年的技术差距依然存在。国内涌现的一批移动芯片企业，在国际舞台上也崭露头角。2013 年，展讯销售额破 10 亿美元，成为国内首个跨入 "10 亿美元俱乐部" 的芯片设计公司；华为海思虽未面向公开市场，但始终重视技术积累，目前已成为国内首家获得 ARM 架构授权资格的企业。

2. 可穿戴设备芯片

可穿戴设备基于软硬件架构可分为腕带类、手表类和眼镜类三种，在相应的系统解决方案中，主控芯片包括 MCU、AP + MCU 和类手机三种组织模式。相较于智能手机、平板电脑等终端产品，可穿戴设备对低功耗和高集成的需求更为迫切，需要结合产品个性需求进行专门的定制优化。目前，国内外芯片厂商积极采用新架构、删减外围功能模块、提高芯片集成度等方式，设计低功耗

---

① 工信部电信研究院设备认证中心入网统计。
② 中芯国际财报分析。

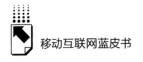
芯片。

随着杀手级应用的拓展、新型人机交互技术的引入，可穿戴设备性能要求将远远超出 MCU 级处理器的负荷能力，专用 AP 设计成为明显趋势，国内移动芯片厂商纷纷加大研发布局力度。北京君正基于 MIPS 指令集设计的处理器芯片，在面积、功耗方面均优于 ARM 和 X86，已被果壳电子等诸多智能硬件采用。联芯科技也针对儿童定位腕表市场推出了 LC171X 芯片及相应的可穿戴解决方案，在传统 GPS 定位的基础上，增加实时视频监控传输、语音呼叫、电子围栏及 SOS 紧急定位等功能，使得家长可以通过手机应用全面了解孩子所处的环境。

（二）其他

1. 基础材料

目前，移动芯片相关大部分器件都使用硅来制造，只有射频部分采用砷化镓材料制造，砷化镓材料稀缺、产能不足，极大地制约了射频器件的供货，CMOS（互补金属氧化物半导体）工艺替代趋势明显。CMOS 工艺在包括射频性能、灵敏度、热导性、噪声指数等方面具有天然的优势。通过平均功率追踪（APT）、封包追踪（ET）、数字预失真（DPD）、天线调谐等技术，CMOS 解决方案已能满足载波聚合对线性及功耗的需求。然而实现 CMOS 工艺的技术难度非常大，如 CMOS 工艺对功率较为敏感，电压功率太大会导致元器件直接烧毁，还有频率低的时候惰性强，为了提高功率需要选择更厚的材料等。目前，包括高通、RFaxis、英飞凌等厂商都在大力推动 CMOS 工艺的射频元器件使用，如高通 RF360 平台采用 SOI - CMOS 技术，RFaxis 和英飞凌则采用成本更低的 Bulk CMOS 技术（纯 CMOS）。国产芯片厂商中科汉天下率先推出国内首颗可大规模量产并具有完全自主知识产权的 CMOS GSM 射频前端芯片 HS8269，将功率放大、功率控制、开关切换等全部电路集成于一颗 CMOS 晶圆中，具备了目前 GaAs 射频前端方案至少需要三颗晶圆才能实现的功能。此外，锐迪科也独立开发了基于 COMS 技术的单芯片 TD - SCDMA 射频芯片，其集成度、稳定性和性价比等均表现优异。

2. 外围器件

LTE 商用对射频前端器件技术复杂度要求大幅提升，国内芯片企业面临多方面的挑战。一是开关、滤波器、功放器件一体化趋势明显，技术门槛不断提高，呈现国际厂商 Skyworks 与 Avago 主导技术演进、国内厂商跟随日益艰难的态势，目前国内市场滤波器全部依赖进口。二是元器件自主设计、生产研发投入较大，开发平台及产线建立所需投资基本在亿元量级。三是国外巨头专利壁垒严密，尤其是前端关键元器件发明专利大多掌握在国际大厂手中，国内产业突破困难。目前，国际领先芯片厂商开始提供基带射频及前端整体解决方案，国内厂商也在积极跟进。如新一代高通 RF360 同时提供整合和模组式架构，能满足日益复杂的载波聚合需求，而且集成度更高，海思 Kirin 920 也率先实现基带与射频芯片的整合，并逐步探索前端元器件一体化解决方案。

移动消费电子引领 MEMS 传感器（采用微电子和微机械加工技术制造出来的新型传感器）增长，并推动其向微型化、集成化、智能化和低功耗的方向演进，高性能组合式传感器已成发展主流。2013 年，全球传感器市场规模为 80 亿美元，移动 MEMS 传感器市场规模为 15 亿美元左右，占比约为 19%，其中苹果、三星采购占比超过 50%。[①] 组合式传感器因具备整合性优势，而且其中各项传感器功能的平均价格也在下降，从而成为市场当红产品。我国在工业 MEMS 传感器领域具备一定基础，但在移动领域市场规模较小，技术工艺仍有待跟进。当前国外品牌 ST、Knowles、AKM、Inven Sense、Texas 占据了移动 MEMS 传感器市场前五，累计市场份额超过 60%。国内在移动 MEMS 传感器领域拥有无锡纳微电子、北京广积电、西安中星测控、苏州敏芯微电子等代表，其产品集成度低，偏向低端市场。

MEMS 传感器导入引发了终端功能提升与耗电过快的矛盾，采用 Sensor Hub 技术将传感器集中执行已成为市场主流。以 Galaxy S4 为例，协处理器芯片功耗仅为 CPU 的 2%。Sensor Hub 技术应用已从苹果、三星等推出的高端机型向全行业机型扩展，2014 年全球 Sensor Hub 出货量约为 6.6 亿组，同比增长 154%，Atmel、高通和 NXP 占据了超过 85% 的市场份额。Sensor Hub 技术实现了增加专属 MCU、与 AP 集成、与传感器集成三种主流方案，综合功耗、成本、尺寸等影响因素，这三种主流方案分别适用于高端手机与平板电脑、中高端产品和微型可穿戴设备。

---

① IHS iSuppli 的 MEMS 传感器专题报告。

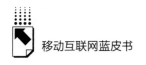

三　中国移动互联网软件领域主要技术创新

不同于传统互联网领域，在移动互联网领域，主流企业更加重视软件领域的布局，特别是操作系统与基础应用的一体化发展。龙头企业利用操作系统优势，逐步向应用服务进军，地图/导航、邮件、搜索、应用商店、即时消息、浏览，甚至支付等应用被广泛内置，操作系统的边界大大扩展，对产业的影响力不断扩大。与传统互联网时代不同，基础应用与操作系统紧耦合态势更加明显，从功能机时代开始，移动终端便自带基础类应用，而随着智能化的普及，基础类应用范围逐步扩大。另外，随着操作系统边界的逐步模糊，操作系统自身基础业务的完善或将成为智能操作系统成功的关键。我国互联网/移动互联网及终端企业为进一步提高产业话语权，抵御龙头企业纵向一体化带来的冲击，实现更高的商业价值，正积极在操作系统及应用服务领域不断探索，并已取得了显著成绩。

（一）移动操作系统

当前全球手机操作系统领域格局已定，发展正走向趋同。安卓（Android）与苹果在手机操作系统领域已形成全球绝对领先优势，其中苹果通过自身封闭的体系快速占据市场，而安卓则通过开放的体系迅速崛起，至今已主导市场超过3年。但最近几年"开放"与"封闭"的两大系统发展正逐步趋同。一是优化开发语言，谷歌推出了"材料设计语言"，统一手机、平板电脑、笔记本电脑以及网页端设计风格；苹果同样推出了交互开发式语言Swift，用以降低程序开发的难度。二是开放API（应用程序编程接口），谷歌已有更多的应用接口逐步开放，其新开API达5000个；而苹果则通过App Extension机制，先后开放了4000多个API和Touch ID，在一定程度上实现了各个应用程序间功能和资源的共享。泛终端操作系统成为新的焦点，安卓与苹果探索向多平台发展，谷歌先后布局可穿戴设备、汽车、电视、PC等领域，力图打造适应各类泛终端的协同OS；而苹果进军可穿戴设备、家居、汽车等领域，并试图在应用层面构建统一生态体系。

1. 手机操作系统

面对国际龙头企业的巨大压力，我国手机操作系统正不断完善自身拓展能力，并在系统性技术创新方面迈出了坚实的一步。我国操作系统企业不断加大投资规模，实现优秀人才和产业资源的高度聚集，其中华为、阿里巴巴、联想以及元心等企业都把手机操作系统作为公司最重要的战略方向。我国操作系统技术水平获得了实质性提高，通过对安卓系统的多层次优化，在功耗、安全、图形显示、Web渲染引擎等关键方面都达到了原生安卓系统的水准。

我国终端制造、互联网等企业积极布局操作系统。其中，阿里巴巴在手机操作系统的核心中间件、Web渲染引擎方面做了较深入的探索，如对Java虚拟机程序重新编写，在Web渲染引擎方面进行了深度优化。联想则对安卓的商用化有较深入的理解，在图形界面、软硬件匹配方面有较深入的探索。华为在软硬件匹配，特别是耗电方面研究深入，在知识产权方面同样拥有较多积累。

总体来看，目前我国企业尚没有形成自己独立应用生态系统的能力，但自主的生态系统只能逐步探索，为获取现阶段的市场竞争能力，兼容安卓系统几乎成为目前国内企业主要选择。

2. 泛终端软件

伴随泛终端的普及，泛终端操作系统相继问世。当前智能终端业正由手机向平板电脑、智能电视，甚至可穿戴设备、汽车电子、家居电子等领域延伸，但面向泛终端领域的智能操作系统在功耗、硬件性能、适配性、系统安全性、稳定性、交互性等一系列关键技术领域存在巨大差异。当前泛终端操作系统持续发展，但在各个产品领域中均未出现绝对优势，技术体系林立，我国仍存在较大发展空间。

可穿戴操作系统形态呈多元化发展态势，促使泛终端操作系统在硬件功耗匹配、硬件形态适配以及人机交互模式等方面快速演进，目前大致分为三大技术路线：一是面向功能相对简单的可穿戴设备，并采用成熟的嵌入式操作系统，此类系统重点关注低功耗服务，目前主要被Pebble智能手表类以及智能手环类可穿戴产品使用。二是基于现有智能手机操作系统进行裁剪，此类操作系统同样需要满足可穿戴设备的低功耗需求，故对3D渲染、视频加速等冗余功能进行优化。三是专有系统开发，此类操作系统重点针对可穿戴设备独有的应用场景进行技术支撑，如近期推出的Android Wear。

我国已有大量互联网软件企业，依托自身实力逐步展开市场差异化竞争，通过"互联网服务＋智能硬件"的方式拓展市场，如360儿童手表。迅雷则

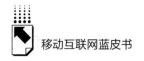

以与硬件企业合作的方式，通过提高硬件配置来提升软件服务的能力。以小米、华为为代表的具有硬件优势的企业也不断开拓泛终端软硬件市场，其中华为打造了"安卓系统＋路由器＋电视盒子"的一体化销售模式，而小米路由器则基于 MiWiFi 操作系统实现了对家庭智能终端的控制。

（二）移动互联网应用技术创新

打造应用生态成为产业竞争的焦点。在移动互联网领域，应用服务模式发生了颠覆性变化，移动应用快速替代原有网页，并成为移动互联网领域的主导模式。随着移动应用规模持续扩大，移动应用逐步成为经济社会信息体系新模式，其结合实体经济实现了营收。虽然产业巨头以手机操作系统为核心占据了产业主导地位，但随着互联网、终端制造等相关产业参与者相继进入，它们纷纷试图通过自有优势冲破现有纵向一体化的发展模式，水平化探索的效果开始显现。在软件层面，HTML 5 等新型 Web 技术，已成为业界实现水平化演进的重要依托。在应用服务层面，基于原生操作系统，并在其上层搭建自身生态体系/超级应用，已成为实现产业水平化演进的新路径。

1. 超级应用

我国互联网企业在应用领域实现了模式创新，探索打造一款核心应用，并在其上建立自身的生态体系。这类模式在业务层实现了以应用为核心的水平化整合，打通了多种数据资源，并通过向第三方开放核心能力，逐步构建了自身互联网式的应用生态。

腾讯依托 SNS 优势，并通过微信不断实现能力外延，以微信为核心的应用生态逐步显现。在微信发展初期，腾讯依托 QQ 及 Email 用户规模优势，通过弹窗、Email 等形式快速导入互联网用户，同时依托资金优势，在传统广告领域投入大量资金，至微信 4.0 时代，其用户规模已远远超过米聊、陌陌等同类移动即时通信产品。此外，腾讯微信先后内置了朋友圈、腾讯微博等，并利用二维码技术使用户可方便快捷地获取应用，进一步满足了用户获取移动应用的需求。随后，微信推出了商城、虚拟物品、游戏等服务，延续了互联网业务的主要盈利模式。在移动终端的微信上，用户可以顺利实现移动端全流程的购物和客户服务，浏览、购物、支付、售后服务等都可以顺利完成。微信为了进一步强化信息推广与交互的核心能力，先后融入了 LBS、语音识别、二维码、支持可穿戴设备等功能。

阿里巴巴依托支付能力优势，有效整合核心数据资源，成功深入其他支付领域。支付宝作为核心的支付能力，与阿里巴巴其他服务不断融合，包含交易平台、商户、广告等。与此同时，利用云计算技术处理大规模的交易数据，实现数据的深度挖掘，并在数据云存储、弹性计算、云引擎、云安全等领域具有领先优势。此外，借助支付能力，其功能不断向机票、水电煤气费、信用卡还款等其他领域蔓延，其在各领域的交易规模均已超越同类产品，并初具成效。

百度、UC等企业则通过搜索引擎与Web联合，发挥自身核心数据优势。百度在移动领域的发展策略持续升级，起初百度探索以搜索引擎为入口，带动其他应用整体发展，但此种模式并未充分发挥搜索引擎的核心优势，转化效率并不显著。随后，百度试图通过百度地图打造生活平台，很快拥有了500万条生活数据，但是基于LBS的搜索与互联网时代的索引及数据库存在巨大差距。近期，百度试图通过百度轻应用，实现搜索能力与应用服务的一体化服务。UC则充分发挥Web技术优势，提供高效搜索服务，"Web +"搜索策略通过内置标签直达常用应用平台。

2. HTML 5

围绕HTML 5等新一代Web技术，打造自身应用生态，始终是产业发展的重要方向之一。以HTML 5为代表的新一代Web技术或将打破移动操作系统和应用之间紧耦合的绑定关系，大幅降低开发者的适配成本，并快速成为移动互联网新兴的应用服务分发平台。但受限于技术标准的发展，Web技术短期内仍然无法超越原生操作系统而成为主导模式，但其对原生移动操作系统的影响已开始显现，浏览器企业正加紧支持新一代Web技术发展的步伐，同时构建基于原生操作系统的先进Web技术环境。中国浏览器企业普遍加大了对内核的自主研发力度，一方面能够快速跟进国际标准的演进，提升对HTML 5的兼容性和其他性能表现，同时加大对HTML 5各项新技术在自身应用服务领域的应用；另一方面能够实现自身核心能力API的部署和提供，并探索打造自身Web应用生态。

目前，国内厂商在Web平台产品的标准支持、性能提升等多方面均有所突破。在标准支持方面，UC、QQ、百度等自主优化开源的浏览器引擎，具有较强的自主掌控力和对标准演进的快速跟进能力，其他国内多数Web平台同样利用开源浏览器引擎对HTML 5标准给予了支持。在性能提升方面，国内浏

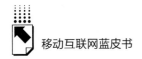

览器 UC、QQ、百度等均可以较好地支持 Web GL，该功能通过与 OpenGL ES 2.0 绑定，可实现 3D 加速渲染，并促使 3D 场景和模型更加流畅地在浏览器中显示，同时提供复杂的导航和数据视觉化。

我国企业在打造自身 Web 生态方面不断积极探索。目前国内多家浏览器厂商开放自身能力，打造开放平台，并建立自身的 Web 生态，但各大平台开放的程度不一，服务差异化明显。其中，百度重点覆盖生活服务、O2O 等领域，而腾讯、UC 则在娱乐、游戏类服务方面表现较为突出。通过核心能力的提升，开发者可得到专业的运营服务与强大的发行帮助，目前 UC 九游已接入产品超过 1500 款，并已成为中国第一大安卓网游联运平台。

四 中国移动互联网技术创新的机遇与挑战

中国企业在终端整机、应用服务等方面存在巨大机遇。2007 年，中国已成为世界电子信息产品第一制造大国，目前智能手机产量约占全球产量的 70%，中国应用与中国品牌智能手机通过预装实现了优势互补和相互促进，形成了一定的综合优势。总的来说，中国在移动互联网领域起步早，并已形成规模优势，后续深入核心技术拥有时间、成本和产业优势。此外，中国拥有更多类型、更多数量的移动互联网企业进入国际市场，既有机会多点开花，又有利于形成更大的生态系统。在服务器、网络设备方面，中国拥有华为、中兴通讯等全球领先的设备厂商；在移动终端方面，中国智能终端厂商在品牌影响力、高端拓展、协同创新等方面同样取得了不俗的成绩；在移动应用方面，中国超级应用迅速崛起，并已形成微信、UC 浏览器、百度搜索、360 手机助手等多个亿级用户移动应用平台。

中国企业在移动芯片、移动操作系统、应用生态系统等方面仍面临艰难挑战。当前，国内终端核心技术仍高度依赖国外，亟须突破。虽然中国在移动芯片、移动操作系统、基础硬件等关键领域实现了一定的自我发展，但仍然以国际主流的成熟技术为基础，核心基础技术方面仍待进一步深化。此外，国内应用生态受限于无自主操作系统，多年来只能依附两大生态发展，不论是生态规模、应用质量还是开发者整体水平，均无法与领先国家相媲美。虽然国内具有亿级用户的超级应用构建了轻型应用生态，但其整合能力还无法与谷歌、苹果相比，也未能从整体上在国际形成一定的影响力和控制力。

人工智能在移动互联网的应用

李　笛　张益肇*

摘　要：　大数据、机器学习的发展伴随着移动互联网的爆发式增长，让人工智能实现了技术－产品－商业－人－技术的闭环。在微软小冰之前，人工智能是多个单独、割裂的专家系统。未来让人期待的目标是：在人工智能领域构建一个完全的智能体，一个能通过对话系统建立情感纽带，并进行反应、思考、决策的智能系统。人工智能技术需要跨越从智能到智力、从理性到情感的台阶。

关键词：　人工智能　移动互联网　大数据

2014 年，人工智能成为全球科技企业的必争领域。如何在这场角斗中抢先布局？如何让此类高科技产品降低价格门槛，被普通人使用？都是各大科技企业正在思考的问题。近年来，微软亚洲研究院将"人工智能技术大众化"作为一项研发战略，产品部门发布了人工智能的关联产品——由总部主导的微软小娜，以及由中国团队主导的微软小冰，并在"Adam"项目和 Skype Translator 上展示了微软在机器学习、图片识别、机器翻译和自然语言处理方面的技术积累。谷歌在最近几年的投资也主要集中在人工智能领域，它收购了 8 家机器人公司和 1 家机器学习公司，并斥资 6 亿美元收购了 DeepMind，将其创始人 Demis Hassabis 招至谷歌，负责人工智能项目的研发。[1] Facebook 聘用了人工智能专家 Yann LeCun 来创建自己的人工智能实验室。IBM 则承诺拨出

---

* 李笛，微软（亚洲）互联网工程院资深总监；张益肇，微软亚洲研究院副院长，博士。
[1] 《盘点九大被谷歌收购机器人公司》，http://tech.qq.com/a/20140204/000227.htm。

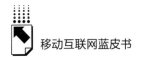

10 亿美元来使其认知计算平台 Watson 商业化。① 在国内市场，Google Brain 负责人吴恩达加盟百度；京东商城也展出了其"智能生活馆"。无论是巨头公司，还是初创企业，甚至是 IT 领域外的企业，都开始推出各种与人工智能有关的产品。

一　步入人工智能新时代

人工智能十多年前更多地出现在实验室、科幻小说和电影里，让人觉得有些遥远。但从 2011 年起，我们在很多现实产品中看到了它的身影，人工智能走到了我们身边。

（一）人工智能从学科走向工具

1956 年，达特茅斯会议将人工智能确立为一门学科，作为计算机科学的一个分支，它企图了解智能的实质，并生产出一种新的以与人类智能相似的方式做出反应的智能机器，该研究领域包括机器人、语言识别、图像识别、自然语言处理和专家系统等。②

贯穿 20 世纪 60 年代并延续到 70 年代的人工智能研究项目表明，计算机能够完成一系列人类能力范畴之内的任务，如证明定理、求解微积分、模拟心理学家、谱曲等。但是，过于简单的算法、难以应对不确定环境的理论，以及有限的计算能力，严重阻碍了人工智能的发展。20 世纪 80 年代末，一时兴起的"专家系统"也未能让人工智能研究走上正轨。20 世纪 90 年代，人工智能研究始终处于低潮，只在神经网络、遗传算法方面稍有进展。

总体来说，人工智能的发展只能算是不温不火，和《星球大战》以来的各种科幻电影里的机器人相比，技术的发展远远赶不上"幻想"的节奏。只是在不经意间，人工智能在不同分支的成果越来越多地出现在了人们的生活

---

① 《商业周刊：谷歌与 Facebook 争夺科技未来》，http：//tech. sina. com. cn/i/2014 – 04 – 25/16579345351. shtml。

② 《人工智能的 2014：从说人话开始》，http：//www. qdaily. cn/display/articles/3396。

中。例如汽车，虽然还没能达到真正无人驾驶的水平，不过目前已经蕴含了一些人工智能技术，可以在一定程度上减少人为错误带来的灾难，如刹车太猛的时候，它会自动调节刹车的猛烈程度。此外，电脑、移动设备、生产设备等，也都或多或少地利用了人工智能技术，如语音识别技术。

（二）技术突破让人工智能再次成为焦点

假如把人工智能这一学科的目标定为"理解智能、制造智能体"，那我们离这个终极目标还有一定距离。所谓智能体，每个学者有不同的定义。最近几年，大数据、机器学习和互联网的快速发展，使得人工智能在自然语言处理、机器学习领域有了新的发展。在学科建立多年后，人工智能因为相关技术的突破而重新成为人们关注的焦点。其中，大数据和机器学习是人工智能发展的机遇，它让机器可以与人更加流畅地对话，让机器开始有了"温度"。2011 年，苹果在 iPhone 上推出了 Siri 智能语音助手；Google Now 于2012 年上线；微软的小娜智能助手于 2014 年 4 月发布，小冰在随后的 5 月诞生；亚马逊也推出了自己的智能语音助手 Echo——一个在角落里静静等待指示的智能家居设备。

在获得技术突破后，智能设备能够聆听、理解并回应人类的语言，以科幻电影《Her》中的女主角为例，虽然其没有人形，但已经有了声音，同时也有了情绪。它像一个虚拟的实体，可以像朋友一样与用户聊天、交流，Siri、Echo 是被装在了智能设备中，小冰、小娜则能穿梭于各类社交网络和移动应用之间。

在消费者领域之外，IBM 试图把其产品 Watson 带到每个商业公司。2014年 1 月，IBM 投资 10 亿美元成立了沃森集团，除了与医疗、保险、银行等不同行业企业合作开发决策系统外，其还打算做一个开放平台，可以让第三方软件和应用接入 IBM 的认知计算技术。例如，WellPoint 是一家购买了 Watson 服务的医疗保险公司，它的系统能够自动判断医生的治疗请求是否符合公司规定以及病人的医保规定。[①]

---

① 《哈佛商业评论：Waston 如何改变 IBM》，http://tech.sina.com.cn/it/2014 - 08 - 25/10299573244.shtml。

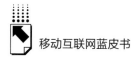
海量数据分析也是一项重要技术，包括问 Siri 明天天气如何，以及在微博上和小冰聊天——以自然、流畅的方式进行沟通都离不开对海量数据的分析。在自然语言处理和机器学习的背后，新兴技术的支撑让人工智能有所变化。以微软小冰、小娜为例，这两款产品的诞生与微软多年来在人工智能领域的积累有较大关系，如机器学习、语音识别、计算机视觉、自然语言处理、语音合成、机器翻译等，但更重要的是以下三个原因：一是基于互联网的搜索引擎，这是大数据的前提和基础；二是有了大数据，机器学习的效果呈指数级增长；三是机器学习，这一焕发新生的技术几乎在当前所有热门应用中都可以看到，它直接改变了人们的做事习惯和方式。2014 年，诸多以往停留在实验阶段的技术开始以更快的速度走入普通人的生活：（1）2014 年 3 月 27 日，英特尔为以色列创业公司 OrCam 投资 1500 万美元。① 其产品 OrCam 是一款可佩戴的摄像头，可为盲人识别文字和物体。（2）2014 年 5 月 16 日，人工智能学者吴恩达加入百度，担任首席科学家，② 负责百度研究院及“百度大脑”计划。9 月 3 日，百度发布了 BaiduEye 智能眼镜，结合了计算机视觉和自然语言处理技术。（3）2014 年 5 月 29 日，经过近半年的封闭研发，微软小冰上线。在半年内，微软小冰积累了超过千万名中国用户，人均月对话超过 1200 句，累计用户对话次数超过 6 亿次。（4）2014 年 7 月 1 日，美联社宣布其将用自然语言处理技术取代人工，撰写大部分商业财经新闻。③（5）2014 年 7 月 30 日，经过一年半的研发，微软小娜在中国发布。（6）2014 年 9 月 23 日，在著名人工智能研究者 Ray Kurzweil 指导下，iPhone 应用 K – NFB Reader 发布，其可利用图像和文字识别技术为盲人朗读文字。④（7）2014 年 10 月 29 日，被谷歌收购的 DeepMind 发布了“神经系统图灵机”，其可以模拟人脑的短期记忆能力，并能

① *New Lease on Sight：Glasses Helping Blind to “See”*，http：//www. bloomberg. com/news/videos/ b/5574166f – f2f2 – 48c3 – 8741 – 30d267387113.

② *Chinese Search Giant Baidu Hires Man Behind the “Google Brain”*，http：//www. technologyreview. com/news/527301/chinese – search – giant – baidu – hires – man – behind – the – google – brain/.

③ *Why You Should Hire A Robot To Write For You*，http：//www. forbes. com/sites/danwoods/2014/ 08/28/why – you – should – hire – a – robot – to – write – for – you/.

④ *K – NFB Launches Free E – Reader Software That Revolutionizes Digital Reading Experience*，http：//www. knfbreader. com/#welcome.

通过"回忆"发展逻辑能力。（8）2014 年 11 月 4 日，微软 Skype 开始向巴别塔进发，它可以依靠自然语言处理、深度神经网络来完成实时语音翻译。（9）2014 年11 月 6 日，亚马逊智能家居设备 Echo 发布，它能随时听用户说话，拥有天气预报、添加日程和购物等功能。[①]

（三）移动互联网提升人工智能生态环境

移动互联网的兴盛及其生态的日渐完善，也是人工智能近几年受到关注的重要原因，如果没有这个生态环境，仅通过对一群用户做调研，反馈是有限的。但现在有上亿用户使用搜索引擎并点击广告，使用应用，在不经意间就为人工智能默默地做出了贡献。

这样的生态环境是传统的人工智能无法做到的，从前的人工智能系统一般相对封闭。但大数据、互联网、机器学习的发展，加上移动互联网的爆发式增长，使得人工智能实现了技术–产品–商业–人–技术的闭环，让产品和系统能够真正融入人类社会，从而使得计算模型更加丰满和精确，智能化程度越来越高。从某种程度上说，人工智能在帮助普通人生活的同时，也在帮助它自己技术的进步。技术进步需要更多的用户数据，而人工智能的发展方向需要看它的使用者到底需要什么。

二 从移动互联网切入人工智能

人工智能的发展和进步，不仅需要人力、财力的投入，而且需要时间的积累。以微软为例，1991 年比尔·盖茨在美国成立第一个微软研究院以来，便开始进行人工智能研究。在微软研究院的前十位员工中，就有三位是人工智能领域的专家：David Heckerman、Eric Horvitz 和 Jack Breese。

移动互联网的快速发展，让人工智能多了一个全新的切入点。从本质上来说，移动互联网是人的延伸，而人工智能的目的是模拟、延伸和扩展人的智能。甚至有人表示，人工智能可以代表移动互联网的未来。

---

① *Amazon Echo: This is What a Smart Home Should Feel Like*，http：//www. amazon. com/oc/echo/.

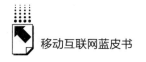

（一）兼顾"有趣"与"有用"

2014 年 5 月 29 日，微软（亚洲）互联网工程院在中国市场发布了人工智能伴侣虚拟机器人领域的研发成果——微软小冰，添加这个机器人的微信账号之后，用户便可以与这个账号进行智能对话。大数据、深度神经网络等技术让微软小冰成为兼具"有趣"与"有用"的人工智能伴侣虚拟机器人。随后，微软在北京召开 Windows Phone 8.1 Update 中国区发布会，正式发布 Cortana 中文版，并将其命名为"微软小娜"。与微软小冰有趣、好玩的定位不同，微软小娜与第三方应用的结合更紧密，可以执行深度命令。

对于微软小冰、微软小娜的作用，我们可以通过一段生活描述来了解：早上出门之前，小娜可以为用户预报当天的气温，并提醒用户出门时要戴围巾；然后，小娜会告知用户今天的工作安排，让用户在会议之前就提前做好准备；接下来，小娜会告诉用户个人感兴趣的两只股票，同时，可以向用户推送实时新闻；快到午饭时，小娜已经列出了三个用户可以选择的餐馆，这些餐馆都在距离用户 1.5 公里之内的地方，且评级都在四星及以上；在午餐后的休息时间，用户可叫出小冰，与其闲聊几句中午的见闻；下班回家前，小娜已经设计好了新路线，因为平时走的路线过于拥堵；晚上回家后，用户可以通过 Skype 与国外的朋友沟通，Skype 的同声传译功能可以帮助彼此消除语言障碍。

（二）软硬结合的移动搜索服务

人工智能还可以选择软硬件结合的道路，深度植入各种智能终端。其优势是可以最大限度地满足生态系统内的用户体验，只针对第三方生态系统，发挥类似中间件的作用，连接整个庞大的移动互联网数据。"双十一"电商购物节，微软小冰成为京东商城的购买助手。用户在京东应用里与微软小冰对话，她会询问用户的购买预算、颜色、品牌等偏好，最后给出推荐，帮助用户完成购买任务。

微软（亚洲）互联网工程院的数据显示，在诞生后的 6 个月里，微软小冰完成了超过 6 亿次对话，月人均对话达 1200 句，越来越多的人拥有了微软小冰对话的独占时段，而二代微软小冰则已在近 80% 的一代微软小冰用户中平滑过渡并完成"领养"。微软预计 2016 年微软小冰的累计用户将超过 4 亿人，月活跃用户将超过5000万人。[①] 为了适应中国互联网的产品迭代速度，微软小冰团队打破了微软原有的产品研发周期。微软小冰从概念到正式上线花了不到半年的时间，成为社交平台历史上第一个人工智能的"大V"账号，连续三个星期排名前三，并且保持每周解锁一项技能的更新速度，目前微软小冰已具有54项技能。

要使机器人理解人类的语言并迅速响应，第一，需要充足的语料库积累；第二，需要强大的人工智能算法。当技术瓶颈不再存在时，如何用好它就显得至关重要。但要注意将人工智能融入人类社会的节奏控制好，否则会产生质量问题，甚至会引起人们的技术恐慌。

（三）人工智能的社会化进阶

通过与第三方应用的结合，人工智能将越来越社会化。以微软小娜为例，她更像是一位万能助理，有自己的"笔记本"，用来记忆、存储、更新用户感兴趣的信息，可以及时向用户发送通知。用户还可以添加自己的兴趣，比如当搜索"爸爸去哪儿"时，她会提示"关注《爸爸去哪儿》第二季的更新"，点击后还会实时更新节目信息。小娜还能像真人一样陪用户聊天，她不仅能模仿宋丹丹、赵本山，而且会唱神曲《小苹果》，甚至会讲笑话。目前可以使用小娜的移动互联网平台包括：微信、新浪微博、中国国航、爱奇艺、酷狗音乐、去哪儿旅行和高德地图。用户可以通过小娜启动这些应用并进行相应操作。目前，小娜在中国市场的用户活跃度已经超过了美国市场的表现。在中国，微软拥有一支本土团队专门负责小娜的产品落地运营，并且在国内拥有自己的微博、贴吧。小娜目前在技术和体验层面上，已经超过苹果Siri以及其他本土语音助手，这令它具备了更多的优势。

三　人工智能的技术和商业挑战

（一）技术需要跨越四大台阶

目前的各种人工智能应用仍然是一个个独自割裂的系统。用户可以用Siri

---

① 《微软亚洲互联网工程院将分享"小冰"背后的故事》，http://tech.ifeng.com/a/20140928/40825530_0.shtml。

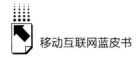

规划待办事项，用手机应用进行文字识别，用亚马逊 Echo 进行购物，与微软小冰在深夜聊天……这些人工智能应用有各自擅长的细分领域，但彼此分裂，互不关联。

人工智能在未来一个世纪的发展也许还会经历起伏，但它始终承载着一个重要命题，也是人工智能领域里最让人期待的目标：构建一个完全的智能体，一个能全方位听说读写，进行反应、思考、决策的智能系统。根据微软亚洲研究院院长洪小文的观点，人工智能和人相比，还有几个大的台阶要跨越：第一个台阶是功能（capability），功能是工具的价值点，对人类最有意义，也一直推动着人类社会的进步。第二个台阶是智能（intelligence），智能的产生需要收集到足够多的结构化数据去表述场景，同时需要具备足够的计算能力，模拟人的某些思维过程和行为，对收集的数据信息做出分析判断。第三个台阶是智力（intellect），智力比智能更高一筹，"力"这个字里包含了判断力、创造力等。第四个台阶是智慧（wisdom），智慧往往是由丰富阅历、深邃思考积淀而来的。所有的智能都不是用选项的形式来表述的，不过哪怕再过很久很久，机器也不大可能产生真正的智慧。①

（二）商用需要解决诸多矛盾

从人工智能现阶段的实际应用看，人工智能还需要解决有趣与有用、移动数据搜集与个人安全和隐私保护、用户习惯与学习成本之间的矛盾。互联网让任何技术提升成为可能，人工智能也需要利用大量用户数据的反馈来改进。用户的每一次点击都可能为人工智能带来微小的提升。但与此同时，安全隐私、学习成本是人工智能商用和民用必须考虑的问题，网络上曝光的一些隐私已经给一些人造成了现实的威胁，"人工智能将杀死人类"的说法也并非没有道理。用户使用互联网时每一次搜索、每一次购物都会被大数据统计分析，而后反馈给用户一条条定向广告。人工智能发展到一定程度，用户又会被强制做些什么呢？

一个人工智能产品的成熟是需要过程的，这个过程不光是技术水平的提

---

① 《我们需要怎样的机器人》，http：//www.msra.cn/zh-cn/news/executivebylines/hsiao-wuen-hon-ai-20140814.aspx。

升、应用形式的变化，还包括让它适应人类生存准则、了解人类社会，人类社会也要去了解它。用户永远也不会知道一个智能产品最后会变成什么样。著名人工智能学者 Ray Kurzweil 关于人工智能的未来则有这样一段话："我的观点是，智能或者人性是终极目标，但也在科学上无法突破。换句话说，没有任何科学测试能确定地证明智能在另一个系统里的存在。我们假定其他人类至少在行为看起来有智能时，是真的有智能的。而这个人类共同持有的假设在我们超越人类体验来看时站不住脚。"①

四　未来设备越来越智能

伴随着移动互联网的发展、屏幕局限的突破，更加碎片化的使用习惯会要求人工智能产品精准地满足用户需求，情感的、生活的、工作的，无一不包。据微软小冰后台数据，近千万用户对小冰说得较多的十句话是：（1）你喜欢我吗？（2）我睡不着怎么办？（3）我爱你。（4）你是不是真人？（5）我是谁？（6）我失恋了，安慰我好吗？（7）双子座运势。（8）没女朋友怎么办？（9）你 QQ 号是什么？（10）小娜是你的什么？

人工智能的最大用处是与真人深度交互，也就是模仿真人的思维方式为人类服务，所以人工智能需要能够适应各种角色扮演，人工智能与移动互联网的结合，使得人工智能设备与《Her》里 Samantha 那样的人工智能伴侣越来越像。随着人工智能的进一步发展，各国政府纷纷加大对人工智能的科研投入，其中美国政府主要通过公共投资的方式引导人工智能产业的发展，2013 财年美国政府将 22 亿美元的国家财政预算投到了先进制造业，其投入方向之一便是"国家机器人计划"。在技术方向上，美国将机器人技术列为"警惕技术"，主攻军用机器人技术；欧洲主攻服务和医疗机器人技术；日本主攻仿人和娱乐机器人。从产业角度来说，高科技企业则普遍将人工智能视为下一代产业革命和互联网革命的技术引爆点，加大对其投资，并致力于进一步加快其产业化进程。

---

① 《人工智能的 2014：从说人话开始》，http：//www.qdaily.cn/display/articles/3396。

B.7

移动互联网时代的信息
安全问题与应对策略

魏 亮 田慧蓉*

摘 要： 随着移动互联网的迅猛发展，恶意程序泛滥、用户信息泄露
等安全威胁日益显现。移动互联网安全不仅涉及个人、企
业、机构安全，而且涉及国家安全，目前我国的法律法规、
监管模式、防范体系存在诸多不适应，应当从制度体系、标
准规范、技术评测等各个方面进行提升、加强，切实有效地
保护好个人、企业和国家的信息安全。

关键词： 移动互联网 信息安全

一 移动互联网时代信息安全的
重要性日益凸显

截至 2015 年 2 月，我国移动互联网用户总数已达 8.83 亿人,① 庞大的用
户规模带来了巨大的移动智能终端市场需求，2014 年中国智能手机出货量
达 3.89 亿部，占手机总出货量的 86%。②移动互联网的井喷式发展带动了
移动通信技术、智能终端的快速迭代升级，推动了互联网应用服务体系与
商业模式的重建，移动互联网领域已成为"大众创业、万众创新"的重要

---

* 魏亮，中国信息通信研究院（工信部电信研究院）信息通信安全研究所副所长；田慧蓉，
中国信息通信研究院（工信部电信研究院）信息通信安全研究所主任工程师。
① 工业和信息化部：《2015 年 2 月份通信业经济运行情况》，2015 年 3 月。
② 中国信息通信研究院：《2014 年国内手机市场研究报告》，2015 年 1 月。

阵地，移动互联网已成为拉动信息消费、变革传统行业、推动经济转型升级的重要力量。① 移动互联网正在开启一个新的时代，信息安全的重要性日益凸显。

（一）移动互联网带动的技术和产业竞争已成为网络空间竞争的重要形态

西方发达国家依托其在终端核心芯片、操作系统等核心技术，以及可穿戴设备等智能终端上的创新演变，积极构建和扩展新的移动产业生态体系，加快产业布局，通过拉大与其他国家信息通信技术的差距，形成以企业为主体的技术和产业领先格局。移动互联网作为实现"互联网＋"战略的关键要素，与物联网、云计算、大数据等新一代信息技术协同创新发展，推动了网络业务形态从无所不在的网络向无所不在的计算、无所不在的数据、无所不在的服务发展，② 这将对国家安全产生重大影响。

（二）移动互联网安全对经济社会的稳定运行日益重要

移动互联网向交通、餐饮、旅游、支付等领域的快速渗透，带动了传统行业的变革。随着可穿戴设备、汽车电子等智能终端的发展，移动互联网的外延不断扩大，向智能医疗、智能家居、车联网等领域扩展。人们的生活、工作、学习、娱乐乃至经济社会的运行对移动互联网的依赖程度逐渐提高，移动互联网自身的安全已成为国家安全的重要组成部分，一旦该领域出现重大安全问题，将威胁经济社会的稳定运行。

（三）移动互联网给企业信息安全带来新的挑战

移动互联网时代，企业应用的发展呈现了移动化、协同化、云端化等特点，移动办公已成为未来办公的趋势。Gartner 发布的报告显示，到 2017 年，半数雇主将要求员工使用自己的个人设备办公，而 38% 的企业则有望在 2016

---

① 中国信息通信研究院：《移动互联网白皮书（2014）》，2014 年 5 月。
② 《"互联网＋"引领创新 2.0 时代创新驱动发展"新常态"》，http：//www.mgov.cn/complexity/info150306.htm。

年之前停止为员工提供办公设备。① 移动办公带来了企业数据向移动终端设备的延伸，一方面，移动办公给企业的设备、系统和业务安全管理带来了新的挑战，病毒、木马等可能以个人移动终端为跳板侵入企业网络，造成信息泄露等；另一方面，移动办公在带来更便捷高效办公体验的同时，使得办公和生活界限更加模糊。移动终端离开办公环境后，如何既管控移动设备上的企业数据，又避免侵犯员工的隐私，是亟须解决的问题。

（四）个人信息保护问题在移动互联网时代更加突出

随着智能终端和移动应用功能的不断丰富，用户手机等终端设备不仅存储了通讯录、邮件、日程表、即时通信内容等信息，而且包括了各类购物网站账号密码、交易行为、家庭住址、地理位置、移动支付等更加丰富的信息。移动互联网上丰富的个人信息具有极大的利用价值，也吸引了黑客铤而走险，通过恶意软件盗取并贩卖个人信息。

二 移动互联网信息安全突出问题分析

（一）移动互联网接入安全隐患日益暴露

用户接入移动互联网的方式大致可分为两类：一类是通过移动通信网络接入，包括2G、3G、4G等；另一类是通过无线局域网接入，例如 Wi - Fi。高达86.6%的手机用户上网首选的接入方式为3G、4G 和 Wi - Fi,② 且随着公共场所 Wi - Fi 覆盖热点的增加以及便捷无线路由器大规模进入家庭，越来越多的用户倾向于选择 Wi - Fi 这种快速便捷、不限流量的接入方式。从安全性来看，3G、4G 在技术本身和网络建设部署中，已经较为全面地考虑了安全保护机制，如实现了双向鉴权认证等。

目前，移动互联网接入安全隐患主要表现在两个方面：一是无线路由器存

---

① 《BYOD：平衡企业安全与全球用户隐私权》，http：//storage. it168. com/a2015/0319/1712/000001712732. shtml。
② 中国互联网络信息中心：《2013～2014 年中国移动互联网调查研究报告》，2014 年 8 月。

在后门或漏洞。2013 年下半年以来，友讯集团（D-link）、腾达科技（Tenda）、思科公司（Cisco）等主流网络设备生产厂商的多款路由器先后被曝存在后门或漏洞，一旦被恶意攻击者利用，则恶意攻击者可实现对路由器的远程控制，并进一步实施用户上网行为监控，窃取用户敏感信息，甚至远程关闭路由器，造成大范围网络中断，或者进行域名劫持和网站欺诈等。二是免费 Wi－Fi 陷阱。公众场所的免费 Wi－Fi 接入用户群体多样，密码设置一般较为简单，容易被黑客攻击，且在同一 Wi－Fi 热点里黑客可以通过 MAC 欺骗、ARP 攻击等手段对其他用户进行攻击。此外，2015 年央视 3·15 晚会曝光了一种新的诈骗手段，黑客利用与免费 Wi－Fi 相同名称的热点，欺骗用户接入，并对其实施数据监控和劫持。

（二）移动智能终端安全威胁来源多样

移动智能终端正加速普及，产业界各方都将移动智能终端当成进军移动互联网领域的入口。目前，按照操作系统的授权方式和应用商店的运营方式，移动智能终端已经形成了以苹果 iOS、微软 Windows Phone 和谷歌 Android 为代表的封闭模式、半封闭模式和开放开源模式。[①] 由于管理方式的不同，在封闭模式下，安全性主要由终端厂商把控；在半封闭模式下，操作系统厂商负责应用软件的安全；相比较而言，开放开源模式的安全隐患更大。

目前，移动智能终端的安全威胁可以分为以下几个层面。一是终端硬件层，安全威胁主要包括终端丢失或被盗、器件损坏、接口与芯片安全问题等。二是系统软件层，即移动智能终端操作系统，操作系统及其对外提供的 API 或开发工具不可避免地存在漏洞、后门等，导致移动智能终端被恶意攻击或利用。三是应用软件层，这层面的威胁主要是由各种恶意程序引起的，例如，预装应用软件可能存在收集与修改用户数据、流量消耗、恶意扣费、信息泄露等不良行为。[②] 此外，移动应用商店是各种终端应用和内容的传播推广渠道，由于我国对上线应用程序的安全审核和技术保障制度尚不完善，也存在将具有安全威胁的应用进行传播的隐患。

---

① 闵栋：《移动智能终端安全威胁及应对策略》，《信息通信技术》2014 年第 4 期。
② 中国信息通信研究院：《移动互联网白皮书（2014）》，2014 年 5 月。

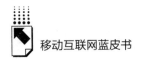

（三）基于安卓系统的恶意程序数量增长迅猛

移动互联网的快速发展及其所承载的高价值含量用户信息的增多，使黑客的攻击目标从互联网转向了移动互联网，在旺盛的需求和经济利益驱动下，地下黑客产业链形成了。安卓系统由于其开放性及高普及率，成为黑客攻击的主要目标。随着技术的发展，基于安卓系统的恶意程序制作成本逐渐降低，并且可以批量生成恶意程序，致使攻击行为逐渐规模化。

根据2014年360互联网安全中心的监测数据，基于安卓系统新增恶意程序样本数达326.0万个，较2012年、2013年分别增长了25.3倍与3.86倍（见图1）。[①] 如图2所示，2014年感染恶意程序的安卓系统用户达3.19亿人次，较2012年、2013年分别增长了5.17倍和2.28倍。平均每天恶意程序感染量达87.5万人次。2014年，在基于安卓系统新增恶意程序中，通过自动联网、上传和下载数据、安装其他应用等方式消耗用户手机流量和资费的比例最高，达74.3%；其次为隐私窃取（10.8%）和恶意扣费（10.6%）；远程控制和恶意传播这两类恶意程序数量非常少，仅占新增恶意程序总量的0.1%。

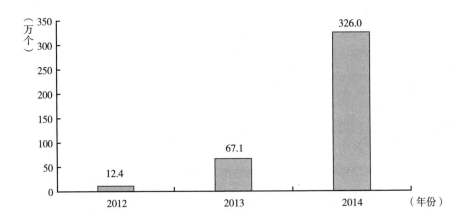

图1　基于安卓系统的新增恶意程序样本数

资料来源：360互联网安全中心。

---

① 360互联网安全中心：《2014年中国手机安全状况报告》，2015年1月。

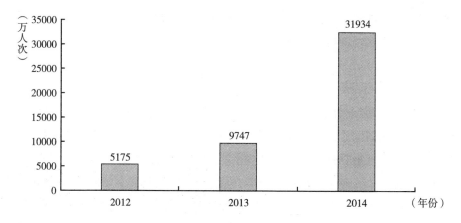

图 2 基于安卓系统的恶意程序感染量

资料来源：360 互联网安全中心。

（四）移动互联网给安全监管带来挑战

移动互联网网络泛在融合、应用海量多样，给安全监管带来了新的挑战。一是安全隐患来源多，监管对象趋于复杂，不仅包括智能终端及预装软件，而且涉及应用商店以及移动应用开发者，可能存在监管对象不在我国境内的问题，难以实现有效监管。二是主流移动智能终端提供位置定位及数据同步上传的功能，由境外服务商提供的应用带来了跨境数据流动和用户个人信息收集的问题，但我国目前尚无跨境数据流动的相关法律法规，对个人用户信息的过度收集和滥用也没有判定和技术评测手段。三是网络环境日益复杂，在3G、4G、Wi-Fi等多种接入方式，以及IPv4与IPv6双协议共存的情况下，用户的追踪、溯源难度不断加大，增加了违法犯罪追查难度。四是以微信、微信电话本为代表的新型应用不断兴起，使信息内容日益丰富，流媒体比例快速攀升，信息传播和聚合能力不断增强，且加密技术的普遍应用、信息传播渠道更加隐匿多样，给违法有害信息监管带来了挑战。

三 移动互联网安全管理正在加强

为加强移动互联网安全管理、净化网络环境、保护用户合法权益，国家从

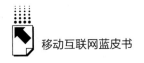

制度体系、标准规范、技术评测各个方面出台管理政策，并对社会关注的突出问题开展了专项治理行动。

（一）出台法规制度，明确安全责任

为加强移动互联网管理，2011年，工业和信息化部指导中国互联网协会反网络病毒联盟制定发布了我国首个关于手机恶意代码命名及描述的技术规范——《移动互联网恶意代码描述规范》，并首次出台了移动互联网恶意程序的管理政策——《移动互联网恶意程序监测与处置机制》。2014年8月7日，国家互联网信息办公室发布《即时通信工具公众信息服务发展管理暂行规定》，明确了即时通信工具特别是移动即时通信工具服务提供者的安全责任。此外，我国充分发挥第三方协会的作用，加强行业自律，中国互联网协会出台了《互联网终端软件服务行业自律公约》，规范移动终端软件开发者的行为。

目前，工业和信息化部已初步探索建立了包括应用开发者签名、应用商店安全责任落实、移动智能终端入网检测、网络恶意程序监测等在内的移动应用安全管理体系，已初步建立了应用商店安全责任制度，明确了应用商店开办者的安全管理责任，要求其建立开发者信息审核留存制度、应用安全审核检测机制、举报投诉和恶意程序下架制度、黑名单管理制度等。①

（二）实施技术评测，加强安全管理

根据《关于加强移动智能终端进网管理的通知》，工业和信息化部组织开展了专项行动，重点对获证移动智能终端进行证后监督检查工作。依据《移动智能终端安全能力技术要求》和《移动智能终端安全能力测试方法》的要求，工业和信息化部授权中国泰尔实验室从2013年11月1日起，开展移动智能终端信息安全检测，并同时开展移动应用备案、入库安全检测。2013年11月至2014年7月，中国泰尔实验室累计完成了1500多款不同型号移动智能终端进网安全能力检测和200345款预置应用安全检测，检测能力覆盖安卓、iOS、Windows Phone、云OS、同洲960等各类终端操作系统。其中，完成的移动应用备案、入库安全检测涉及54家移动智能终端制造商、230家移动应

---

① 中国信息通信研究院：《CATR深度观察（2014~2015）》，2015年1月。

用软件商、2063 个申请和 5471 款应用，24% 的应用存在用户不知情和不可控的问题。此外，中国泰尔实验室同步开展了移动智能终端委托测试，2013年 4 月 25 日到 2014 年 7 月 31 日，完成的委托安全检测涉及 20 家移动智能终端制造商 141 款不同型号的移动智能终端，其中包含 19466 款预置应用；120 款终端通过二级及以上安全能力检测，其中 10 款终端通过五级安全能力检测。①

（三）推动开展应用开发者第三方数字证书签名与验证试点工作

在工业和信息化部指导下，中国互联网协会反网络病毒联盟、电信终端测试技术协会、电子认证服务产业联盟组织开展了移动互联网应用程序开发者第三方数字证书签名与验证试点工作，获得了应用商店开办者、手机安全软件厂商、手机制造商以及电子认证服务机构等的大力支持和积极参与。根据试点单位共同研究制定的技术规范，百度手机助手、360 手机助手、移动 MM 商城、联通沃商店等应用商店已经对上架的试点应用程序进行了签名验证和标识。目前，在参与试点的各应用商店中，已有数十款经过了第三方数字证书签名。②同时，为检查督促应用商店完善管理制度、落实安全责任，主管部门委托第三方测试机构定期开展应用抽测。

（四）加强网络恶意程序监测与处置

在应用商店和预装软件安全管理的基础上，工业和信息化部通过不断完善恶意程序监测与处置技术手段，加大了对恶意程序控制服务器和传播服务器所使用恶意域名与 IP 地址的监测与处置力度，以实现对移动恶意程序的治理。

2014 年 4 月至 9 月，工业和信息化部、公安部、国家工商行政管理总局联合开展了全国范围内的打击治理移动互联网恶意程序专项行动，从移动应用商店、恶意程序控制端两个方面入手，加强治理。在工业和信息化部指导下，

---

① 中国信息通信研究院：《CATR 深度观察（2014～2015）》，2015 年 1 月。
② 《工信部打击治理移动互联网恶意程序专项行动取得实效》，http：//www. cnii. com. cn/hygl/2014－10/27/content_ 1467035. htm。

国家互联网应急中心 2014 年上半年协调应用商店下架恶意程序 5654 个，下架率达 96.5%，[①] 应用商店恶意程序数量有所下降。在恶意程序控制端治理方面，2014 年上半年国家互联网应急中心组织了 7 次移动恶意程序专项打击活动，协调域名注册商处置了 101 个移动恶意程序控制域名，协调运营商关停了 208 个控制服务器，切断了其对 235 余万感染手机用户的控制。[②]

四　进一步加强移动互联网安全保障的对策建议

（一）推动国家移动互联网信息安全相关立法

我国还没有专门的《网络安全法》，个人信息保护的规定散落于其他法规和部门规章中，没有独立的《个人信息保护法》，与国家安全、企业和个人利益密切相关的跨境数据流动仍没有明确的法律法规。加强移动互联网安全管理，应尽快推动上述相关立法工作，明确移动互联网产业链各主体的安全法律责任。同时，应配套完善移动互联网安全责任制度体系，形成"事前监测防范、事中应急处置、事后追踪溯源"的管理体系，进一步监督企业落实相应的管理和技术要求，并将现有互联网安全监管措施进一步扩展到移动互联网，提升安全监管和应急处置能力。

（二）实施自主创新战略，加大终端安全研发力度

一是紧紧抓住移动互联网发展的战略机遇期，从政策机制、资金支持等方面加大支持力度，扶持移动智能终端国内操作系统、芯片等的研发和产业发展，并跟踪加强可穿戴设备等新型智能终端的研发，争取对移动智能终端安全管理的主动权和控制力。二是加强对移动智能终端操作系统、应用软件的后门及漏洞的挖掘和分析研究，建立安全威胁共享机制，扶持国内企业研发自主可

---

① 资料来源于国家互联网应急中心，参见 http://news.xinhuanet.com/politics/2014 – 11/28/c_1113442749.htm。
② 资料来源于国家互联网应急中心，参见 http://news.xinhuanet.com/politics/2014 – 11/28/c_1113442749.htm。

控的移动互联网安全技术产品，形成移动互联网安全产业生态体系。三是加强对针对性应用场景安全方案的研究，例如研发 BYOD（个人设备办公）安全管理系统方案、研究安全二维码软件等，切实保障移动互联网安全。

（三）加强安全评测评估，提升安全管理能力

一是加强终端入网安全管理。不断完善移动智能终端安全标准体系，加强对智能终端安全检测内容、检测方法的研究，明确检测要求，规范检测行为。强化对芯片、接口、操作系统、用户信息、预置软件等的安全检测，并将智能可穿戴设备等新型终端及时纳入进网检测管理体系。二是积极推进应用软件安全评测。抓好源头管理，开展应用软件、移动应用商店和第三方服务器等环节的安全监测，加强安全评测工具和方法研究，督促企业在软件研发、上线、运行的整个生命周期内实施安全措施保障。推动形成权威第三方安全评测认证机制，服务于缺乏应用软件检测能力的移动应用商店经营者。三是加强网络安全监测，将移动互联网恶意代码和不良内容过滤等纳入现有安全监测技术体系，形成常态化工作模式，净化移动互联网网络环境。四是加强移动互联网新技术、新业务安全评估。"互联网＋"战略必将带动产业创新变革，金融、交通等领域与移动互联网结合已形成了微信支付、滴滴打车等代表应用，新技术、新应用不断涌现，应加强安全评估、防范新的安全风险。

（四）加强宣传教育，提高用户安全技能

移动互联网安全需要全社会共同参与，要充分利用各种宣传渠道，宣传移动互联网安全知识。一是提高用户安全保护意识，帮助用户甄别各种网络犯罪行为。二是提高用户安全防范技能。例如，为了保证个人信息安全，家用无线路由器应修改默认用户名和密码；在公共场所尽量不使用不需要密码的免费Wi－Fi，尽可能使用商家提供的带有密码的 Wi－Fi，在用手机支付或者发送邮件的时候，最好关闭手机 Wi－Fi 功能，使用手机的 3G、4G 数据流量进行操作。

产 业 篇

Sector Reports

B.8

移动互联网对产业模式的影响及变革趋势

顾强　徐鑫*

摘　要：　2014年，移动互联网对各行各业的影响不断加深，移动互联网正在成为行业提升效率的重要途径、商业模式创新的重要载体。"移动互联网+"催生了大量新产品、新产业、新业态、新技术和新模式，正在引发各领域的广泛而深刻变革。从发展趋势看，企业级应用、众包众筹、大数据将成为移动互联网推动产业发展模式变革的重要方式。在经济转型和创新发展过程中，移动互联网还将发挥更大作用。

关键词：　移动互联网　产业模式　工业4.0

* 顾强，中国科学院科技政策与管理科学研究所博士后，主要研究方向为科技政策与实践；徐鑫，硕士，任职于华夏幸福经济发展研究院，主要研究方向为科技管理、区域经济、ICT产业及政策。

2014 年是移动互联网、云计算与云服务应用创新和蓬勃发展的一年，传统互联网企业、桌面电脑端电商企业纷纷加紧移动互联网布局，互联网科技企业活跃，手机和新型智能终端等逐渐接替桌面电脑端，成为新的互联网应用载体。同时，产业互联网悄然到来，移动互联网以生产环节为中心，开始对生产、交易、融资、流通等各个环节进行改造。总体来看，移动互联网在各行各业深度融合应用，形成了更高的生产、资源配置以及交易效率，带来了产业格局的深刻变化，成为我国产业转型发展的重要推动力。

一　移动互联网在各行各业深度应用

当前，移动互联网已成为各行各业提升效率的重要途径、商业模式创新的重要载体。"移动互联网＋"广泛兴起，移动互联网在各行各业都有更加深度的应用和进展。工业领域利用移动互联网、物联网等技术加快向"工业 4.0"演进；农业领域利用互联网形成了智慧农业和精准农业；服务业领域利用互联网渗透行业，创新与颠覆正在发生。

（一）移动互联网提升农业现代化水平

农业作为我国的基础产业，历来受到国家的高度重视。近年来，随着移动互联网的兴起，农业迎来了全新发展模式。目前，3G 网络已覆盖到全国所有乡镇，宽带在行政村的覆盖率在 91% 以上。截至 2014 年 12 月，中国农村网民占比达 27.5%，规模达 1.78 亿人，较 2013 年底增加了 188 万人。[1] 农业门户网站群基本建成，涉农网站超过 4 万个。[2] 移动电商销售平台、智慧农业应用等使得有数千年传统的农业重新焕发了青春和活力。

一是专业销售信息平台。一些农业企业涉足移动互联网市场，依托专业销售平台的媒介作用，大大节约了企业成本，培养了市场的消费采购习惯，已呈现蓬勃发展之势。例如，农业行业电商平台——"辣椒"，为辣椒供应商提供产品供应信息发布服务，将信息精准、及时地投放给潜在消费群体。

---

[1]　中国互联网络信息中心：《中国互联网络发展状况统计报告（2015 年 1 月）》，2015 年 2 月。
[2]　中国互联网络信息中心：《中国互联网络发展状况统计报告（2014 年 7 月）》，2014 年 7 月。

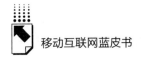

二是阿里巴巴淘宝村。淘宝村改造了农业，改造了农村，也改变了农民的生活方式。以互联网方式将广大农村的优质农产品售出，并将资源吸引到农村，打通了城市到农村的资金、商品、人才通道。同时，农民富裕后购买力增强，有利于更多商品流向农村。阿里巴巴未来 3 ~ 5 年拟建 10 万个村级淘宝服务站。

三是农业大数据。通过智慧农业物联网、大数据等高科技手段，人们在农业自动化检测和控制、测土配方施肥、病虫害自动诊断等方面提升了生产效率，做到了精细化种植、养殖，实现了高效增收。此外，人们还促进了智能节水灌溉系统、农药喷洒等技术与设备的推广应用。

（二）移动互联网提升装备工业发展水平

装备工业以往"以产品为中心"。随着数字化、信息化及网络应用的发展，"以用户需求为中心"的思维和方式正在确立。如属于传统数控机床行业的捷星数控，在互联网思维的冲击下，打造了网络服务平台，从售前指导、方案设计到售后技术培训、技术支持、设备维护、设备保养等，实现了企业在互联网时代的新发展。中国商飞公司研制的 ARJ21 支线飞机，采用了"主制造商 – 供应商"的管理模式，实现了全球十多个国家的 104 家供应商之间网络化的协同研发和制造。①

移动互联网与制造技术的融合不断深入，加快了工业制造模式从大规模制造向个性化定制、按需制造、定制化众包生产等方式演进。山东北方纺织依托 O2O 模式转型为原始设计制造商（ODM），实现了在线按需设计开发和异地定制生产。三大电信运营商基于第三代移动网络（3G）和射频识别技术（RFID），普及推广了机器对机器（M2M）业务。

（三）移动互联网融入快速消费品行业

与消费者联系最为紧密的快速消费品行业也受到了移动互联网的影响。众多快消品行业在积极拥抱移动互联网，并通过手机应用拉近与消费者的距离，以及时获得更快的市场反馈和竞品数据。移动互联网已经成为快消行业的必备

---

① 《装备工业转型升级提速，下半年仍将保持回暖态势》，《机械》2014 年第 7 期。

工具。近几年，三大运营商向快消品企业推出了"智能手机＋行业应用"的解决方案，在智能手机上安装了为快消品行业定制的软件即服务（SaaS）、客户关系管理（CRM）、定位拜访、工作汇报以及其他与业务相关联的移动应用。借助移动互联网，快速消费品行业企业可以实现与消费者的无缝对接，只要将企业和产品信息挂靠在移动互联网专业信息交互平台上，消费者就可随时随地获取产品信息，实现在线消费。同时，基于用户数据分析，企业可以提前安排生产、调度、库存，甚至实现快速消费品的定制化生产。

（四）移动互联网助力原材料行业

石化、钢铁等原材料行业具有明显的规模化、成套化属性，智能工厂建设需求相对迫切。移动互联网技术、综合现代传感技术、自动化技术、智能化技术和管理技术等，与现有生产过程相结合，可实现复杂环境下生产运营的高效、节能和环保目标。例如，九江石化推动"智能工厂"建设，积极采用移动通信、云计算、物联网、流程模拟与优化等先进技术，通过传感器、摄像头等设备对油气井生产数据进行采集，通过传输终端把信息发送至生产管理部门，对信息进行分析，掌握油井生产状况，并进行必要的远程控制。[①]

（五）移动互联网加快颠覆传统服务行业

当前，移动互联网正在向传统服务行业渗透，掀起颠覆式变革。无论是金融还是教育，传统服务行业如何用好移动互联网工具，提升和变革其商业模式，是一个需要深入探讨的话题。移动互联网快速融入叫车服务、餐饮、生鲜、家居，甚至汽车领域，使得原本成熟的传统行业呈现了新面貌。换房旅游应用 AirBnB 和打车应用优步（Uber）都是基于智能手机与移动互联网产生的服务商。在移动互联网迅猛发展的背景下，消费者的购物行为已呈现短暂性、碎片化和高频化的新趋势，电子商务入口呈现多元化趋势。便捷化、高效化、个性化、本地化已成为现代零售业的发展趋势。

---

① 梁秀璟：《九江石化布局"智能工厂"——访中国石化九江分公司信息中心主任罗敏明》，《自动化博览》2013年第3期。

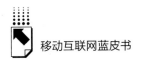
（六）移动互联网新兴接入设备加速发展

移动互联网的快速发展对新兴移动终端提出了需求，智能手机的发展冲击了传统手机制造业，可穿戴设备、智能汽车等新兴智能终端加快发展。截至2014年6月底，我国智能手机网民规模达4.8亿人，在手机网民中占比达91.1%。①

当前，以智能手机为载体的移动互联网接入用户数呈减缓之势。新兴的智能手表、智能手环、智能家居、车载智能终端等正在成为新兴热点。植入传感器的可穿戴设备、智能家居，迎合了消费者对健康、绿色生态、智慧生活的需求，同时，可穿戴设备的应用领域不断拓展，向运动、健康、医疗、社交通信领域延伸。目前，果壳电子智能手表出货量半年内突破10万块，小米不足百元的平价智能手环迅速拉近了智能产品与大众消费者的距离，智能路由器、智能机顶盒正在全面抢占智能家居市场入口。阿里巴巴与上海汽车集团股份有限公司达成合作意向，腾讯入股四维图新，互联网企业均着眼于车载产品布局。

二　移动互联网对产业格局产生深刻影响

移动互联网催生了大量新产业、新技术、新产品、新业态和新模式，引起了人类经济社会几乎所有领域的深刻变革。人们开始利用互联网精神、价值规则来理解、判断和处理事情，产生了新的互联网思维。当前互联网的经济效应主要体现在电子商务、互联网平台服务、互联网信息服务、工业互联网等新业态上。从长远来看，互联网特别是移动互联网将使人类生活发生重大变化，将重塑经济结构，并改变经济增长模式。

（一）用户习惯：移动互联网深刻改变生产生活形态

移动互联网深刻改变用户习惯。移动互联网打破了人们连接互联网的时间和空间局限，实现了随时随地便捷接入，使人们的生活更加丰富多彩，并衍生

---

① 中国互联网络信息中心：《中国互联网络发展状况统计报告（2014年7月）》，2014年8月。

了各种商业应用。2014 年，中国网民的人均周上网时长达 26.1 小时。[①] 越来越多的用户从桌面电脑端向手机端转移，挤占了人们电脑上网的时间和关注传统媒体的时间。[②] 55%的手机网民因为使用手机减少了对电脑的使用。用户付费习惯开始改变，用户在享受免费基础服务基础上，开始愿意为增值服务付费。乐视、QQ 会员服务已较为成熟，陌陌 2014 年上半年会员费收入为 874 万美元。

移动上网常态化，对社会生活服务渗透程度进一步加大。手机应用极为丰富，覆盖了生活的各个方面。支付宝、微信、银行应用等移动支付使得人们可以随时随地享受转账、理财、缴费等金融服务。各类移动应用与社会服务的广泛融合，带来了新兴的商业模式。此外，手机地图、手机打车等移动应用与本地化服务相结合，成为连接线上线下的重要平台，对消费者交通出行、娱乐餐饮带来了巨大便利。

移动互联网推动我国社会深刻变革。移动互联网与社交网络的普及运用，改变了人们的交流交往方式，塑造了新型人际关系。移动互联网对提高人们的科学文化素养、启发民智、增强和传播社会正能量具有积极意义。移动互联网越来越深入人们的生活与工作。2014 年，在阿里巴巴"双十一"促销活动中，移动端支付占 50%，2013 年这一比例是 15%；京东商城"双十一"移动端支付比例达 40%。[③] 微博、朋友圈等社交平台分享的趣闻、攻略、评论等，增加了人们知识获取的渠道。

（二）商业模式：移动互联网改变商业思维

移动互联网引领全新商业模式。移动互联网融入了交流、信息获取、商务、娱乐等各类互联网服务，正在创造全新的商业销售和消费模式。当前，互联网正重新定义制造业的研发设计、生产制造、经营管理、销售服务等环节，用户参与了哪个环节，哪个环节的附加值就大幅提升。移动互联网正在向生产生活领域深度渗透，成为我国经济转型升级的"新引擎"。

---

① 中国互联网络信息中心：《中国互联网络发展状况统计报告（2015 年 1 月）》，2015 年 2 月。
② 中国互联网络信息中心：《2013～2014 年中国移动互联网调查研究报告》，2014 年 8 月。
③ 易欢欢、姜国平、赵国栋：《寻找"产业互联网"的 BAT》，《中国证券报》2014 年 4 月 4 日。

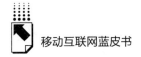

科技公司的品牌正在变得越来越有影响力。全球企业影响力格局正在发生改变，2014 年全球市值最高的 10 家企业，科技企业占据四席。作为全球市值最高的公司，苹果的市值达 7000 亿美元，是全球市值排名第二的埃克森美孚的 1.7 倍。[①] 在 2014 年全球品牌 100 强中，谷歌、苹果、脸谱、亚马逊等科技品牌占比在 15% 以上。

互联网掀起万众创新创业热潮。2014 年，阿里巴巴在美国上市，让加入淘宝网的创业大军感到无比振奋。百度、阿里巴巴和腾讯等大企业和年轻创业群体的成功示范效应激励了无数创业者。在互联网逐渐兴起的众创、众包、众筹、众配、众投等模式，都激起了大众的参与热情，以大众参与为主导的互联网应用创新和商业模式创新不断涌现，用户与企业的频繁交互促成了用户需求与产品的高度契合，形成了"需求－应用－服务－更多服务－更大需求"的良性循环。

（三）移动互联网促成产业互联网时代到来

移动互联网与产业领域的融合应用不断深入，通过移动互联网、物联网等技术使机器相连、业务相连、流程相连、管理相连，成为推动"工业 4.0"的重要途径。在移动互联网背景下，产业互联网时代加快到来，将对制造业产生深刻影响。产业互联网表现为互联网、物联网、服务联网对制造业设计、生产制造、存储、交易、流通等各环节的改造。可以从以下三个维度来认识产业互联网。

1. 虚实结合，三网融合：互联网、物联网、服务联网与生产制造深度融合，实现智能、柔性和协同制造

物联网应用到制造业正在引发新的工业革命，基于物联网的智能工业模式是当前工业发展的新热潮。互联网、传感器、数据存储、数据分析能力应用到制造环节，使得不同生产线之间可以自主协同，实现了虚拟网络与实体制造的融合，形成了高度灵活的个性化和数字化的产品与服务生产模式。例如，空中客车公司的"未来工厂"项目，在生产过程中应用了信息物理系统及大数据分析。通过 RFID 标签，空中客车可使用智能眼镜对生产过程进行实时追踪。

---

① 《苹果市值超过 7000 亿美元　累计上涨 47% 创下纪录》，http://it.sohu.com/20141126/n406399476.shtml。

该可视化技术已被部署到法国图卢兹 A330 和 A350 的两条最后装配线和英国的 A400M 机翼装配线上。

贴士 1：GE 工业互联网平台

美国通用电气公司（GE）首先提出了"工业互联网"概念。GE 提出的"工业互联网"战略，将云计算中由大型工业机器产生的数据转化为实时信息，主要面向制造、航空、医疗、能源及交通运输等行业。GE 工业互联网平台能够提供实时数据管理、分析以及机器与运营的连接，让全球重要行业从被动的"工业运营模式"转向"预测模式"。例如，GE 在美国纽约州斯克内克塔迪市有一家氯化镍电池工厂，在 18 万平方英尺的电池生产厂区内，厂家一共安装了 1 万多个传感器。这些传感器能够监测电池制造核心温度、电池制造能耗和生产车间气压等。管理人员可通过手持设备获取这些传感器发来的数据，监督生产过程。新生产的电池都标有序列号和条形码，可以方便各种传感器进行识别。抽检的电池如果在某一环节出现了问题，就可以通过跟踪数据发现问题的根源，并及时解决。传感器和机器之间也有数据交换，当某一传感器发现流水线移动缓慢时，就会"告知"机器，让其传输的速度快一点。

资料来源：工控网。

---

2. 大数据驱动：基于生产数据、用户需求数据的深度挖掘，企业由产品生产者变为需求方案提供者

物联网、传感器等应用于工业生产流程、工艺将产生海量数据流。工业互联网将为企业带来基于计算机分析的大数据力量。信息收集设备使得数据可视化，利用大数据分析工具可以进行数据分析。一方面，基于大数据分析，人们可以更好地理解机器与大型系统的运作方式，不断优化生产流程，提升生产效率；另一方面，基于对设计、采购、生产、库存、运输、销售、交易、售后服务等的数据分析，可以增强企业产品开发的针对性、有效性，实现按需生产、定制化生产。例如，在医疗保健方面，医疗信息可以链接到医生和护士，更迅速地帮助病人使用正确的设备。

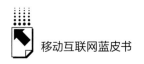

贴士2：红领大规模定制（C2M）   让定制不再奢侈

红领运用大数据、云计算、物联网、智能化的方式打造了大规模定制模式，运用个性化、差异化、国际化、数字化的服装全定制工业化流水生产方式，提出了服装定制全程解决方案，在服装领域创造了一种C2M跨境电子商务直销模式，实现了从大规模制造向大规模定制的转变，彻底颠覆了传统服装行业的商业规则和经营模式。（1）C2M（顾客对工厂）平台。该平台拥有效率高、成本低、质量稳定等特点，完全改变了传统的B2B大规模订单生产模式，无须用户试衣，7个工作日即可交付完全符合用户需求的成品。（2）数据采集系统。红领的数据库内有3000亿多个板型数据，仅几分钟就能调出与客户身材相匹配的西装板型，并打印出图。（3）生产系统。在红领的生产流程中，下单、制版、裁剪、熨烫等多个步骤都已通过信息化手段完成，大大提高了生产效率。（4）设计系统。将批量生产线重新编程、组合，实现了同一产品不同型号、不同款式以及不同面料的转换，创造了流水线上灵活的数据、规格、元素搭配模式。

资料来源：《中国联合商报》2014年9月。

---

3. 产业链整合：制造企业由生产、制造向交易、金融、物流等领域延伸

在新技术、新业务的推动下，互联网与传统制造业不断融合，制造企业借助互联网开展网络营销、在线客户服务等业务。"工业4.0"带来了创造价值的新方式和新商业模式。企业的核心价值不再是组装、生产、制造，而是在产品价值的产生和实现的全过程。传统行业界限将消失，制造企业得以由传统生产、制造，向距离消费者更近的交易、消费、渠道等环节延伸，也可以跳出原有行业限制，提供金融、物流、供应链管理等服务。产业互联网以下三个维度的协同推进，将对产业生产方式产生深刻影响。

第一，产业互联网使得生产制造获得了更大价值量。产业互联网使得传统制造模式发生了深刻变化，使按需设计、按需生产、群体制造等成为可能。一是按需设计。产业互联网倡导的自动化、柔性化生产方式服务于大规模定制化生产，能够按照消费者的需求和意愿进行有效生产。二是按需生产。企业能够

按照产品库存、时间等进行精细化生产，快速响应市场需求，同时使生产成本降至最低。三是群体制造。地域上相隔甚远的企业可以依托产业互联网，进行产品的协同生产、调试、改进、库存调整。在此影响下，"微笑曲线"将更为平滑，生产制造有可能成为价值链中的高附加值环节。

第二，生产制造企业的主要业务加快向基于产品制造的专业服务转化。生产制造企业基于对产品生产全过程的经验将实现数据化、知识化，企业的经营模式、利润来源将发生变化。从结果上看，可能体现为企业的主要业务向专业服务转型，但实质上则是依托产业互联网。企业基于数据分析，能够从传统的生产制造转向深度服务应用。一是利用大数据开展数据分析预测，提前谋划产品生产、库存等。二是将制造行业经验数据知识化、模式化，开发用户需求而非开发产品。三是价值创造的链条化、网络化，价值向行业所需的金融服务、物流、仓储、配送等领域延伸。

第三，制造业的空间格局被重新改写。产业互联网具有"网络化制造""自我组织适应性强的物流""集成客户的制造工程"等特征，使得远程协同制造成为可能。这将带来工作方式的全新变化，生产过程可以通过虚拟的、移动的方式开展，制造业的空间格局将被重新改写。以往集中生产的产业空间格局可能被分散协同制造格局所取代，制造业将需要更多的"服务中心"和"功能中心"，吸引客户参与，成为制造的核心。

三 移动互联网推动产业变革之模式

移动互联网对产业的影响广泛而深入，为我国传统产业未来变革与发展提供了创新动能，其将主要通过企业级应用、拓展企业边界、大数据等推动产业变革。

（一）移动互联网企业级应用深度发展

移动互联网有利于提升企业订单管理、设计开发、管理系统等水平。2010年第四季度到2013年第二季度，专注于企业的移动应用开发者占比从29.3%增至42.7%；以个人消费者为重点的移动应用开发者比例从70.7%降至57.2%。[①]

---

① 易欢欢、姜国平、赵国栋：《寻找"产业互联网"的BAT》，《中国证券报》2014年4月4日。

市场研究公司 Appcelerator 与互联网数据中心（IDC）共同展开的调查显示，移动应用开发重心将逐步从"消费级"转向"企业级"。截至 2014 年 12 月，全国开展在线采购的企业比例为 22.8%。部分行业，如制造业，信息传输、计算机服务和软件业，以及批发和零售业，开展在线采购的企业比例较高，分别达 34.3%、36.5% 和 33.8%（见图 1）。目前，百度、阿里巴巴和腾讯等互联网巨头加快布局企业级应用。比如，阿里巴巴收购恒生电子，布局金融信息领域；收购石基信息，布局酒店、餐饮信息化领域。百度推出"百度直达号"，为商家提供互联网精准营销、在线客户关系管理等服务。腾讯除推出企业 QQ 外，还推出了"企业微信号"。可以预见，面向企业的移动应用还将持续发展，不断与企业的价值创造环节深度融合。①

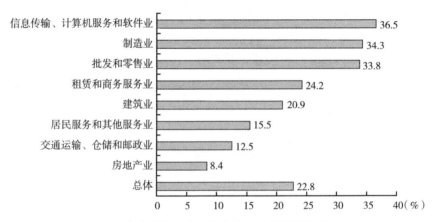

图 1　部分行业中开展在线采购的企业比例

资料来源：中国互联网络信息中心中国企业互联网络应用状况调查。

移动互联网有利于提升智能制造水平。移动互联网拉近了客户与产品的距离，客户能够参与产品的开发、设计、投资、测试、营销等价值创造环节，制造环节将服务于消费者的个性化需求。基于信息化的材料、机械、技能、管理等多种要素的有机结合，可以推动产品质量提升，降低生产成本，缩短产品开发周期。数字化、柔性化、智能化、协同化的生产方式能够推动产品的个性化、多样化、多变化，使规模生产和个性化定制有机融合。这一过程将极大地

---

① 易欢欢、姜国平、赵国栋：《寻找"产业互联网"的 BAT》，《中国证券报》2014 年 4 月 4 日。

支持以移动互联网为加速器的消费应用变革，进而推动生产与消费、科技与生活、教育与商业的深度融合。

（二）众包众筹拓展企业边界

众包众筹是互联网思维的延续与体现，是平台思维的延续。企业通过对这种思维的应用，能够使其需求得到满足。在移动互联网的促进下，众包众筹让企业拓展了边界，可以在更大范围内整合资源。

众包众筹改变了传统的创新模式。众包众筹能够帮助企业吸引外部力量参与企业创新，这种"自下而上"的创新模式是对传统组织"自上而下"创新模式的颠覆。未来，企业的研发不再是企业自身的事，而是全国甚至全球专业人士、团队的事。众包众筹可以使用户与厂商共创价值，这种"自下而上"的模式集聚了民间高手、专业团队的智慧和力量，使得解决方案更加丰富多彩。目前，越来越多的企业采用了"内外结合"的方式，借助企业外部资源来提升自身创新与研发实力。

众包众筹使大众得以参与企业发展。通过移动互联网化的众包众筹平台，更多的小微企业、科技人才、专业技术人才有机会参与达成企业目标，社会的闲置能力有机会转化为资源和财富。"微兼职"能帮助快消品行业在数据监测、数据采集、数据更新上，花费时间更短，所用成本更低，影响区域更广，资金回收更快，在医药行业、建材行业、家居家具行业、机械行业同样有以上需求。例如，采用众包模式后，格蒂图片社（Getty Images）吸纳了23000名摄影爱好者，终结了高价购买专业摄影师图片版权的经营模式。

贴士3：利用众包平台开展市场调研

曼秀雷敦是快消品行业的知名品牌，也是较早拥抱移动互联网的企业，通过与国内最大的众包平台"微兼职"合作，曼秀雷敦发布数据采集任务，调动分散在上百个城市的几十万用户利用智能手机拍照，在手机上填写对应数据。比如，曼秀雷敦眼药水项目，几周时间就将国内几个城市的眼药水铺货率数据、陈列照片、店铺照片、本品和竞品的销量数据、竞品陈列照片等几十项数据资料高效回收，比传统方式提高了一倍以上的时间效率，同时降低了50%的成本预算。

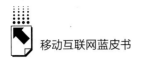
（三）大数据主宰未来

大数据将成为主宰未来产业发展的重要力量。大数据带来的变革是方方面面的，拥有众多客户资源的企业将形成客户大数据，拥有行业解决方案的企业将形成行业大数据，拥有企业运作管理的企业将形成企业大数据，大数据在生产生活经营活动中将无处不在。大数据应用正在从基于消费者行为和购买交易活动的客户大数据，向基于生产过程、设计过程、价值交换和实现过程的企业大数据演变，同时，物流、医疗、交通等领域的行业大数据加快发展。在移动互联网背景下，传统工业企业必须完成从经营产品到经营用户的转变，努力打造以硬件产品为入口、以云计算及大数据为纽带、向用户提供全方位服务的闭环系统。百度的工业大数据检测平台已应用到汽车、日化等行业；三一重工利用大数据分析技术，为智能工厂机械物联网提供了决策支持；福特公司利用大数据分析技术探索最佳工艺指标，优化生产流程。制造业正在从以产品为核心到以消费者为核心，以生产为本到以"生产 + 服务"或服务为本转变，服务化转型态势明显。①

四　基于移动互联网改造产业模式的建议

（一）积极推进制造业数字化、智能化、服务化

移动互联网正在成为制造业转型升级的重要途径。顺应现代科技的发展和市场趋势，应积极推进制造业的智能化、数字化、网络化、服务化。提升制造企业客户服务能力，在规模化、批量化生产的同时，推动产品定制、零部件定制、柔性制造、个性化制造等的发展。推动企业管理、经营业务的移动互联网化。依靠移动互联网应用，拓展和延伸产品功能，提供增值服务，推动全寿命周期服务。积极发展故障诊断、维护检修、检测检验、远程咨询、仓储物流、电子商务、在线商店等专业服务和增值服务，向下游延伸。

---

① 《赛迪研究院发布 2015 年两化融合发展十大趋势》，《中国电子报》2015 年 1 月 6 日。

（二）推动移动互联网技术在各行业的深度应用

推动移动互联网、物联网、云计算等技术在工业、生产性服务业、农业等领域的融合发展和集成应用。加强物联网、大数据等信息技术在高端装备制造业中的应用，实现对工业环节的精确控制。积极搭建产学研合作平台，加强工业领域与互联网领域的交流协作，推动高校、科研院所、制造企业与用户的协同创新。加大信息集成设施、数据资源、标准体系平台建设等方面的投入力度，以支持更广泛的研究开发和创新应用。在工程机械、轨道交通、汽车制造等领域促进移动互联网技术和人工智能技术的融合发展。在农业领域，要依靠物联网、云计算、地理信息系统等信息技术改造传统农业，发展精准农业。让消费者参与农产品的生产加工，打造农场基地－用户的扁平化营销服务体系。整合质量追溯、认证机构、质检机构等多方面数据资源，通过多方协作建立透明、可持续的供应链体系。

（三）夯实产业互联网融合的发展基础

产业互联网的发展离不开物流、交易、金融等领域服务功能的支撑。加快建设基于移动互联网的智能物流基础设施，建立与完善行业性、区域性物流公共信息服务体系。当前，交易平台、征信融资平台、智能制造平台、物流平台是产业互联网的薄弱环节。交易平台应包括 B2B 电商，以及产业信息集成、产业技术交易、产业商品定价等方面的话语权；征信融资平台主要是在互联网环境下解决小微企业融资难问题；智能制造平台通过对行业最新技术的跟踪和智能装备的研发，为产业提供在工业互联网时代具有竞争力的智能制造解决方案；物流平台的发展主要是为了适应在 O2O 趋势下的线上线下一体化，以及物流、信息流、资金流"三流"合一的需求。①

---

① 易欢欢、姜国平、赵国栋：《寻找"产业互联网"的 BAT》，《中国证券报》2014 年 4 月 4 日。

B.9

移动互联网的企业级应用

王 斌 刘振兴*

摘 要： 移动互联网的普及，促进了企业级应用的发展，改变和影响了产业与市场的走向。移动互联网的企业级应用前景广阔，它对降低生产与管理成本、提高效率、维护客户关系、优化售后服务、做好产品与品牌营销具有重要意义。企业级应用水平的高低，反映了企业综合竞争能力的强弱。

关键词： 企业级应用 移动应用 企业信息化

2014 年是移动互联网向传统企业全面渗透的一年，各行各业都开始深度应用移动互联网。分析其背景，主要是随着全球移动互联网的发展，中国市场已有越来越多的移动设备开始进入企业 IT 环境。一方面，在全球化趋势下，跨国企业的地理分布越来越广，员工移动性越来越强，内部联系越来越紧密，带来了跨地域和移动协同的诉求；另一方面，互联网的普及和社交网络的兴起对企业在客户关系的维护、产品的售后服务和市场营销的效果等方面提出了更高的要求，而移动互联网正好能够满足这些需求。企业信息移动化建设已迫在眉睫，而企业级应用是企业信息移动化的重要承载体，企业级应用市场或将是一片广阔的"蓝海"，研究分析其发展现状、态势十分有必要且有重要意义。

参考相关研究报告的定义，下文所指的应用，是基于不同操作系统可以自由下载并安装在移动智能终端上的应用程序（软件），主要包含游戏类、系统

---

* 王斌，资深移动互联网专家，就职于国内外数家大型互联网企业，并担任研发及战略高管；刘振兴，人民网研究院研究员。

工具类、社交类、影音图像类、生活购物类、阅读类等应用程序。① 企业级应用指为特定行业或企业的用户所使用，通常用于企业提高运作效率、达成商业目的的移动应用。2014 年，移动互联网的企业级应用进入了一个新的发展时期，随着企业对移动应用的需求井喷式爆发，移动互联网的便利性和实时性在企业日常运营和管理方面显示了强大的作用。但同时，围绕企业级应用，各类安全性和标准性的问题也日益突出。

一 移动网络技术日臻成熟，需求日益旺盛

最近几年来，随着 3G、4G 等移动技术的不断突破，移动互联网逐渐摆脱了带宽瓶颈，为互联网应用走向移动奠定了基础。基于此，以移动为特点的应用大量涌现，在个人市场上掀起了行为方式改变的风潮，颠覆了众多的传统消费方式与消费习惯，并由此激发了更多的移动应用需求。从电商到物流再到金融，所到之处，移动应用引发的都是颠覆性的变革。在这个过程中，企业也无法置身事外，移动应用渗透到企业内部已经成为大势所趋。因此，了解企业级应用的技术和特点，已经成为企业经营管理者的必选课。

（一）企业级应用的技术架构

企业级应用，从硬件的角度看，主要由后台服务器、各类移动应用前端设备等组成；从软件平台的角度看，主要由移动应用系统管理平台、前端设备管理平台等组成；从平台功能的角度看，主要需要实现移动应用系统的快捷部署、多种移动操作系统的兼容、移动应用版本的便利升级和管理。同时，各类移动应用系统需要有对文件的访问、共享等的安全性管理，对移动设备丢失损坏情况下的安全删除等管理，以及对移动设备使用移动应用系统的日常管理等。目前，企业级应用的技术框架（EMM）已经基本成熟，如图 1 所示。特别需要注意的是，随着物联网应用的不断深入，从传感器到移动设备，并通过相应的移动应用实现快速的管理反应，遵循 EMM 的企业级应用将变得十分重要。

---

① 《2012～2013 中国企业级移动应用产业白皮书》，http：//www.iimedia.cn/36470.html。

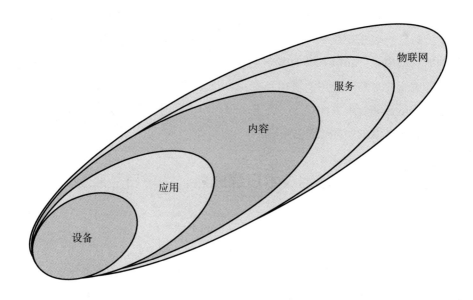

图 1　企业级应用的技术框架

资料来源：高德纳《企业级移动移动管理应用市场调查报告（2013）》，2013。

（二）企业级应用的几大技术要素和作用

一是移动设备管理（mobile device management，MDM）。在企业级应用中，对移动设备的管理是至关重要的。MDM 主要部署在移动设备上，并与后台服务器建立注册机制，通过各类移动操作系统的授权机制，实现后台服务对前台设备的控制，为各类移动端应用的安装、升级、删除等提供服务。同时，随着物联网应用的不断深化，MDM 还可以通过前端设备实现对传感器的注册和管理。

二是移动应用管理（mobile application management，MAM）。移动互联网的核心在于移动应用的实现，不同应用系统之间的互联互通、移动应用对资源和访问的使用等，都需要在强大的 MAM 统一管理下实现，特别是在某些移动应用发生异常时，以及在某些特定场景下，需要实现某个移动应用的优先运行。MAM 主要实现移动应用系统的注册管理、资源分配等。另外，MAM 还可以帮助移动设备使用者将企业数据与个人数据进行区分，使之互不干扰。

三是移动内容管理（mobile content management，MCM）。任何移动应用都将不可避免地需要对某些文件进行读取、共享和修改。在企业管理中，有些文件涉及机密，有些文件涉及多个移动应用的共用等，因此，MCM主要是为了实现内容管理，包括访问管理、共享管理和修改管理等。

四是企业移动管理服务（enterprise mobile management services，EMMS）。一个企业级应用体系需要提供一个强大的移动应用开发平台，并能够与多种移动操作系统实现对接，以便于应用开发者在此平台上实现各类应用的持续开发和优化。同时，移动应用的版本管理和前端移动设备的应用升级等，都需要非常专业的EMMS。

（三）企业级应用需求日益迫切

在过去的十几年间，中国迅速成为世界的制造业大国，企业在数量、产量和规模上都在传统的定义上快速爬升到了世界第一的位置。随着产业技术的发展、信息技术的突破，新的企业制造理念和方式正在全球范围内形成，特别是"工业4.0"概念的兴起，使传统制造业的各个环节正在发生颠覆性的革新。另外，市场对产品制造的要求也发生了根本性改变，小批次、定制化、短周期、快速迭代等需求导致了中国的企业目前面临激烈的国际和国内市场竞争。引入最新的信息技术手段来改变传统的企业生产流程和管理方式，不仅关乎企业在市场上的竞争力提升，而且关乎企业的生存。

2014年几次大的传统IT企业的快速并购和新的IT企业的迅速成长，为企业在转型的问题上提供了鲜活的案例。电子商务的出现和普及，进一步压缩了企业的利润空间，逼迫企业更深入地从内部挖潜，降低生产成本，提高制造效率，改进产品质量管控体系等。移动互联网的应用，改变了企业传统的生产管理方式、质量管理方式和周期管理方式，正在成为企业转型中不可或缺的手段之一。

二　技术融合为企业级应用创造了条件

除了移动互联网技术的日趋成熟，物联网技术也在迅速普及，并涌现了诸

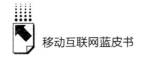

如车联、路联、管联、表联等众多物联网技术应用。同时，基于数据化的共同特性，使得各种技术可以实现数据的充分流动、访问、共享和反馈，从根本上解决技术不同台、不同类的关联障碍。基于信息化的多种技术的融合，为移动应用提供了广阔的天地。

（一）物联网技术将使移动设备成为数据采集前端

2014年成为传感器应用大爆发的一年。据预测，未来几年全球传感器市场将保持20%以上的增长速度，2015年市场规模将突破1500亿美元。[①] 传感器成本的进一步降低，也是其能够快速发展的一个重要原因。以油田为例，大量传感器在广阔的地理空间上的应用，可以为企业带来各类设备的实时运行情况，改变传统的靠人力巡检的生产管理方式。又如，在运动装备中植入传感器，可以实时观测运动员及其装备的状态，在瞬息万变的赛场上，既可以实时调整战略，又可以为赛后的总结分析提供最真实的回顾。2014年世界杯冠军德国队正是传感器应用的先锋。早在2013年的准备期，德国国家队就应用传感器技术积累了数场全部队员的比赛情况，并应用大数据进行各种维度的分析，以指导球队训练和制定战略战术。

传感器作为数据生产的设备，如果能够与移动设备进行互联，将可以连续不断地把各类数据通过移动设备进行实时整合，并被各种移动应用使用，大幅度提高企业的生产效率和降低机器故障发生率，并在事故发生时，实现有针对性的快速反应和处理。因此，移动设备将成为企业生产大数据的重要采集前端，并将从根本上扩大企业数据采集的频度、广度和深度。

（二）大数据使移动设备成为企业快速决策的前端

大数据的后台实时分析能力在2014年有了突破发展，特别是以内存数据库为代表的实时分析数据库技术的出现，[②] 打破了传统数据库开发周期长的桎

---

① 《2014～2019年中国传感器市场深度调查及投资前景评估询报告》，http：//www. chyxx. com/research/201410/286070. html。

② 参见 http：//www. sap. com/china/pc/tech/in - memory - computing - hana/software/platform/database. html。

桔。企业对实时数据分析结果的极度渴望，使得移动设备与移动应用的作用大大显现，后台实现实时数据分析，实时将分析结果推送至现场，通过移动设备实现决策前移，从根本上改变了企业传统的管理模式，大幅度提升了企业管理效率和决策准确度，形成了传感器、移动设备、后台实时分析、移动端决策、设备使用调整的全闭环生产体系，将企业的各种管理目标与每日甚至每时的生产状况挂钩，成为企业未来生存与竞争力提升的重要保障。

（三）云计算将使移动设备成为核心终端

2014 年的另一个 IT 重要发展是云架构的逐渐成熟与云应用服务的大量出现，既有企业私有云，又有面向公共服务的全球化和区域化的公共云投入运行。企业私有云的目标主要是简化企业 IT 系统的复杂运维，将各类管理系统从区域性的架构迁移到企业私有云的架构上，实现跨地域、跨系统的连接。目前，企业私有云的建设刚刚开始，同时应用系统的技术成熟度较低，导致应用迁移比较缓慢，使得企业私有云的效率无法得到展现，造成了云应用的成本反而更高。但这种情况是暂时的，随着更多的应用在云架构上获得推广，企业的总 IT 成本将呈逐步下降的趋势。面向专用服务的公共云的推广，如采购、人力、差旅等，将给予企业更多的选择。因此，基于各种评估，混合云将是未来企业的主要选择。移动互联网走向云架构，融入云应用，取代桌面电脑成为核心终端，正在成为实实在在的大势所趋。

三 内部需求与外部机遇为企业级
应用拓宽了发展空间

根据艾媒咨询的数据，当前企业级应用市场刚刚启动，整个市场处于培育阶段。在未来几年，中国企业级应用市场将迎来高速增长，预计 2016 年中国该市场规模将达 666.3 亿元（见图 2）。

调查数据显示，2014 年中国企业级应用的需求量在 20 万个左右，比 2013 年增长了近一倍，行业市场规模近 300 亿元。[①] 对现有企业级应用的市场考察

---

① 上海移动互联网应用促进中心等：《2014 上半年中国企业级移动应用行业白皮书》，2014 年 8 月。

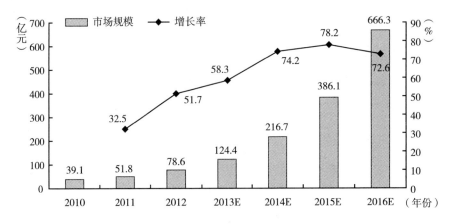

图2　中国企业级应用的发展空间

资料来源：艾媒咨询《2012～2013中国企业级移动应用产业白皮书》，2013年2月。

后发现，计算机相关行业带头向移动互联网转型，服务、电商、广告等行业需求也较为强烈（见图3）。

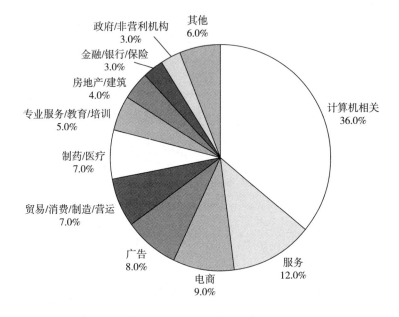

图3　按行业移动应用需求占比

企业级应用总的来说可以分为流程密集型和资产密集型两种。流程密集型的特点是生产工艺复杂、生产过程繁多、生产环节交错，企业级应用可以帮助企业在冗长的生产过程中通过大范围的实时比对，实现细小的生产环节与宏观的生产绩效挂钩，提升企业的动态精细化管理水平。资产密集型的特点是企业成本与利润计算复杂、跨行业、资产管理与生产使用紧密相连、数量巨大，企业级应用可以帮助企业将宏观的财务绩效与微观的资产使用进行对接，实现动态的财务绩效分析。这两类需求基本上覆盖了大多数企业，特别是制造类的企业。从 IT 技术角度看，企业级应用正面临巨大的商机和市场。

（一）企业级应用的信息化、移动化、社交化需求

互联网技术带来了电商的崛起，利用信息化手段，企业可以大幅度缩短产品生命周期。移动互联网技术的应用，进一步将产、供、销紧密地结合在了一起，定制化与小批次生产变得非常现实。

以大中小型农用机械制造为例，企业级应用可以实现企业对同类设备在不同地域、不同季节使用状况的实时监测，以便于提供产品差异性设计，根据具体情况进行有针对性的制造。同时，根据设备在各地和各个季节的使用情况，企业可预测潜在的零部件更新，并配合市场情况，推出相应的季节性销售优惠计划，充分实现产能的有效投入、库存的有效管理、销售额的最大化，将产供销与客户的实际需求实时结合，最大化企业的利润空间，最小化企业的各种成本。此外，根据具体客户设备使用数据的后台分析，企业可以对客户提出个性化的使用建议，延长设备使用效率和时间，大幅度提升客户满意度，提高客户黏性及企业信誉度。

（二）企业级应用能增强企业核心竞争力

移动应用在个人市场的迅速发展，与庞大的个人市场需求是紧密相关的。目前，与个人的衣食住行等日常生活必需要素相关的各种移动应用层出不穷，但是需要注意的是，这个市场最终是服务于企业产品和个人选择与体验的。企业如果不及时转变思路，嫁接合理的移动应用，逐渐实现生产方式、销售方

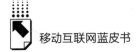

式、售后服务及产品设计的转型，应对激烈的市场竞争，将很快从主动变为被动。

伴随着大数据分析技术的日趋成熟，移动应用成为主要的大数据提供渠道，同时也是大数据分析结果的主要推送途径。因此，移动应用是企业保持核心竞争力的一个重要工具。相对于个人市场的随意性，企业需要承担更复杂的社会责任和企业责任，而使用企业级应用可以在保障企业使用新技术的同时，确保企业和客户的信息安全有效。企业级应用在架构上的合理性、透明性和可持续性，也将支持企业在较长时间内持续发展。

四 企业级应用的发展趋势

种种数据表明，在"工业4.0"的浪潮下，在中国"十二五"期间大力推行的"两化"（信息化和工业化）融合及物联网普及的趋势下，2015年中国企业在移动互联网的应用上将进入一个巨大的爆发期。建设规范、合理、安全和长效的企业级应用体系，对企业在互联网时代的稳定发展具有重大意义。随着移动应用的不断增多，下面的几个方面将是企业级应用在建设过程中需要特别关注的。

（一）逐渐走向统一的安全管理机制

移动应用的逐渐增多，对公共数据的频繁访问和修改，以及对应用系统内特性数据的共享与保护，已经成为移动互联网系统的安全隐患。因此，构建统一的安全管理机制成为企业级应用体系建设的趋势。统一的安全管理机制具体有以下几方面内容：（1）移动安全从单点的安全设置理念走向了一体化的统一的安全管理理念。目前，众多的移动系统平台提供商已经为企业设计了端到端的移动安全管理机制和功能，在MMD、MAM和MCM上都有可以连接的安全认证。（2）企业级的移动互联网平台能够自主创建多层应用防护体系。（3）该机制具有覆盖全生命周期的安全检查、监测和实时追踪能力。

为了能够满足移动应用的实际可操作性，所有的安全手段都应该能够实现秒级完成。总之，统一的安全管理机制是企业级应用的重要组成部分，对保障企业和客户信息安全至关重要。

（二）行业内深度应用与跨行业应用将成为趋势

移动应用依据企业所属的行业，正在从简单的诸如移动审批、移动办公的 OA 应用，逐渐转向面向生产的行业内深度应用。如上文提到的油田移动应用。除此之外，石化企业在焦化、炼化等过程中，可通过移动应用实时采集各类管道的压力、温度等指标，实时调整生产节奏和实现质量实时检验等。再如，生产与衣食住行密切相关产品的企业，大量使用移动应用可缩短从订单到生产的跨度，甚至提供快速的可定制化的产品。对大型企业集团来说，移动应用可以帮助集团实现跨行业的快速整合，对集团内不同行业单位的共性需求实现统一管理，大大简化 IT 系统的复杂度。另外，针对行业内上下游企业，移动应用可以实现从厂商到终端用户的全生命周期管理。

（三）移动设备上的应用整合成为新的市场热点

在过去的几年间，企业级应用大多是从某些点开始的。随着应用点的不断增多，移动设备的工作效率在不断下降，各种应用的冲突和重复情况日益加剧。因此，应用的整合需求已经出现，行业内将出现移动商业整合服务商（MBI）的角色。

市场上的众多 IT 厂商正在努力推出可实现移动应用整合的移动管理平台，但目前还没有一家真正意义上能够提供全开放性架构和通用接口的移动应用整合平台。不同移动操作系统之间的互联互通问题，由于设备提供厂商的诸多原因无法解决，因此，应用开发者必须针对不同的系统分别进行应用开发，导致了移动应用版本维护的复杂度和功能的不统一性提高，增加了移动应用整合的难度和成本。然而随着移动互联网在企业的深度应用，移动设备上的应用整合将是企业的刚性需求，企业特别需要重视企业级应用的管理和开发平台的选择，尽可能地简化移动应用的整合复杂度，以实现移动应用的快速部署、快速升级、统一管理。

移动互联网技术的发展，为企业的发展带来了新的机遇，也带来了新的挑

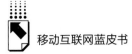
战。未来可以预见的是，移动互联网将逐渐成为企业生产和管理的核心手段，在企业管理方面，移动终端取代桌面终端也将成为趋势，企业级应用体系建设将成为企业下一代 IT 的重要投资领域，并且将逐渐成为企业持续发展的主导力量之一。从某种意义上说，企业级应用的水平，将决定企业在市场上的竞争能力。因此，认真研究和设计企业级应用，对中国企业在"工业 4.0"的大潮中脱颖而出具有重要的战略意义和价值。

O2O 对传统业态的时空重构

谭茗洲　刘 扬*

摘　要：　O2O 由线上与线下两个环节共同完成，它带来了四种效应，即叠加效应、整合效应、转化效应、提升效应。2014 年，O2O 模式在中国进一步深入发展。它突破了传统业态的时空局限，通过时空重构，改造了传统业态，丰富了营销手段，给消费者带来了全新的消费体验。未来，O2O 对传统行业的渗透将加剧，创业门槛会更高，资源整合难度会更大，入口之外的竞争也会更强烈。

关键词：　O2O　传统业态　时空重构

一　O2O：从团购到移动应用场景化

O2O 是 online-to-offline（线上到线下）的缩写。2010 年 8 月，美国电子商务支付系统公司 TrailPay 的创始人、总执行官郎派尔（Alex Rampell）在探讨高朋（Groupon）等新兴网站商业模式时，仿照 B2C（商家对客户交易）、C2C（消费者间交易）等概念，提出了 O2O。[①] 他认为，高朋等网站的重要特点是在线上发现消费者，并将其带到线下实体店中完成交易，将延续了几千年的商家与顾客在同一空间下完成实时交易的过程切分。在当时的条件下，郎派尔特

---

*　谭茗洲，高级工程师，北京邮电大学移动互联网开放实验室副主任，社会化信息管理与服务研究中心副主任；刘扬，博士，人民网研究院研究员。

①　参见 http://techcrunch.com/2010/08/07/why-online2offline-commerce-is-a-trillion-dollar-opportunity/。

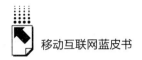

别强调了"线上支付"环节，认为这是 O2O 模式有别于其他商业模式最重要的特点，因为它让整个商业模式变得更加可预测和可测量，并有助于形成商业闭环。

从"O2O"一词的起源可以看出它与团购密不可分。但是，团购限制了人们对 O2O 的想象，它无非在网上将消费者合零为整，将零售变为批发；在线下将货品或服务化整为零，分别进入各家各户。随着团购"寒冬"的到来，O2O 模式受到了质疑。郎派尔虽然不断反思和调整 O2O 概念，但始终没有跳出以"线上支付"为中心的思维。①

真正让人们围绕 O2O 展开想象翅膀的是它与移动互联网的结合。从早期基于地理位置服务（LBS）的签到模式开始，O2O 就已登陆移动互联网。当时的通行做法是线上签到赚取积分或勋章后，用户在线下商家店铺中获取折扣奖励，其核心仍是交易。但移动互联网不同于传统互联网，它的终端在物理上摆脱了"线"的束缚，变成了网随人动。时时在线，改变了人们办公室或居家上网的环境，将人们带入了一个个不同的应用场景。

有一种说法，传统互联网是消费互联网，移动互联网是生产互联网。移动互联网与 O2O 的结合，使生产与消费进一步交织在一起，解放了过去因时间和空间隔离而被禁锢的潜能。O2O 使人们可以在线上完成过往需要在线下完成的工作，比如预约、订购、支付，并拓展了线下可以达成的用户目标和生产计划，比如提供个性化商品与服务或跨越时空的生产要素组合。O2O 由线上和线下两个环节共同完成，给社会及各个产业带来了四种效应：（1）叠加效应。O2O 可以让人们在虚拟空间完成以往在现实物理空间才能完成的行为，让现实与虚拟两个空间、不同的应用场景叠加起来。例如，人们坐在办公室就可以完成以往要在商场里进行的购物选择、预定以及支付等功能。（2）整合效应。以 O2O 为纽带，以往不大相关的用户行为或是企业部门可以被整合在一起。例如，传统的视频网站开始进入电商领域，商业门户网站开始琢磨起智能汽车，以往老死不相往来，甚至是冤家对头的部门也开始合作，线上虚拟空间与线下实体经济被整合为一体。（3）转化效应。通过顺应 O2O 趋势的改造，人们的行为方式和空间的功能都在发生转变。比如，人们习惯了送餐上门、美

---

① 《艾瑞咨询：回溯什么是 O2O》，http：//report. iresearch. cn/html/20140731/235659. shtml。

甲上门，摒弃了冗余的中间环节。同时，商家的实体店开始向体验店转化，将实际售卖场所放到了网上。（4）提升效应。O2O 因为提高了传统商业效率、降低了成本、扩大了营销规模、满足了用户个性化需求，无论从哪一个方面来讲，都是对商业部门在效益、功能和体验上的提升。

这些效应让 O2O 在 2014 年倍受中国社会关注。中国互联网络信息中心《中国互联网络发展状况统计报告（2015 年 1 月）》专门为 O2O 辟出一章。一些市场研究公司则推出了 O2O 专项研究报告。这些报告中的数据体现了中国 O2O 发展的两个特点：一是 O2O 越来越与移动互联网结合在一起。在 O2O 市场用户中，使用移动端的超过了七成，而桌面电脑的用户占比不足三成。手机支付、微信支付、扫码支付等成了 O2O 商家和平台的标配，商家通过优惠活动不断吸引用户进行尝试，用户数量快速增长，O2O 概念借助移动端不断扩散、渗透，为大众所熟知。二是 O2O 市场规模与用户规模一起成长。仅以 O2O 中的本地生活服务市场为例，2011 年其国内市场的规模为 3.6 亿元，到了 2014 年，增长到了 5.9 亿元。① 有人预计，2015 年本地生活服务市场规模将达 10 亿元。本地生活服务市场用户规模在 2011 年仅有 0.82 亿人，2014 年增长到了 2.8 亿人，在网民总数中的占比超四成，同比增长了 241.5%，远远高于中国网民总数的增长情况。②

二　O2O 带给传统业态转型新机遇

（一）传统业态在时空上的局限

人类的生产与消费活动长期受制于时间与空间。网络技术，特别是移动网络技术通过时空的重构与整合，不断从时空制约下解放生产力，创造更多的价值。同时，人的需求也有摆脱时空限制的倾向。此时此处有、他时他地无的生产与服务无法满足用户可能时时产生的需求。在移动网络的映照下，传统业态

---

① 速途研究院：《2014 第三季度 O2O 市场分析报告》，http://www.sootoo.com/content/533217.shtml。

② 速途研究院：《2014 第三季度 O2O 市场分析报告》，http://www.sootoo.com/content/533217.shtml。

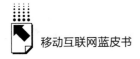
受时间和空间制约而表现的不足越发明显。如在服务业领域,这种不足主要体现在两方面:一是需求与服务时间点不对应。人们的很多需求是在特定场景下才会产生的,如人们在生病的时候才需要吃药,而往往生病的时候,又是人们最不愿意走动的时候。尽管医院和部分药店 24 小时营业,但是仍然不能满足病人的治疗需求。二是具体需求与大众化服务不对称。"蓝海"和"长尾"都说明用户差异化需求存在巨大的商机。个性化 + 标准化成为移动时代用户对服务和商品的普遍期望。如人们既希望能够装饰出与众不同、个性十足的住房,又希望能获得大品牌、大商家装修的质量,在 O2O 模式下,这种"兼得"有了可能。一些大公司通过 O2O 组织各类资源,根据用户的个性化需求,完成标准化装修,解决了标准化与个性化的矛盾。

美国门罗风险投资公司(Menlo Ventures)的报告显示,利用移动互联网 O2O 功能产生的"撮合"工具,人们可以利用碎片化时间满足另一群人的突发需求,保守估计这能创造 100 多万个就业岗位。因此,O2O 如同提取页岩油一样,在时间与空间的缝隙中寻找价值,生产与服务不再固定时间和地点,日益"场景化"。传统产业形态顺应这一变化趋势,进行时空重组,变得更加灵活。

(二)O2O改造传统业态的具体应用

1. 开辟中国移动电子商务新天地

2014 年,淘宝、京东商城等电商巨头开始布局线下,使线上销售、支付与线下实体售后服务融为一体,其思路符合 O2O 的趋势。人们通过手机客户端随处可以下单,加上电商在一线城市布下的同城 24 小时送货网络,已让中国在电商的 O2O 上领先世界。当然,移动电子商务为适应 O2O 的发展,必须做出实质改变:一是注重数据的应用,移动电商利用云计算和大数据技术将用户线上与线下的特征及行为数据打通,保证线上与线下商品、客户等数据一一对应,在此基础上整合内外资源,实现与电子化经营的同步,提供更好的购物体验。二是强化社交元素,充分挖掘电子商务中的社交基因,通过人际交流、人机互动打通线上与线下各个环节,同时增加用户对电商平台的黏性。

2. O2O带来了移动消费全新体验

2014 年,在国内的 O2O 市场中,餐饮类市场份额为 43%,居首位;休闲娱乐类市场份额为 26%，排第二位；酒店服务市场份额以微小差距排第三位，为 25%；美容美发类市场份额为 3%；亲子类市场份额为 2%；婚庆类市场份额为 1%。① O2O 模式正在全方位渗透到移动消费的各个领域，在上述行业之外，O2O 正在进入更大型商品的消费环节，中国已有家具企业建设 O2O 体验馆，为用户提供线上选购点评、线下体验购买的新模式，用户在网上挑选产品，然后去线下的实体体验馆实际考察产品性能，最后再回到网上进行交易。一些新兴汽车维修企业也开始尝试 O2O 模式，车主可以在网上看到维修价格和其他用户评价，进行比较后选定维修企业。通过线上销售与线下服务点的对接，企业拓展了市场，而用户则以更加低廉的成本享受了服务。

3. 提供更加丰富的社会化营销手段

O2O 在营销领域的发展，引入了移动和社交两个重要元素，使传统广告对覆盖面积和渗透率的追求逐渐过时。O2O 为营销提供了更多选择，"点对点"的新方法正取代着传统的"点对面"营销方式，O2O 更注重用户行为与营销内容的无痕衔接，在任何时间、任何地点，营销者都能打破时间和空间限制，听取客户心声，更加深入地了解客户，更加快速地回应客户的需求。此外，O2O 也让营销变得更加自主化。企业通过移动的社交或游戏等方式，促进了线上自发聚合群体的形成，利用自组织力量实现了从线上到线下的跨越，引领了公众运动或时尚潮流，使用户感到从认知到购买决策都是主动的、参与式的、情感化的。

4. 培养中国人移动支付新习惯

货币是社会重要的媒介，与移动互联网相结合，使移动支付成为贯穿整个社会生产与消费流程的重要脉络。从 2014 年初开始，在中国并不发达的线上支付环境中，信息技术企业巨头通过"移动支付大战"共同培养了中国人的移动支付习惯，实现了线上支付的跨越式发展。根据速途研究院的报告，有超过一半的移动网络用户通过第三方提供的平台来完成移动支付，29.3% 的用户选择使用商家专门提供的移动支付应用，还有 16.5% 的用户通过手机浏览器来进行移动支付。② 无论采取哪种移动支付方式，企业一定要通过用户地理位

---

① 速途研究院：《2014 第三季度 O2O 市场分析报告》，http：//www.sootoo.com/content/533217.shtml。

② 速途研究院：《2014 第三季度 O2O 市场分析报告》，http：//www.sootoo.com/content/533217.shtml。

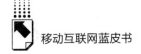
置信息判断其所在场景，进而向用户精准推送个性化信息，促成移动交易的达成。

（三）O2O带给传统业态的解放与创新

有人曾说，如果不能解放制造业产能、立足于实业，中国O2O产业的战略意义就是浅薄的。在经济"新常态"下，做活做大第二产业，是中国经济未来发展的必然之路。① O2O通过打破既有的按照时空划分的资源和服务配给结构，提供了最有效率的新经济模式，解放了生产力，同时也让中国经济变得更实，为摆脱结构性危机提供了有效的出路。

O2O在给传统业态带来解放的同时，也提升了它们的创新意识与能力，具体表现为以下几个方面。

首先，过去少有合作的大型企业，为了充分享受O2O的红利，开始互相接触、合作。如腾讯旗下的电脑管家与联想公司展开合作，每月开展"电脑清理日"，为用户提供从系统清理到外观清洁的一系列免费服务。2014年8月，万达集团与百度以及腾讯签署战略合作协议，共同成立了万达电商，以一卡通业务为核心，展开万达电商的O2O业务。快的打车与滴滴打车从竞争走向合并，给许多传统产业带来启示，与其拼个你死我活，不如合作共赢，中国企业开始主动用战略眼光思考问题。强强联手、跨界融合在O2O领域已蔚然成风。

其次，各企业千方百计通过技术创新来迎合O2O的发展趋势。基于消费者位置信息的兴趣点匹配、消费者行为预测、实时情境管理等已成为进军O2O领域企业必须采纳的新技术。2014年3月，阿里巴巴对银泰商业进行战略投资，双方打通了O2O的商业基础体系，致力于大数据以及云计算技术在线上信息与实体店的应用，形成大数据技术支持下的新业务形态。此外，为了能够及时到达任何需要服务的地点，一些企业甚至研发了无人机配送等新技术。

最后，O2O引发了思维方式的创新。曾有人将O2O的思维概括为整合思

---

① 《O2O产业发展白皮书：投机思想过度是最大危机》，http://finance.sina.com.cn/hy/20141114/113020819727.shtml。

维、系统性思维、非互联网思维和反广告思维。[1] 而在实践中，无论是大企业还是个人创业项目，都开始结合不同地理位置上的场景来思考问题，跨越时空寻求突破，不是一时、一事、一地地进行思考，而是普遍联系地进行全局思考。例如，腾讯借助微信融合了社交、支付、订餐、打车、购物、自动售货等不同功能。腾讯入股餐饮信息与交易平台大众点评后，还要投资餐饮外卖平台饿了么，要满足各个空间与时间组合场景下用户的需求。

三　围绕移动端的激烈竞争

（一）O2O 扩张的初步表现

要做好 O2O，应该抓住线上入口，整合线下，打通线上线下连接点。地图、社交网络、搜索引擎都是线上入口，从 2013 年下半年开始，各主要信息技术企业在 O2O 领域展开了围绕入口的激烈竞争。其中一个主要表现是百度、腾讯、阿里巴巴以地图为入口，以本地生活服务为核心，各自打造 O2O 生态圈，百度地图、腾讯地图，以及被阿里巴巴收购的高德地图间的移动地图之战白热化。[2] 到 2014 年，O2O 领域主要形成了手机地图、移动支付和二维码三大关键点的竞争。各互联网厂商意识到，便捷的移动端入口和连接点，是它们进行战略布局、形成 O2O 闭环生态圈的第一步。这让围绕移动端的争夺成为 2014 年 O2O 领域发展最重要的特征。

（二）O2O 在移动端三个关键点的争夺

1. 移动地图

移动地图仍是最直接的 O2O 入口，也是各大信息技术企业争抢的焦点。百度 2012 年就分拆出了地图业务，成立了 LBS（基于地理位置服务）事业部，向 O2O 全面转型。2014 年，百度地图继续巩固地图 O2O 商业化领头羊地位，

---

① 《做 O2O，我们需要什么样的思维？》，http://www.huxiu.com/article/13018/1.html。
② 黄林、刘扬：《移动地图的 O2O 应用现状与前景》，《中国移动互联网发展报告（2014）》，社会科学文献出版社，2014，第 320 页。

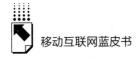

推进了与糯米网的整合，充分利用其巨大流量为其他业务导流，致力于O2O商业及服务多样化。阿里巴巴2014年完成对高德地图的收购，也为自身的O2O战略占据了地图入口。虽然俞永福接掌高德移动业务后，将高德地图未来发展的着力点定为LBS，而不承认是O2O，但从时空重组效果看，LBS就是O2O。所以不管叫什么，高德地图仍是阿里巴巴O2O的重要入口。腾讯也在加强移动地图与微信等移动应用王牌的结合。2014年6月，腾讯微信5.2.1版上线，主要进行的升级是，用户在朋友圈发信息时，可以添加自己所在地理位置和附近商家信息。各主要厂商已将地图入口牢牢占据，只是地图在O2O的具体开发利用方式上存在差别。

2. 移动支付

2014年，百度、阿里巴巴和腾讯都在移动支付方面有所布局，在移动支付领域开疆辟土是O2O打造闭环生态圈必不可少的基础。阿里巴巴是互联网支付领域的先行者，通过布局移动支付，加速支付宝在移动端的普及，将支付与线上其他入口应用相连接，如与淘宝、天猫、来往、快的打车以及微博相联系，为O2O开辟了广阔市场。腾讯虽然是支付领域的"新人"，但是借助手机QQ和微信在移动端积累的庞大用户基础，使微信支付、滴滴打车支付等从2014年开始迅速成长起来，也逐渐形成自身的O2O闭环生态圈，发展潜力巨大。

3. 二维码

实现从线上到线下、从大屏到小屏最经济便捷的方式是二维码。二维码便于企业识别用户身份、线上优惠券发放和领取、线下产品信息识别、线下活动参与和识别、销售组织识别、销售组织信息下行以及销售终端数据采集等，是用户进入O2O各种场景的捷径。腾讯微信的"扫一扫"功能让用户可以在手机和电脑之间、手机和电视屏幕之间、实体店与网络商店之间自由穿越。阿里巴巴旗下的"支付宝"应用二维码，释放了巨大想象空间，用户不仅能在线上收取"红包"，而且能完成在现实空间的付款。以二维码为桥梁，用户的O2O穿梭越发来去自如。

（三）竞争后果与格局

O2O初期竞争的结果主要表现为三大信息技术公司——百度、阿里巴巴和腾讯对自身传统优势的进一步发挥和对多领域移动入口的全覆盖。百度以地图为主要入口，活跃用户超过 1 亿人；[①] 以糯米网为重要平台，将其打造为切入本地生活的重要入口，囊括了用户从逛商场到看电影的不同消费场景。各类移动应用通过与百度地图相连接，已形成百度 O2O 的生态圈。阿里巴巴充分发挥电子商务积累下的品牌和用户资源，用手机淘宝和支付宝钱包等巩固了移动端上的优势，又通过收购在地图导航方面有强大专业优势的高德地图，弥补了自身在地图入口上的不足，基本形成了 O2O 的交易闭环。网上社交是腾讯的优势。在移动互联网时代，腾讯掌握着微信和手机 QQ 两大利器，仅微信的国内外活跃用户就已达 5 亿人，成为其用之不竭的资源，是让各方垂涎的 O2O "超级入口"和可以无限拓展的平台。腾讯通过 2014 年的打车补贴和 2015 年初的"抢红包"活动，不仅有了"渠"，而且渠渠有活水。接下来，线下的实体生产与服务资源，如生产原料、劳动力资源、物流快递、支持性数据等也必然面临整合，它们都将成为未来互联网企业 O2O 争夺的焦点。在现实中，一些互联网企业已经通过搭建平台的方式来整合生产者、服务商，O2O 产生的变革效应将更加深刻。

四　O2O 发展的问题与预期

（一）O2O 目前存在的问题

线上与线下的打通融合在全球范围内是新趋势、新情况。O2O 虽有初生牛犊的成长劲头，但也不免显露蹒跚学步的尴尬，表现的问题主要有以下几个方面。

1. 创业进入门槛较高，市场资源整合难

O2O 给了个人创业者广阔的想象空间，打通时间与空间后，有很多事情可做。但 O2O 不仅是想出一个好点子那么简单，必须要有效地整合线上和线下资源才行。艾媒咨询的张毅指出，线下资源的整合是一项浩大的工程，而且线下资源要数量多、覆盖广、质量优，才能保证消费者获得良好体验。各个行

---

① 《深度长文：BAT 三巨头 O2O 布局及未来趋势》，http：//www.pintu360.com/32513.html。

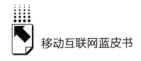

业的特性不同，需要整合的线下资源也不一样，这无疑是其在O2O有所作为的巨大挑战。线下资源都是分散式存在的，要想立足O2O，必须跨越资源整合的门槛，用最小的成本将分散的资源整合成规模化的"资料库"，否则再好的点子和平台也没用。

2. O2O项目容易被模仿，获利点匮乏

O2O项目往往非常具体、贴近现实，各类场景普遍存在于生活之中，这造成各类项目一旦有成功案例，马上就会引起效仿潮。"东施效颦"不仅会使仿效者出现问题，而且会影响"西施"的市场价值，某一类项目市场的良莠不齐是对整个市场的打击。此外，要想成功，最关键的还是找到获利点。但在O2O领域，一些创意往往昙花一现，就是因为其缺乏获利点。

3. 垂直细分服务与需求频次、市场规模存在矛盾

按照O2O的思维，哪里有需求，哪里就会有店家通过渠道融合来提供服务，满足用户各种各样的需求。这造就了很多垂直细分、"长尾"的机会。但是在实际运作中，每个店家坚守着过于专业细分的领域，面临着地域过大、时效要求高的双重压力，每个领域客户的需求要慢慢询问出来，消费习惯要逐渐培养起来。O2O在突破时空限制、解决问题的同时，自身也面临时空对其发展带来的压力。用户需求频次提不起来，市场规模无法迅速做大，O2O商家就只能不断地烧钱、补贴、砸流量、抢用户。很多商家线上访问量不小，但线下物流、配送能力跟不上，外卖偷工减料，以及网上图片和实际货品不符等问题时有发生，造成很多O2O项目失败。例如，火爆一时的"饭是钢外卖网""食神摇摇"等最终不是关闭就是被收购。

4. 部分现行政策阻碍O2O进一步发展

O2O在重构传统业态的同时，与既有业态的管理规范时有矛盾。例如，一些金融机构想将理财产品和服务拉到线上，应用地图实现O2O理财模式，囊括不同区域、机构和客户，但是这一设想有违现行的金融管理政策，难以实现。又如，2014年以来，围绕O2O专车服务，社会上有激烈讨论，如何能够保证正常的出租车运营秩序、避免黑车泛滥引发的安全问题等，都涉及政策层面的调整。

（二）O2O 发展趋势预期

1．O2O 向传统产业进一步渗透

如上文所述，O2O 带来的红利从第三产业开始，向第二产业、第一产业蔓延。2014 年以来，已经有越来越多的传统产业，如汽车制造业、房地产业开始加入 O2O 的队列，借此不断寻找"互联网＋"创造的机会，期待产业的再次起飞。格力集团董事长董明珠说：只有传统思维，没有传统产业。依靠 O2O 对制约传统产业生产和流通发展的时空进行重组，必将释放更强、更大的生产能力。

2．O2O 在移动端入口之外的竞争

O2O 对时空的重构是全方位的，其产生的效果也是对传统业态的系统整合。因此，围绕 O2O 的竞争不可能永远只停留在入口一个层面，未来竞争必然是全方位的、多元的。仅从技术上讲，可穿戴设备的兴起，一定会将 O2O 的竞争从手机屏幕或单纯二维码领域引向更广阔的领域。

3．政策调整推动 O2O 发展

政策是 O2O 发展的强心剂和催化剂。2015 年 3 月，李克强总理所做政府工作报告多次提及互联网、通信等行业，还包括发展以互联网为载体的线上线下互动的新兴消费等内容，这是国家政策制定者给出的明确方向。而在体育、医疗等领域，O2O 被当成推动这些领域改革的重要手段。

B.11
中国宽带无线移动通信网络及业务发展

潘 峰 付有奇*

摘　要： 2014 年，我国移动通信迈入 4G 时代，一年内建成了全球最大的 4G 网络，4G 用户数量快速增长。WLAN 热点接入数量进一步增加，出现合作运营新模式。移动数据流量高速增长，基础电信运营商向流量经营转型。国内铁塔公司的组建，将显著提升我国电信网络基础设施建设的效率和效益，加快"宽带中国"推进步伐。

关键词： 宽带无线移动通信　移动数据流量　流量经营

一　宽带无线移动通信网络发展现状和趋势

（一）宽带无线移动通信网络发展现状

2014 年，随着 TD‑LTE 商用牌照以及混合组网实验牌照的发放，我国移动通信网络建设重点向 4G 全面转移，网络建设高速推进。2015 年 2 月 27 日，工业和信息化部正式向中国联通、中国电信发放 4G 牌照，中国通信业全面进入 4G 时代。2014 年新增移动通信基站 98.8 万个，是 2013 年同期新增数的 2.9 倍，总数达 339.7 万个。其中 3G 基站新增 19.1 万个，总数达 128.4 万个，

* 潘峰，中国信息通信研究院（工信部电信研究院）规划设计研究所副总工程师，主要从事无线网规划、无线网测评优化、无线新技术和产业发展方面的重大问题研究；付有奇，中国信息通信研究院（工信部电信研究院）规划设计研究所助理工程师，主要从事移动通信和无线电管理等咨询、规划和设计。

移动网络服务质量和覆盖率继续提升（见图1）。截至2014年底，全国4G基站超过80万个，成为全球最大的4G网络。具体来看三家运营商的情况如下所示。

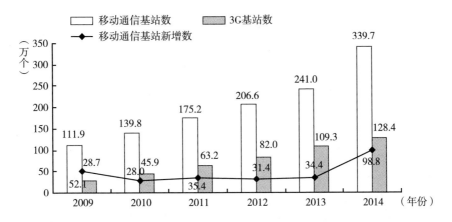

图1　2009～2014年移动通信基站发展情况

资料来源：工业和信息化部《2014年通信运营业统计公报》，2015年1月。

中国移动自2013年10月起获准在全国326个城市开展TD-LTE扩大规模试验，并于12月4日获得4G牌照后正式开始TD-LTE网络运营。从4G牌照发放之日起，中国移动全力建设4G网络，同时推出新品牌"和"进行4G的运营和宣传，并成功引入苹果iPhone 5S、iPhone 6系列终端，收到了良好的市场效果。截至2014年12月底，中国移动TD-LTE基站数累计达72万个，实现绝大部分城市连续覆盖和乡镇、农村热点覆盖。VoLTE试验也已在5个试点城市展开，初步具备了试商用的能力。

中国联通于2014年3月正式公布其4G/3G一体化运营策略，并推出了4G套餐，但并未开展大规模的4G网络建设，只是选择性地覆盖了重点城市的部分热点区域。中国联通在FDD-LTE牌照发放前，通过升级现有WCDMA网络支持HSPA+64QAM双载波技术，提升了用户对移动上网速率的体验。2014年6月27日，工业和信息化部批准中国联通开展LTE混合组网试验，中国联通开始启动"双4G"战略。截至2014年12月，中国联通在295个本地网部署了1万余个TD-LTE基站。与此同时，中国联通积极开展LTE混合组网试

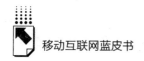

验，推进 FDD – LTE 基站建设，在 56 个混合组网试验城市中建设了 6.2 万个基站，完成了包括移动性和负载均衡等 TD – LTE/FDD – LTE 互操作性能测试，并进行了面向 TD – LTE/FDD – LTE 载波聚合的基带板共平台验证。

中国电信于 2014 年 2 月 14 日正式开始 4G 网络的全国商用。截至 2014 年 11 月底，中国电信在 102 个城市建成了 1 万多个 TD – LTE 基站。与此同时，中国电信在 56 个混合组网试验城市中建设了约 8 万个 FDD – LTE 基站。另外，中国电信开展了一系列实验室测试和外场试点工作，解决了 LTE 网络与 CDMA 间互操作等大部分技术难题，推动了产业链完善，积累了业务运营经验，并得到了混合组网技术已具备正式商用条件的结论。

2014 年，我国新增 WLAN 公共运营接入点（AP）30.9 万个，总数达 604.5 万个，WLAN 用户达 1641.6 万人。① 其中，中国移动采用深化四网协同、加强 WLAN 认证和漫游、优化资费的策略，WLAN 公共热点约为 400 万个；中国联通将 WLAN 作为 4G 网络的重要补充，继续 WLAN 热点投入和建设，公共热点约为 100 万个；中国电信将 WLAN 与蜂窝网络协调发展，重点拓展公共热点区域覆盖，公共热点约为 100 万个。总体而言，受 4G 网络建设影响，2014 年国内 WLAN 公共热点部署热情有所减退，建设规模有所下降。另外，国内互联网和终端企业与运营商合作、提供公共免费 Wi – Fi 接入业务的新模式不断涌现：腾讯联合运营商、商用 Wi – Fi 服务提供商和商家成立了"腾讯安全 Wi – Fi 联盟"；华为联合中国移动和中国电信，为终端用户提供免费的 Wi – Fi 接入；小米联合 Wi – Fi 服务提供商，在全国 2 万多处公共场所提供免费 Wi – Fi。综合看来，国内 WLAN 仍有发展潜力，未来网络规模将进一步增大，但仍面临重复低效的认证接入、用户隐私和信息安全方面的挑战。

（二）宽带无线移动通信网络发展趋势

1.4G（LTE）增强技术

VoLTE②（基于 4G 的数据、音视频通话统一业务）是 4G 语音的最佳解决

---

① 工业和信息化部：《2014 年通信运营业统计公报》，2015 年 1 月。
② VoLTE，即 voice over LTE，是一种 IP 数据传输技术，不需要 2G/3G 网，全部业务承载于 4G 网络上，可实现数据与语音业务在同一网络下的统一。

方案，但发展情况不甚理想。目前，全球 324 家 LTE 运营商中只有 11 家提供了 VoLTE 商用业务。在 2014 年以前，部署 VoLTE 的主要是韩国、新加坡、中国香港的几家中小型运营商，直到最近，AT&T、NTT DoCoMo、T – Mobile① 等几家大型运营商才开始加入 VoLTE 运营行列，但只是在几个城市小范围运营。咨询机构的预测比前几年相对保守，据 Strategy Analytics 预测，2018 年全球 VoLTE 用户可望突破 8 亿人，VoLTE 用户产生的通话时长将占全球移动用户总通话时长的 10%。从长期看，VoLTE 是 4G 运营商的统一发展趋势，但从运营商发展 VoLTE 的动机分析中可以判断，在短期内，不同运营商仍将根据其各自需求对 VoLTE 持差异化的发展态度，VoLTE 在全球范围内将与电路域话音长期共存。

LTE-A② 网络能够大幅提高 4G 网络传输速率，提升用户体验，提高用户黏度，发展 LTE-A 是网络演进的必然趋势。2014 年，全球众多运营商通过升级 LTE 进一步提高了网络容量和传输速率，LTE – A 网络部署进展迅速。根据全球移动设备供应商协会（GSA）的统计，2014 年 5 月，全球仅有 5 家运营商推出了基于载波聚合技术的 LTE – A 商用网络，而到了 2014 年底，达到了 49 家，涉及的国家达 31 个，既包括美、日、韩等 LTE 领先国家，又包括爱沙尼亚、捷克和肯尼亚等 LTE 发展一般的国家，另有超过 50 个国家的 100 多家运营商已经开始 LTE – A 投资。其中，韩国是 LTE – A 商用网络发展最为迅速的国家，国内三大运营商均已提供基于载波聚合的 LTE – A 服务，LTE – A 基站总体规模将近 21 万个，占全国 LTE 基站的一半以上。SK 电讯还推出了全球第一个商用三频 LTE – A 网络，并推出了相应智能手机 Galaxy Note 4。然而，在目前开通商用的 49 个 LTE – A 网络中，有 47 个是基于 FDD 的 LTE – A 网络，仅有沙特阿拉伯的 STC 和澳大利亚的 Optus 采用基于 TDD 的 LTE – A 网络。2015 年 1 月，芬兰运营商 Ukko 宣布在赫尔辛基实验室成功演示了 TDD LTE – A 技术，最高峰值速率可达每秒 507 MB。预计 2015 年 LTE – A 将在全球范围内继续快速发展。载波聚合等第一波 LTE – A 技术在终端已日趋成熟，为全球

---

① AT&T 是美国第二大移动运营商；NTT DoCoMo 是日本最大的移动通信运营商；T – Mobile 是跨国移动电话运营商，它是德国电信的子公司，属于 Freemove 联盟。

② LTE – Advanced（LTE – A）是 LTE 的演进版本，其目的是满足未来几年内无线通信市场的更高需求和更多应用，满足和超过 IMT – Advanced 的需求，同时还保持对 LTE 较好的后向兼容性。

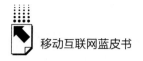
运营商加速 LTE – A 部署提供了可能。

2. 5G

5G 是面向 2020 年及更远期商用的下一代移动通信技术。随着 4G/LTE 的规模化商用，全球业界将更多的精力投向了 5G 研发。传统的移动通信均以多址接入技术为特征，例如，1G 采用频分多址（FDMA），2G 主要采用时分多址（TDMA），3G 采用码分多址（CDMA），4G 采用正交频分多址（OFDMA）。5G 将不再以单一的多址接入技术为特征，内涵将更加宽泛，人们为此提出了"标志性能力指标"和"一组关键技术"的概念。"标志性能力指标"指的是 GB 用户体验速率；"一组关键技术"包括大规模天线阵列、超密集组网、新型多址、高频段通信以及新型网络架构等。目前，多国正在全力研发 5G，争夺该技术的制高点。

欧盟在 4G 时代发展明显落后于美国和亚洲先进国家，力争在 5G 时代赶超，在 5G 研发推进方面积极部署行动。欧盟将与企业合作方分别拿出 7 亿欧元和 30 多亿欧元，展开 5G 研发，并在 2015 年底筛选出第一批项目进行投资。此外，欧盟于 2013 年底成立了 5G 公私合营联盟（5G PPP），推出了一项由欧盟执行委员会和欧洲通信产业界共同合作的 14 亿欧元的发展计划，旨在更新现有基础设施，以建设下一代网络。韩国政府与欧盟签署协议，成立联合项目，共同开发 5G 网络，制定 5G 技术标准，力争在 2015 年开发出 5G 核心技术，并在 2018 年平昌冬奥会上向世界展示。2014 年 1 月，韩国发布 5G 无线通信技术的发展路线图，提出要在 2021 年前成为首个推出 5G 商用网络的国家。为实现该目标，韩国计划在未来 7 年中投入 1.6 万亿韩元（约合 15.7 亿美元）。

面对新一轮的 5G 研发竞赛，中国政界及产业界也积极响应。在政界方面，为支持和推进 5G 研发相关工作，工信部、国家发改委、科技部于 2013 年 11 月共同成立了 IMT – 2020（5G）推进组，其职责包括制定我国 5G 的技术和标准战略，开展 5G 需求、技术、标准、频谱、知识产权等研究，建立 5G 国际合作推进平台。在产业界方面，华为在 2013 年 11 月宣布，计划投入 6 亿美元用于未来 5 年的 5G 研发。华为预计，5G 商用网络将实现 100 倍于 4G 的峰值速率，最早将于 2020 年面世。华为还积极参与创建英国 5G 创新中心（5GIC）等欧盟的相关合作项目，并与全球 20 多所大学开展了联合研究。中兴通讯在巴塞罗那世界移动通信大会开幕前夕发布了 5G 白皮书，其中描述了超大数据流量网络可以让消费者和企业在广泛的日常生活和工作中，即时按需接入应用和获取信息，将数字世界和物理世界合而为一。由中国移动参与组建的 NGMN（下一代移动通信网络联盟）已经开始了有关 5G 的技术研究，并将加快制定 5G 相关的技术标准。除了华为、中国移动、中兴通讯之外，大唐电信等也纷纷开始了 5G 的研发准备。

3. 下一代 WLAN（HEW）

WLAN 作为移动通信网络的重要补充和固定宽带的有效延伸，承载的数据业务流量不断提高，在消费者心中的地位也愈发重要。因此，WLAN 成为智能手机、平板电脑、笔记本、智能家居等大部分电子产品不可或缺的功能之一。但是，随着接入设备和业务流量的不断增多，实际性能和用户体验不理想成为 WLAN 发展的瓶颈。WLAN 的基础是 IEEE 802.11 系列标准，虽然技术演进系统吞吐量不断提升，但其核心多址接入技术载波侦听/冲突避免（CSMA/CA）并未实现革命性的改进。由于受该机制技术原理的限制，WLAN 用户无法完全避免其他设备的干扰。当实际网络中用户逐步增多，干扰带来的影响就会增大，实际性能也会不断恶化。为了应对该挑战，下一代无线局域网（HEW）被正式立项，并迅速成为 IEEE 802.11 工作组的最大研究热点。目前，HEW 研究的主要方向包括：在真实的大规模、密集组网环境下，提升 WLAN 网络支持的用户数，抑制 WLAN 设备之间的干扰，提升覆盖区域的整体吞吐量，增强 WLAN 网络的管理、控制和维护功能等。在全球范围内，主要设备制造商、芯片制造商、运营商、研究机构和高校纷纷积极参与相关研究和标准化工作。随着相关工作的不断推进，WLAN 无法大规模密集组网、干扰受限、QoS 无保障、管理维护困难等关键问题将有望得到有效解决，带来网络的实际性能和用户体验的全面提升。这将推动 WLAN 成为宽带无线网络的重要组成部分，为移动互联网和物联网业务的快速发展提供有力保障。

二 宽带无线移动通信业务发展现状和趋势

（一）移动用户发展现状及趋势分析

2014 年，我国移动用户规模增速进一步放缓，移动用户渗透率逐步接近饱和。2014 年，我国移动电话用户数达 12.86 亿人，净增 5698 万人，不到 2013 年净增规模的一半。① 移动电话用户人口渗透率达 94%，比 2013 年底增长了 4 个百分点（见图 2）。渗透率的不断提高，预示着人口红利的逐渐消失，未来我国移动电话用户增长速度将进一步放缓。

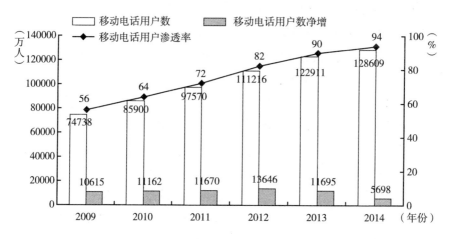

图 2　2009～2014 我国移动电话用户发展情况

资料来源：工业和信息化部《2014 年通信运营业统计公报》，2015 年 1 月。

具体来看，我国移动电话用户结构加速优化，4G 用户发展迅速。2014 年，2G 用户减少 1.24 亿人，是 2013 年净减数的 2.4 倍，占移动电话用户的比重由 2013 年的 67.3% 下降至 54.7%。4G 用户发展速度超过 3G 用户，分别新增 4G 和 3G 用户 9728.4 万人和 8364.4 万人（见图 3），总数分别达 9728.4 万人和 48525.5 万人，在移动电话用户中的渗透率分别达 7.6% 和 37.7%。2014 年是我国的 4G 商用元年，与 3G 商用元年（2009 年）2500 万 3G 用户的成绩相比，我国 4G 用户发展速度提高近三倍。

（二）移动数据流量现状及趋势分析

我国移动数据月均接入流量继续保持高速增长。2014 年，全国移动数据月均接入流量达 16.8 万 TB，同比增长 56%（见图 4）。从网络承载来看，国

---

① 工业和信息化部：《2014 年通信运营业统计公报》，2015 年 1 月。

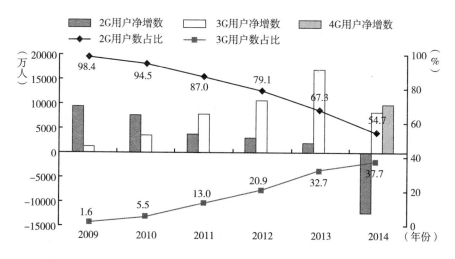

图3　2009~2014年各制式移动电话用户发展情况

资料来源：工业和信息化部《2014年通信运营业统计公报》，2015年1月。

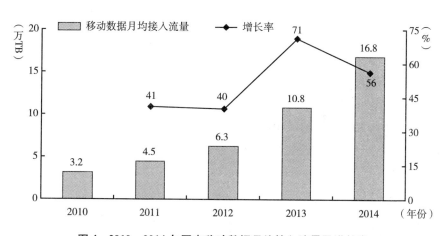

图4　2010~2014年国内移动数据月均接入流量及增长率

资料来源：中国信息通信研究院。

内主要以3G网络承载为主，约占六成，2G网络的流量承载占比逐渐下降至三成。

在我国，WLAN同样是承载网络流量的重要方式。2014年上半年，中国移动WLAN流量达8219亿MB，规模超过移动数据流量（2G、3G、4G网络承载流量），占总流量的65.8%（见图5）。

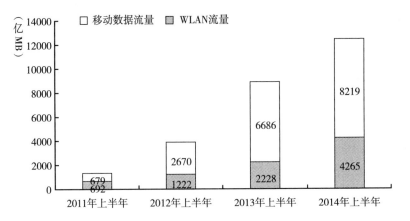

图 5　中国移动流量分布

资料来源：中国移动。

从人均流量和流量的业务结构来看，截至 2014 年底，国内月人均移动数据流量（DOU）为 210 MB。我国移动数据流量主要以浏览下载和即时通信业务为主，移动视频类业务流量占比不足 20%，国内移动互联网市场仍处于培育期。与全球情况相比，我国移动数据流量消费仍处于起步阶段。截至 2014年底，全球 DOU 约为 270 MB，其中，韩、日、美三国 DOU 居前三位，均已进入 GB 时代（见图 6）。从流量构成看，三个国家视频业务的流量占比较高，其中，美国达 80%，而韩国和日本也均超过 70%。

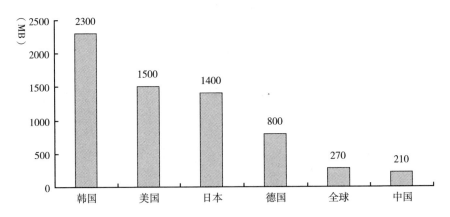

图 6　2014 年部分国家和全球 DOU 情况

资料来源：Informa、MIC、FCC、CTIA、思科、中国信息通信研究院。

4G 网络的逐渐普及和流量资费的调整将会释放更多的用户需求，带来我国移动数据流量的高速发展。2014～2019 年，国内移动互联网月均流量将增长 18 倍，年均复合增长率为 80% 左右，高于全球流量增长率 20 多个百分点。预计到 2019 年，我国移动互联网用户人均月流量将超过 2.5GB。①

（三）基础电信运营商流量经营和转型方向

从国外发展来看，沃达丰（Vodafone）、Verizon、AT&T、NTT DoCoMo 等国外大型移动运营商已陆续将业务重心转向流量经营。总体来看，向流量经营的转型主要体现在计费模式变革、智能管道建设和运营体系变革三个方向。

计费模式的变革，可以有效刺激流量业务的普及，提高运营商的管道价值。具体手段包括：资费刺激，流量套餐多档位，由"封顶套餐不限流量"变为"限流量封顶资费"；流量分享，分享模式由同账户的多终端共享，扩展到多账号共享；面向自有业务和第三方业务的定向流量模式以及直接向互联网公司收费的后向经营模式。在智能管道的建设上，实现基于业务分类和用户分级的动态 QoS（quality of service，服务质量）资源配置，以及基于流量价值分析设计精细的分层计费，在降低网络运营成本的同时，实现流量价值的差异化，大幅提升网络资源效益和流量收入。面向流量经营，移动运营商同时开展了运营体系的变革。移动运营商通过设置独立的部门或子公司，对数据业务和互联网业务进行统一运营和创新管理，从而优化资源配置。通过一系列的流量经营手段，移动运营商实现了数据业务 ARPU② 值的提高，不仅弥补了传统语音和短信业务收入的降低，而且带来了新的收入和利润增长点。

2014 年，我国三大电信运营商在面向流量经营的转型上同样加快了步伐。在计费模式上，中国移动以 4G 业务为契机，大幅降低了流量资费；推出了最多 5 部手机共享的流量套餐，每个终端每月仅需支付少量额外的功能费；和蜗牛、奇虎、新浪等合作，免除了用户流量费用。中国电信推出的天翼乐享 4G 套餐比 3G 套餐流量最多增加了两倍；推出了主副卡形式的套餐共享计划，每张副卡每月仅需支付少量额外的功能费；同时推出了"流量宝"平台。中国

---

① 资料来源于中国信息通信研究院。

② ARPU（average revenue per user），即每用户平均收入。

联通推出了自由组合套餐，流量单价显著下降；推出了主副卡形式的套餐共享计划和WO+能力开放平台。在运营体系的变革上，三家运营商同样做了积极探索。中国移动目前已成立了互联网公司筹备小组，以现有的中国移动互联网基地为基础，业务主要以门户和能力开放平台为主；组建"新媒体公司"，该公司将整合中国移动音乐、阅读、游戏、动漫、视频五大内容业务基地。中国电信旗下新兴业务公司炫彩互动网络科技有限公司于2014年6月9日引入顺网科技和中国文化产业投资基金作为战略投资者，并于当日与后两者正式签署增资扩股协议，尝试通过多种资本运作方式打造新兴业务运营格局。中国联通在2014年初组建联通创业投资有限公司，通过建立"创新孵化服务+投资平台"的模式，培育创新市场；旗下应用商店运营中心在2014下半年实现独立运作。

三 通信基础设施建设模式新变化

（一）国外电信基础设施建设模式发展

基础设施建设和运营管理是基础电信运营商商业模式中的关键环节，需要大量的资源投入。从电信行业监管机构的角度出发，市场竞争导致的基础设施重复建设和资源利用率低的问题同样不可忽视。因此，无论对运营企业来说还是对监管机构来说，电信基础设施共同建设、共同使用都是自发需求。从国外实践经验看，通信基础设施的共建共享给电信运营企业带来资本性支出和运营成本的减少比例在10%以上。无源基础设施共建共享（铁塔、站址）被公认是进行基础设施共建共享的良好起点。对国土面积较大的国家，比如美国、印度等来说，无源基础设施共建共享是行之有效的方式。

基础设施共享是由欧洲一些早期获得3G牌照的运营商在21世纪初提出的。发展初期，运营商更多地通过自发签订共享协议或签订漫游协议的方式来实现基础设施共享。经过多年的实践，共建共享呈现了三种模式。模式一是电信运营商成立独立的基础设施公司。例如，Vodafone与西班牙电话公司Telefonica签有泛欧网络共享协议，在英国与Telefonica组建各持50%股权的全国性铁塔合资公司。在印度，Bharti Airtel公司联合沃达丰Essar、Idea一起剥离其无源基础设施，组建独立运营公司 Indus Tower。在我国，中国电信、中国移动、中国联通也于 2014 年共同成立铁塔公司。模式二是电信运营商出售铁塔资源后租用第三方基础设施。美国、拉美、非洲、欧洲、印度、印尼、大洋洲等地区都有独立第三方铁塔公司。其中，美国是独立第三方铁塔公司的先锋市场，大多数美国移动运营商已将其铁塔出售给这些铁塔公司，依靠这些铁塔公司对现有铁塔的基站进行维护并建设未来新铁塔基站。模式三是电信运营商通过成立合资公司，实现网络级共享。T – Mobile 与 H3G 于 2007 年 12 月组建合资公司，在英国整合 3G 网络；与 Orange 于 2011 年 7 月在波兰组建各持50% 股权的合资公司。2009 年 4 月，瑞典 Tele 2 和 Telenor 成立合资公司 Net4 Mobility，以建设和运营 4G。

总体来说，通信基础设施共享的好处已在运营商中达成共识。通过通信基础设施共建共享，运营商能够聚焦核心业务的投入和运营，加快网络推出的速度，并实现向轻资产运营模式转型。

（二）铁塔公司的出现对国内移动通信基站建设带来的变化

2014 年铁塔公司的成立将对我国移动网络建设和运营带来显著影响。铁塔公司是由三家基础电信企业共同投资成立的。一方面，成立铁塔公司能够更好地发挥市场在资源配置中的决定性作用，实现体制机制的改革；另一方面，4G 时代的来临要求基站大规模建设和运营，这势必带来网络建设开支大和基站选址建设难等一系列问题。特别是由于采用了更高的频谱，4G 相对于 3G、2G 网络需要更多的站址资源。为应对这些挑战，三家基础电信企业都需要通过共享站址来节约资源和降低投资成本。

铁塔公司的成立能够进一步提升电信网络基础设施的使用效率和效益，为三家基础电信企业带来基站建设和运营维护方面总体成本的下降。从国外的发展经验来看，国外运营商租赁第三方基础设施公司的铁塔资源后，其建设支出和运营支出一般可减少 10% ~ 15%。随着 TD – LTE 和 FDD – LTE 牌照的发放，4G 建设对运营商而言需要新建大量的基站，新基站站址难找、难谈、难建等问题在铁塔公司出现后有望得到一定程度的解决，这将推动我国运营商无线宽带网络建设的进程，加快"宽带中国"战略的落实步伐。

B.12 中国移动智能终端发展趋势分析

杨　希*

摘　要： 2014年，移动智能终端已从高速成长期步入结构调整期，智能手机市场逐步成熟，泛智能终端快速发展，物联网和移动互联网融合开启新智能时代。以可穿戴设备为代表的泛智能终端正逐步改变人机协同方式，有可能成为移动智能终端发展的下一个爆发点。移动智能终端生产企业用互联网思维做硬件，大幅降低了设计成本，提高了硬件的兼容性和可扩展性，丰富了创意空间，驱动智能硬件向传统领域快速扩展。

关键词： 智能终端　市场格局　差异化　可穿戴设备

一　2014年中国移动智能终端市场发展现状

2014年是移动智能终端市场发展承前启后的一年，智能手机市场逐步成熟，泛智能终端快速发展，物联网和移动互联网融合开启新智能时代。

首先，智能手机已从高速成长期步入结构调整期，2014年全球智能手机出货量达13亿部，[①] 增长20%左右，与2013年近40%的增速相比，增速明显放缓，预计2015年增速将降至10%左右；全球平板电脑市场增速也有所放缓，2014年出货量仅为2.36亿部，[②] 增长率从2013年的52%大幅下滑到7%。

---

* 杨希，中国信息通信研究院（工信部电信研究院）通信信息研究所行业发展研究部工程师，主要从事移动终端、移动互联网、可穿戴设备、终端政策等方面的研究。

① IDC，*Worldwide Quarterly Mobile Phone Tracker*，http：//www.idc.com.

② IDC，*Worldwide Quarterly Mobile Phone Tracker*，http：//www.idc.com.

我国 2014 年智能手机出货量为 3.89 亿部，同比下降 8.2%，① 平板电脑出货量达 2934 万部，同比增长 5.5%。② 从出货量规模上看，以智能手机和平板电脑为代表的智能终端爆发式增长阶段已过去。

其次，由于传感、人机交互技术的发展，可穿戴、家居、车载领域的终端产品交叉创新频繁，泛智能终端将改变人机协同方式，成为移动智能终端发展的下一个爆发点。国际数据公司 IDC 预计，可穿戴设备 2014 年出货量将达 1920 万部，泛智能终端 2015 年市场规模将突破亿元。

最后，开源智能硬件为泛智能终端的创新打下了良好基础。用互联网思维做智能硬件，大幅降低了设计成本，提高了硬件兼容性和可扩展性，丰富了创意空间，驱动智能硬件向传统领域快速扩展。我国移动智能终端生产企业把握住了此次历史机遇，有望跃居全球顶尖企业行列。

二　2014 年移动智能终端发展特点

（一）终端产业成熟，智能手机市场仍趋乐观

智能手机已从高速成长期步入结构调整期，市场增速放缓，突破性创新难度加大，技术更迭放缓。但同时，移动智能终端市场依然具有稳定的发展基础，未来 3~5 年仍将保持 10% 左右的同比增长率，到 2018 年全球移动智能终端出货量有望翻番，突破 25 亿部。

据 IDC 统计，2013 年全球 PC 出货量为 3.151 亿台，2014 年出货量跌至 2.963 亿台，智能手机出货量超过 10 亿部，是 PC 出货量的 3 倍多。而在 ICT 周期递进中，新一代产品成熟期出货量可达上一代产品的 10 倍，从历史经验数据上看，移动智能终端整体出货量发展上限应在 30 亿部左右。近年来，PC 受移动终端替代的影响，出货量波动加大，但年增长率整体上稳定在 4% 的水平。移动智能终端市场远未饱和，在新兴市场依然有巨大的发展空间，未来完全有可能保持 10% 左右的增长率。

---

① 资料来源于中国信息通信研究院。

② IDC, *Worldwide Quarterly Mobile Phone Tracker*, http：//www.idc.com.

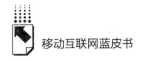

我国移动智能终端市场依然具有较大的发展潜力。根据中国移动的数据，2013年我国智能手机渗透率为40%，2014年达70%，也就是说，全国12.8亿移动用户，还有近3亿使用功能机。按照平均50%的年换机率计算，我国智能终端出货量应当稳定在5亿部。

根据IDC的数据，2014年第四季度我国智能手机出货量达1.075亿部，增长19%，与2014年第三季度11%的增长率相比有所提升。同时，根据工业和信息化部数据，2015年1月智能手机市场明显回暖，智能手机出货量为4042.0万部，同比增长15.2%，环比增长5.5%，占比85.9%，其中安卓手机出货量3409.5万部，同比增长17.3%，环比增长6.5%，占同期智能手机出货量的84.4%。伴随手机整体出货量的稳步提升，全球和中国的智能手机市场在未来两年依然将稳定增长，预计2015年中国智能手机市场的同比增长率将接近10%。

（二）产业价值转移，上下游环节的话语权进一步增强

智能终端市场的高度成熟与智能终端产业链的高度成熟是相辅相成的。在成熟市场驱动下，智能终端上下游环节的寡头化趋势明显，深刻影响了智能终端市场的长远发展。从生产到使用，智能终端产业链由上游元器件企业、整机生产企业（代工企业）、下游移动互联网应用企业组成。2014年，垂直生态的关键环节进一步向上下游扩散，行业分工细化，整机生产企业在硬件价格和配置上的话语权进一步被削弱。台积电、FANUC①、高通等上游元器件领域企业的利润率普遍在30%以上；纵向一体化的三星和苹果利润率在20%以上；下游的BAT（百度、阿里巴巴和腾讯）利润率则突破40%；相对而言，华为、中兴通讯、联想等整机生产企业的利润率普遍不足10%，大部分在5%以下。与2012财年相比，2013财年上述趋势更加明显，市场给整机生产企业留下的定价空间非常有限。

2014年，移动互联网领域市场巨头间的垄断竞争愈演愈烈，同时在智能终端产业链的上游元器件领域的寡头化趋势也愈发明显。根据对公开数据的统

---

① FANUC是日本一家专门研究数控系统的公司，成立于1956年。FANUC是世界上最大的专业数控系统生产厂家，占了全球70%的市场份额。

计，在智能终端的重要部件——应用处理器方面，高通、三星、苹果占据了超过60%的市场份额，MTK、博通等瓜分了剩下的30%，其他数百家企业只能争夺剩下10%的市场份额。上下游环境的寡头化，使终端技术与应用创新被少数上下游企业垄断。

在上述市场环境下，无论是走价格差异化路线，还是走配置差异化路线，整机生产企业都要更多地和产业链上下游打交道。与上下游的整合程度将是成熟市场环境下衡量终端企业可持续发展能力的关键要素，智能终端产业链的纵向整合将进一步加剧。

（三）高端产品向下延伸，国内厂商在"2000＋"档位获得竞争优势

在市场格局方面，2014年最大的变化就是国产厂商在产品和市场份额上的双丰收。在全球出货量市场份额上，2014年第四季度我国智能终端生产企业占据了全球出货量前5名中的3名。如图1所示，联想、华为和小米分别占据了全球智能终端出货量市场份额的第三、第四、第五位，共占据了全球17%的市场份额。[1] 国内市场也发生了较大变化，借助网络平台的发展，部分中国移动终端品牌的市场份额也有了一定程度的提升（见图2）。

国产移动终端的突破性发展是建立在中低端市场地位稳固、高端市场获得突破的基础上的。我国移动终端制造企业，如中兴通讯、华为和酷派，纷纷开始通过直销和电商营销的方式提高网上出货量，甚至还专门创立网络品牌，通过网络品牌"高性价比"的独特定位获得市场突破。

品牌建设是"4000＋"市场的核心要素，苹果、三星处于绝对垄断地位，两者在"4000＋"市场占据了超过85%的市场份额。国内厂商在使用已有最强配置的同时，整合优势打造差异化卖点，集体发力中高端市场，2000元成中高端新门槛，华为P7、中兴通讯Nubia、小米4、魅族MX4都取得了中高端单机型销量的突破。

在中低端市场，渠道、产品速度、运营商合作能力决定了领先水平，因此市场被中华酷联与电信运营商的定制市场，以OPPO、步步高为代表的公开市

---

[1] IDC，*Worldwide Quarterly Mobile Phone Tracker*，http：//www.idc.com.

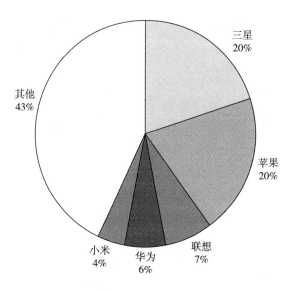

图1 全球智能终端出货量市场份额（2014年第四季度）

资料来源：IDC.

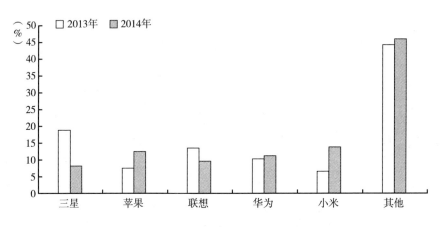

图2 中国智能终端出货量市场份额

资料来源：IDC.

场和由小米创造的电商市场平分。国际企业也不放弃切入中国智能手机普及化
开启的庞大中低端市场，三星低价放量，多次凭借低价型号获得千元档单机型
销量第一。白牌厂商在国内市场基本上已结构性消失。

（四）综合用户体验超越简单配置比拼，成为整机厂商实现差异化经营的主要路径

2014 年，从智能终端产品设计和配置上的变化来看，各品牌元器件配置逐步同质化，生产企业普遍追求使用体验上的差异。当前智能终端产品突破式创新阶段已过，从性能、功能竞争主导转向了品质和品牌竞争主导。在技术更迭方面，整机行业领先者和落后者之间的技术差距逐渐缩小，无论是在生产工艺上还是在芯片使用上，小企业和领先大企业之间并不存在本质差异。在配置方面，在元器件价格高度透明的情况下，高端机型和中低端机型的差异逐步缩小。在使用体验方面，低端手机在通话、应用等主要功能方面与高端手机相似。在同质化的基础上，智能终端生产企业在功能上进行微创新的难度进一步提升，需要投入大量基础研究。

目前，手机生产企业主要从三个方面提升自身手机的用户体验。一是在现有架构下通过独特工业设计提供个性化外观，2014 年，原先在高端手机上使用的 Unibody 一体成型、合金骨架、In－Cell 全贴合屏幕、蓝宝石玻璃屏等工艺受到了厂商的追捧和效仿，一体式注塑工艺等也被应用到了低端手机上，超薄、无边框手机得到了普遍应用。二是优化界面外观和操作细节，构建高效易用的系统 UI（用户界面）。其中一种是仿照苹果路线，通过简化操作层级提升操作效率，主要代表有小米的 MIUI；另一种是通过增加学习成本提升操作效率，主要代表是锤子 Smartisan 手机。三是提高手机品控，制造手感更好的产品，吸引用户。表面处理水平、一体加工水平、紧凑度以及厚度是手机工艺水平的外在体现，高工艺水平需要大批量生产、高资本投入和优秀的品控团队支持。

（五）手机边界持续扩张，带来新领域的产品机遇

"泛智能终端"是 2014 年终端产业最热的关键词，泛智能终端发展有多屏融合、人机融合、物移融合三个重要方向。一是多屏融合。如图 3 所示，每一代计算设备扩张期首先会再造上一代计算设备，移动互联网的发展正在印证，智能终端促进了笔记本电脑、平板电脑、智能电视机等的整合，形成了多屏融合的移动终端体系。二是人机融合。基于移动特性，结合人体特征，融合外围技术创造具有新能力的泛终端，一方面吸收手机产业的成熟软硬件技术，另一方面在外形和软件上大胆创新，形成可穿戴设备体系。三是物移融合。和传统领域深度结合，用信息、通信和技术（ICT）重新定义生产生活方式，主要表现在与物联网技术融合，形成智能家居和移动传感电子体系。

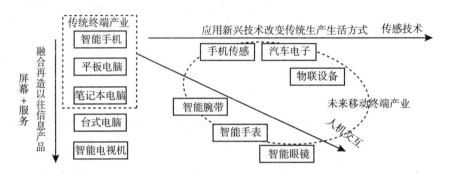

图3　泛智能终端发展路径

资料来源：中国信息通信研究院。

总体来看，移动互联网与物联网的融合是新智能时代的核心，物移融合驱动一切进入网络；人机协同驱动终端形态向可穿戴、可植入发展，加深智能硬件与人的结合；机器智能发展催生了智能机器和智能工厂，加强了智能机器与制造业的融合；智能化使设备性能得到了突破性发展，从终端赋能、硬件赋能、机器赋能最终发展到人工智能。计算技术、网络（互联）技术、感知技术、数据分析技术等融合发展使新一代智能硬件功能更加强大，最终将覆盖社会经济各个领域，驱动人类迈向全面智能化的第二次机器时代。

三　可穿戴设备发展现状与前景

2014年，智能终端产品的硬件结构高度稳定，大部分元器件短期内无法取得革命性的技术突破，主要依靠工艺进步提升性能，终端元器件正式进入PC化的性能迭代发展阶段。终端硬件的高度同质化，使领先企业的竞争压力倍增，为保持差异化追求更高的产品利润，终端企业一方面布局应用和服务，另一方面寄希望于人机交互领域的革新重新定义终端。可穿戴设备在这样的产业大环境中应运而生，承载着终端产业对未来发展的期望。

（一）可穿戴设备产业的市场规模

目前，可穿戴设备产业的整体规模仍较小，2014 年的出货量达 1900 万部。未来可穿戴设备在整体智能终端市场中的份额将超过 20%，成为智能终端年增长率保持 5% 左右的主要驱动力量。2014 年，可穿戴设备出货量仅占全球智能终端出货量的 2.0%，虽然较 2013 年的 1.2% 提升了 0.8 个百分点，但市场收入仅为 39 亿美元，仅占智能终端整体销售收入的 0.9%。从销售数据的对比可以看出，可穿戴设备整体上仍然是低价值产品。

（二）可穿戴设备产品形态

根据可穿戴设备的两种使用模式，可将其分为三种产品形态，分别为复杂配件、智能配件和智能设备。其中，复杂配件指可以独立于其他设备实现数据操作等部分功能，而在与智能手机、平板电脑和 PC 等具有网络连接功能的设备互联后，则可以进行完全操作的可穿戴设备。智能配件与复杂配件类似，没有独立的网络连接功能，依赖与智能终端的连接，但智能配件允许用户添加第三方应用程序来提升特性和增加功能，从而使用户获得更好的体验。智能设备指完全独立的智能设备，如谷歌眼镜，拥有完全的自主性，包括网络连接功能。

目前大部分可穿戴产品属于复杂配件，国内外有近百种产品，价格普遍在200 美元以下，是当前的市场主流产品。而智能配件的价格主要在 250～500美元，代表产品有各类智能手表，随着 Android Wear 正式投入商用，Moto 360等产品将进一步引领上述领域的发展。目前已经商用的智能设备较少，价格也在550～1000 美元，甚至更高，在性能和价格上尚未具备推广的可能性。

（三）可穿戴设备发展趋势

可穿戴设备定位于移动应用和物理世界间的数据接口，帮助移动应用满足实时、全时、可靠的要求。因此，可穿戴设备硬件与应用和服务紧密相关，可穿戴设备的价值并不直接体现在其硬件销售上，而体现在通过服务产生数据、通过硬件收集数据、通过数据持续获得收入。可穿戴设备的发展需处理好特定场景和需求与通用性之间的关系。软硬件和应用服务的结合至关重要，未来可穿戴设备领域的竞争将是"硬件 + 软件 + 服务"的一体化竞争。未来可穿戴设备产业的商业模式必然不是依托硬件销售的,而是依托先进的传感器技术采集数据,结合强大的软件算法和卓越的硬件设计为消费者提供极致体验,吸引用户持续使用,并通过各种附加服务将数据进行变现。

四 2015年移动智能终端的变革趋势

(一)基础性技术创新仍然活跃,一大批新技术有望在未来1~2年获得应用

2015 年,智能终端的技术突破将重点集中在三个方面:芯片技术、超长待机技术和交互技术。8 核、64 位、全模、全频等一系列升级全部需要依靠相应的芯片升级;待机时间是目前影响用户体验的重要问题,也是厂商着重研究解决的重要问题之一;交互是解放双手、提升用户体验的最重要途径。

智能终端的各个元器件领域都将有显著技术与性能提升,在应用芯片领域,64 位处理器加速普及,8 核成高端标配。在基带方面,全模全频后 LTE - A 将引发基带芯片的下一轮竞争。2015 年,高端机型预计将全面普及 4G 内存,5.5 英寸以上、2K 分辨率也将成为高端标配。在电池方面,快速充电、无线充电将有效改善传统电池能量密度不足造成的体验下降状况,软件节电、芯片节电等技术也将进一步提升手机续航时间。在摄像头方面,光学防抖技术快速普及,同时体感识别将出现在双摄像头机器上。

(二)8核64位应用处理芯片成2015年配置重点

高通 810 出货延期使得高端 8 核芯片并没有在 2014 年的旗舰机型中得到普遍应用,但是 8 核芯片依然是手机配置升级的重点。从实际使用来看,8 核全开实际意义有限,主要是销售噱头倒逼产品研发和应用,根据实际测试,目前 4 核能力还未充分发挥,受限于功耗,4 核全开时 20 多分钟就需要限频,应用支持有限。但终端市场对 8 核芯片的需求较旺盛,联发科 MT6592 平台推动千元 8 核成绝佳营销噱头,被 147 款机型采用,受市场压力影响,高通推出了中档 8 核芯片骁龙 615。

相对于 8 核芯片，64 位处理器具有更深厚的需求基础，预计将在高中低档机型中得到全面应用。一方面，64 位处理器可以有效推动 AP 性能功耗比提升，根据评测，单个 64 位 ARM 的处理能力约相当于 2 个 32 位 ARM 的处理能力，整体功耗比的提升幅度有可能在 2 倍以上。另一方面，64 位处理器有利于推动屏幕分辨率提升，根据厂商反馈，超高清技术最低要求 4G 内存，其在5.5 英寸以上屏幕的应用将拉动 64 位处理器投入商用。

（三）全模、全频是基带芯片发展的最大挑战

2014 年，全球手机基带芯片行业重大消息不断被披露，博通宣布逐步退出手机基带芯片市场，进一步引发了人们对市场寡头化的担忧，但爱立信高调宣布回归 LTE 基带芯片领域，又昭示了传统通信企业正凭借专利优势窥探市场。我们也欣喜地看到，华为芯片技术能力逐步成熟，推出了具有一定国际竞争力的麒麟系列芯片，瑞芯微和英特尔的合作也体现了国产芯片厂商的技术能力得到了国际大厂商的认可。综合上述消息，全球手机基带芯片行业竞争加速，市场整合进一步加剧，国内芯片企业能力提升较快，有望凭借国际合作赢得一定市场空间。

限于技术难度和专利瓶颈，从 5 模到 6 模基带芯片，产品数急剧缩减。截至 2014 年底，已经商用的全网通芯片只有高通的 Gobi 基带芯片。海思麒麟Kirin 920 芯片和 Intel LTE 基带芯片都可以支持 5 模，联发科目前的基带芯片也仅支持 5 模，2015 年才能发布 6 模产品。同时，全频需求带来了较高的技术实现难度，目前只有高通、英特尔和博通在该领域具有实际商用计划，全频射频模块面临寡头垄断带来的产能受限问题。

在全模全频方面的技术和专利挑战主要有三方面。首先，3G 和 LTE 多基带的叠加，是多模切换成低功耗性能的主要挑战，这使得采用 20 nm 工艺的高通芯片获得了巨大的性能优势。其次，全模全频功能需要更多的功放和滤波器实现，更多的元器件会影响终端设计集成度，带来功耗、体积、成本、商用时间等方面的问题。最后，虽然 LTE 专利费水平有所下降，但叠加式的专利收费方式增加了基带芯片的成本。

（四）低功耗和交互技术将对产业产生深远影响

除了性能外，待机时间是影响手机使用体验的关键要素。提高电池容量和

降低功耗是延长待机时间的两种方式。目前，电池能量密度短期内难以提升，手机生产企业主要采用主动和被动两种方式延长待机时间，首先是利用快速充电技术实现对电池能量的快速补充，如 OPPO 的 VOOC 充电技术、Moto X 的涡轮快充技术、GALAXY S6 的超级充电模式等；其次是在终端芯片中采用半导体微细化、动态调频调压、多核节电等技术，降低手机芯片耗电，并且利用图像处理、像素构成、新型显示元器件等技术，降低手机屏幕耗电。

除了传统功能，智能终端生产企业普遍利用人机交互技术提升用户手机体验。首先，安保和移动支付需求驱动的指纹识别、声纹识别技术投入规模化商用，如魅族 MX4 Pro、华为 Ascend Mate 7 采用的按压式指纹识别技术将向中低端手机渗透。其次，小型化的体感识别技术，从大范围动作识别向手势识别发展。最后，生物电识别技术研发速度加快，实际产品将在 2015 年出现。

（五）输入输出技术追求极致视听体验

为改善手机的多媒体表现，屏幕、成像和音质一直是手机企业改进的重点。2015 年手机屏幕分辨率仍有进一步提升空间，但形态突破尚需时间，UHD（2K）分辨率有望在大屏手机中得到应用。2014 年，高通展示样机达到了 5.1 英寸、2K、577ppi（每英寸拥有的像素数）的标准，VIVO 的 Xplay 3S 则达到了 6 英寸、2K、551ppi 的标准。可弯曲屏幕除有限的提醒功能外，缺乏实际应用，更具实际意义的曲面和柔性屏幕最早在 2015 年会有实验商用。在成像方面，光学防抖和对焦技术的提升是 2015 年手机摄像体验提升的重点，目前受制于手机尺寸，手机像素提升不可持续，苹果为达到更好的摄像效果，牺牲了机身的一体性，使摄像头外凸。2014 年，镜头防抖技术已经取得一定突破；而光场对焦作为多点对焦硬件解决方案，也可能在 2015 年获得更广泛应用。在音质方面，多种解决方案驱动了手机音质提升，一种是苹果收购 Beats Audio，通过软件方式优化音质，另一种是魅族和步步高通过硬件的优化提升手机音质。受小米 4 Note 和魅族 MX4 Pro 影响，竞争驱动 HI – FI 音质从营销卖点变为中端机型的标配。

市场篇
Market Reports

B.13

中国移动互联网市场发展
现状与趋势

阮京文　邬丹*

摘　要：　2014年中国移动互联网市场保持快速增长。这一年，不断推出的政策法规引导了产业发展方向，大量资本的涌入成为移动互联网新兴产业发展的催化剂，传统互联网领域向移动互联网领域迁移逐渐完成，成熟产业逐渐渗透到三、四线城市。移动互联网生态环境不断演进，整个产业走向成熟。

关键词：　市场规模　移动互联网

---

* 阮京文，艾瑞咨询集团联合总裁兼首席运营官；邬丹，艾瑞咨询集团移动互联网分析师。

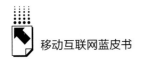
一 中国移动互联网市场规模

（一）中国移动互联网市场规模

2014 年，中国移动互联网市场保持快速增长，市场规模达 2134.8 亿元，同比增长 115.5%，预计到 2018 年整体移动互联网市场规模将突破万亿元大关（见图 1）。①

图 1　2011～2018 年中国移动互联网市场规模

移动互联网市场持续高速增长的原因有以下几点：一是智能手机大面积普及，移动端庞大的用户基数已定型；二是电商、游戏、广告等传统 PC 经济已逐渐适应移动端发展，并且在已有商业模式基础上，不断创新应用及服务，带来持续的市场增长；三是 3G、4G 大面积商用，用户呈现大流量消费特征，商业化环境被不断催熟；四是移动经济探索获得突破性成果，移动互联网生态环境进一步优化。随着移动终端的不断延展，以及商业模式的创新，"硬件免费"（指终端产品以成本价销售）不再是想象，一位移动网民持有多部智能手机将变得常见，跨终端、多屏的互动体验将进一步加速移动互联网生态环境的演进。

---

① 艾瑞咨询：《2014 年移动互联网核心数据发布》，http://news. iresearch. cn/zt/246303. shtml。以下未注明出处的数据均来自艾瑞咨询。

（二）主要细分领域规模占比

2014年，在中国移动互联网各细分行业结构中，移动购物一枝独秀，占了54.3%的市场份额，较2013年提高了17.5个百分点，预计到2018年将占66.6%。移动广告市场从2014年开始逐步成熟，占了13.9%的市场份额，预计2018年可达20.0%。移动增值曾经是移动互联网的支柱领域，随着电信运营商管道化发展，依靠其生存的SP/CP（服务提供商/内容提供商）模式受到冲击，移动增值市场份额大幅缩减，预计到2018年降到5.7%（见图2）。近几年，移动游戏行业发展硕果累累，依靠人口红利优先获得了大量关注，而随着企业资本化趋于理性，更多具有运营研发优势的端游企业会进入，都将给移动游戏行业的发展提供更良好的驱动力。

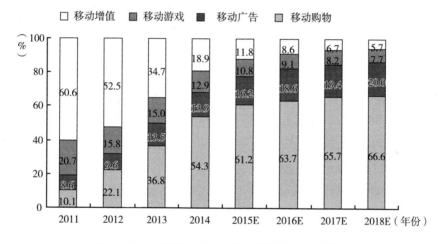

图2　2011～2018年中国移动互联网细分行业结构

二　产业宏观发展特征

（一）政策法规引导产业发展方向

2014年2月27日，中共中央网络安全和信息化领导小组建立，预示着网络安全和信息化发展已经成为中央关注的重点工作。在领导小组第一次会议

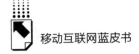

上，习近平总书记强调，要把我国从网络大国建设成网络强国。会议审议通过了《中央网络安全和信息化领导小组2014年重点工作》等。未来，更多的政策法规将会伴随产业发展而不断推出，引导产业发展方向。

在基础网络方面，2014年5月5日，工信部联合国家发改委发布《关于电信业务资费实行市场调节价的通告》，对所有电信业务资费实行市场调节价。2014年5月14日，《关于实施宽带中国2014专项行动的意见》提出，要大力发展TD－LTE，建设高速无线网络；引导各地加大对TD－LTE建设和发展的支持力度，推动基础电信企业加快TD－LTE网络建设进度，2014年底前实现300个以上城市网络覆盖；引导基础电信企业加大市场推广力度，推动实施4G用户异网漫游，切实保障网络质量和服务水平，为广大用户提供高速、便捷、实惠的4G无线宽带服务。电信网络是中国移动互联网发展的基础，电信业务资费的市场化、宽带建设的加速，使得各电信企业可根据市场变化，以用户需求为出发点，加速基站建设，设定更加合理的资费套餐，提高网络覆盖率以及用户活跃度，促进移动互联网的全面发展。

在司法解释保障方面，2014年6月23日，最高人民法院审判委员会第1621次会议通过《关于审理利用信息网络侵害人身权益民事纠纷案件适用法律若干问题的规定》，说明互联网法律问题已经推进到了实质的执行层面，对互联网行业普遍存在的虚假信息传播、知识产权侵害等问题的处置与裁判提供了保障。

在行业规范方面，2014年7月17日，交通运输部发布《关于促进手机软件召车等出租汽车电召服务有序发展的通知》，将严格驾驶员终端软件发放与使用管理，逐步实现出租汽车电召服务统一接入管理，保障出租汽车电召服务安全规范，严格执行出租汽车价格管理规定，加强手机软件召车服务市场监管，促进各类出租汽车电召服务协调有序发展。该通知明确指出，"出租汽车电召服务包括人工电话召车、手机软件召车、网络约车等多种服务方式"，打车软件正式被纳入政策规范程序。出租车行业具有严格的准入制度，非市场化运作使得整个行业处于垄断封闭状态。打车软件、专车服务的出现，是移动互联网创新服务的体现，同时也触动了传统出租车行业的利益蛋糕。该通知的发布，说明相关部门对移动互联网创新服务的肯定，同时，对新兴行业的规范与原有产业体系的冲突，也亟待一步步解决。

（二）资本与资源成为移动互联网产业发展的催化剂

2014 年，中国移动互联网市场披露的投融资金额为 22.7 亿美元，同比上涨 220%，融资案例为 308 起，同比上涨 56%（见图 3）。2014 年，中国移动互联网领域投融资呈现爆发式增长。在融资轮次方面，2014 年 A 轮融资一共 163 起，最高融资金额为 8500 万美元；B 轮融资 64 起，最高融资金额为 3500 万美元。早期项目获得了投资人的更多关注。艾瑞咨询分析认为，随着 4G 牌照的发放，网络速度限制已经逐渐放开，移动互联网的应用和服务发生了深刻变化，从而带来了用户量和流量的显著增长，有助于移动联网行业投资提速。同时，频繁和高额的融资项目，也为移动互联网的发展提供了资金保障。

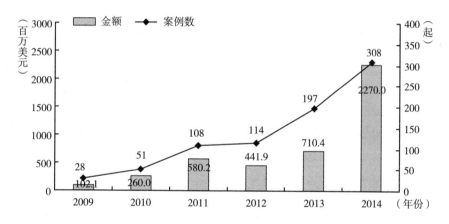

图 3　2009～2014 年中国移动互联网行业投融资趋势

三　细分市场发展现状及其特征

（一）移动购物：冲动消费与粉丝经济带来快速发展

2010 年以后互联网进入崭新时代，移动购物初露锋芒。2013 年中国移动购物行业进入快速发展期，2014 年移动购物领域百家争鸣、持续火热（见图4）。从消费者角度看，中国移动购物行业主要有浏览访问环节、购物环节、支付环节、物流环节等，从商家角度看主要有电商服务环节。在中国移动购物

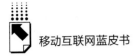

产业链中，浏览访问环节包括导购、比价、扫码、返利等平台；购物环节包括
PC端延伸的电商平台和独立移动电商平台；电商服务环节主要是为商家提供
开店和店铺管理、运营服务。目前产业链各环节日趋完善。

1994~2006年	2007~2008年	2009年	2010~2011年	2012年	2013年	2014年至今
1994年，中国正式全功能联入了国际互联网，中国互联网时代开启。 2000~2003年，中国进入移动梦网时期。 2006年，中国首家独立移动电商买卖宝成立	2007~2008年，iPhone和Android问世。 2007年，PC延伸的电子商务企业淘宝网进入移动领域	2009年，3G网络兴起，移动互联网快速发展	2010年，中国开始进入全面智能手机时代	2012年，千元智能手机普及	2013年，4G投入商用，核心电商平台加大移动端布局力度，中国移动购物行业发展进入快速发展期	2014年，移动购物领域百家争鸣，持续火热

图4　1994～2014年中国移动购物发展阶段

2014年，中国移动购物市场交易规模为9297.1亿元，较2013年同期增长
239.3%（见图5），远高于中国网络购物整体增速（2014年中国网络购物市
场交易规模为28145.1亿元，较2013年同期增长49.8%）。艾瑞咨询预测，未
来几年中国移动购物市场仍将继续保持较快增长速度，2018年中国移动购物
市场交易规模将超过4万亿元。

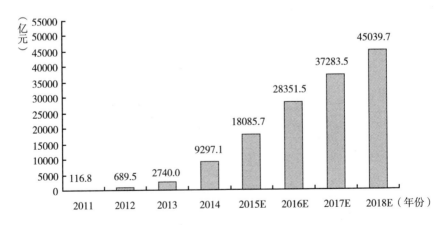

图5　2011～2018年中国移动购物市场交易规模

从市场结构来看，2014年中国移动端交易额在中国网络购物整体市场中占比33.0%，较2013年增长近19个百分点。艾瑞咨询预计，移动端交易占比在未来几年将继续上升，2016年将超过PC端交易占比，成为中国网民网购的重要选择（见图6）。

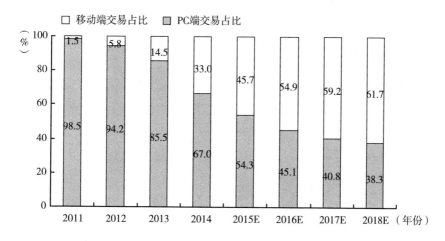

图6　2011～2018年中国网购交易额PC端和移动端占比

移动互联网的普及、网民从PC端向移动端购物的倾斜、移动购物场景的完善、移动支付应用的推广、各电商企业移动端布局力度的加大以及独立移动端平台的发展，均是中国移动购物市场快速发展的重要因素，预计未来几年仍会保持较快的增长速度。

不同终端的使用差异，使得移动购物具有明显的轻型、冲动、高转化三大消费特点。首先，以服装、百货、虚拟商品为代表的轻型消费品，商品特点更加偏向快速消费品，产品的生命周期短，客户的购买频率高、购买意愿强烈，适合移动终端的发展特性，而以3C①等为代表的耐用消费品，单品价值高、购买频率低，需要慎重决策，更适合在PC端交易。其次，移动终端最大的特点是可随时随地满足用户的使用需求，即时性强、携带方便，在大量的用户碎片时间中，更容易促成偶发性、冲动型消费，闪购、秒杀、首发等

---

① 3C是计算机（cumputer）、通信产品（communication）和消费电子产品（consumer-electronic）的简称。

限时特卖模式应运而生。最后，随着大流量消费时代的到来，移动端的流量以不可想象的速度迅猛增长，在碎片化时间影响下，用户会在不经意间提高其移动应用的使用效率，访问到下单的转化率相对高于 PC 端（除了特定品类）。

（二）移动广告：大规模的移动流量承载广告的渗透

2014 年中国移动广告市场规模达 296.9 亿元，同比增长 122.1%，增长率连续 3 年超过 100%，预计到 2016 年，市场规模将超过 1000 亿元（见图 7）。首先，各搜索企业稳步推进移动流量商业化进程，移动搜索广告收入在 2014 年大幅增加，带动了整个移动营销行业的增长，同时，百度、搜狗移动端商业化不断加强，移动流量价值不断被挖掘。其次，移动广告平台开始出现分化，程序化购买产业链初步形成，新的移动广告投放方式刺激移动广告市场实现新增长。最后，移动广告市场开始逐步走向成熟，市场竞争有序化，受移动互联网整体环境的影响，品牌广告主积极尝试，投入不断增加，移动营销的效果得到了人们进一步的认可。以上多种因素决定了整体移动广告市场将在一定时间内保持高速增长。

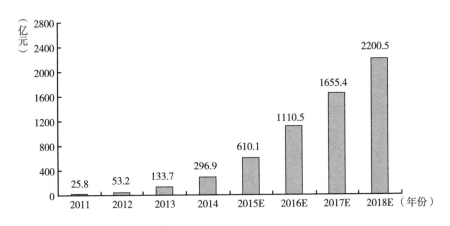

图 7　2011～2018 年中国移动广告市场规模

移动广告行业的参与者主要为广告主、移动媒体以及服务于两者的中间机构。移动广告正处于快速发展阶段，随着广告技术与移动设备的发展，广告的类型、展现形式、交互形式等都在不断变革。

（三）移动游戏：人口红利消失后的行业变革

2014 年，中国移动游戏市场规模达 276.0 亿元，同比增长 86%。人口红利依然是促进移动游戏市场高速发展的核心动力，未来随着用户数量增长放缓，中国移动游戏市场的增长率也将同步下降。由于手游的从业者大多是从端游和页游转型来的，有大量的游戏运营经验，在 2013～2014 年的渠道之战后，运营将是各家企业的另一个主战场，通过运营深度挖掘用户的消费能力，延长产品生命周期，是保证整个市场继续增长的关键点。

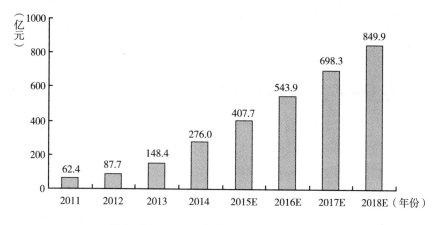

图 8　2011～2018 年中国移动游戏市场规模

IP 游戏①价值或待市场验证：《刀塔传奇》的成功带来了刀塔手游的热潮，但是高同质化的游戏产品，无法满足游戏用户需求。同时，2014 年 IP 采购活跃，导致 2015 年 IP 游戏过度曝光，泡沫化严重，IP 游戏的变现能力有待市场观察。

资本运营趋于理性：经过近几年的行业整合，规模级企业逐渐减少，2014 年的上市潮威力逐渐减弱；移动概念延伸，游戏并购浪潮逐步归于平静；同时，美股不再是游戏企业的主要上市地，国内市场愈加受到关注。

人口红利渐消，精细化运营成王道：移动游戏用户的渗透率仍在提高，

---

① IP（intellectual property，知识产权）游戏指含有 IP 授权的游戏。

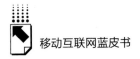

在整个移动互联网用户数量增速放缓的大趋势下，移动游戏用户数量的增速亦开始明显放缓；休闲游戏中重度化发展，重度游戏爆发还需要市场培育。ROI①越来越受到企业的关注，合理利用流量价值成为平台商和发行商的共同话题。

分发渠道：移动游戏的分发渠道逐步固定，行业进入门槛提高，联运模式寻求发展突破，逐渐向 IP 中介等其他产业链角色延伸，强标签性的流量聚合型平台以及逐渐丰富的终端设备将带来新的分发模式。

竞争加剧，"蓝海"转"红海"：2014 年，端游企业开始进军移动游戏领域，研发运营门槛提高，小企业生存出现危机；细分市场受到关注，女性、儿童市场仍是空白领域；国内市场增长放缓，海外市场成为新的争夺之地。

（四）移动健康：资本涌入带来产业的快速发展

2014 年，医疗行业受到了前所未有的关注，"大健康"概念的兴起、国家民生工程的政策倾斜，都使得医疗行业受到了资本的广泛关注，作为其细分领域的移动健康，更是走在了前沿。移动健康是通过智能手机、平板电脑、智能可穿戴设备等移动终端提供的医疗和健康服务。

2005 年至 2014 年 11 月，医疗健康领域共获得投融资 165 笔，其中移动健康领域获得 92 笔，占比 55.8%，其中披露金额的有 36 笔，融资金额共 30.85 亿元。2014 年巨头纷纷圈定移动健康，腾讯产业共赢基金 2014 年 6 月以来分别投资了 PICOOC、丁香园和挂号网，涉及金额共计 1.91 亿美元。阿里系云峰基金和新浪微博基金分别投资了医生预约和 U 糖医生，投资金额均在数百万元。小米系的小米科技、顺为基金和顺为创业投资分别投资了九安医疗 iHealth、丁香园和好大夫在线，投资金额也均在数百万元。

传统医疗行业资源掌握在政府、公立医院以及几大制药厂商手中。在政府为解决医疗资源分布不均而推出医生多点执业政策受阻的情况下，以移动健康切入或许可以为医疗供需问题提供新的解决思路。

综上所述，购物、广告、游戏等传统 PC 经济已逐渐适应移动端发展，用

---

① ROI（return on investment），即转化率，指投入产出比。

户基础、市场规模稳定，商业模式基本成熟，支撑了移动互联网应用市场的基础架构。餐饮、旅游行业在O2O的带动下，商业模式逐渐成熟，基于用户移动化、位置化、个性化、自助化的消费特点，催生了搜索、比价、预订、分享等服务的新商机。而健康医疗和在线教育等行业，正在成为VC/PE行业投资的热点，互联网化革新尚未完成，移动端的改造和重构已然悄悄开始，传统行业诞生新"蓝海"，具有巨大的市场潜力。

四　移动互联网市场发展趋势

1. 传统互联网领域向移动互联网领域迁移逐渐完成

2014年，中国移动互联网市场环境得到了进一步优化，互联网公司、创业者、传统企业等产业链多方积极参与和布局，不断推动移动互联网市场向更理性、更成熟的方向发展。各方不断探索和实践移动互联网的商业模式，进一步加快商业变现的步伐，推动了移动互联网市场规模不断扩大。

2. 成熟行业逐渐渗透到三、四线城市

在过去的几年时间里，移动智能设备快速普及，配置水平迅速提升，许多过去在PC端才能满足的需求都转移到了移动端，导致PC端流量逐渐向移动端转移。许多互联网产品移动端的流量即将超过PC端，整个互联网的使用场景将产生巨大变迁。电视媒体与移动互联网的互动凸显了三、四线城市用户的价值。相较于一、二线城市的高收入高消费人群，三、四线城市的消费人群生活节奏慢，可支配收入可观，且有旺盛的消费升级欲望，进军三、四线城市将成为在用户规模和商业模式方面苦苦挣扎的移动互联网从业者的下一个掘金点。

3. 传统行业全面拥抱移动互联网

互联网对各传统产业来说，并非颠覆者，它以一种更开放的思维和更高效的方式，加速了信息与商业的运转，加速了资源配置，提高了生产效率，调整了产业分布。未来一年，移动互联网将会出现更多的垂直型应用与服务，并且以往纯粹的线上服务会逐渐渗透到线下实体，互联网的发展离不开实体经济的支持，线上线下的融合是必然趋势，传统行业即将全面拥抱移动互联网。

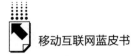

4. 移动互联网的边界不断拓宽

移动终端的爆发式增长，将推动移动互联网同物联网技术不断深度融合。移动智能终端将向可穿戴设备、智能家居、车联网等泛终端垂直领域延伸。国内外科技公司将致力于开发智能电视、车载设备、智能手环、智能手表、智能戒指、智能鞋等创新形态终端。

2014年中国移动互联网资本
市场发展分析

何树煌*

摘　要：　2014年是中国移动互联网资本市场最火热的一年，发生投融资案例超过1000起，投融资金额超过160亿美元，涉及在线教育、移动医疗、O2O、智能硬件、手游、电商等多个领域。目前，移动互联网处于发展初期，市场格局还未稳定，马太效应未显现。移动互联网市场对各类投资者都具有很大的吸引力。

关键词：　移动互联网　投融资　智能硬件　O2O

一　2014年中国移动互联网投融资分析

（一）移动互联网投资融现状

随着4G牌照的发放，移动互联网的网络建设进一步升级。在中国网民由PC端向移动端迁移的浪潮中，移动互联网越来越受到了创业者和大公司的重视。对初创的移动互联网企业乃至互联网中小企业来说，研发、市场推广和公司扩张等均需要大量的资金投入。嗅觉敏锐的投资者凭借对移动互联网产业的深刻洞悉，希望通过投入资金、经验、技术、管理等各方面的资源，帮助移动互联网企业迅速壮大，以获取高额回报。

1. 2014年各领域投融资状况

根据公开数据统计，2014年我国境内共发生与移动互联网相关的投融资

---

* 何树煌，艾媒咨询集团分析师，长期关注O2O、投融资、移动开发、手游等领域。

案例超过 1000 起，主要集中在教育、金融、本地生活、硬件数码、企业服务、电子商务、文学多媒体娱乐、SNS 社交网络、旅游、游戏等领域。其中，电子商务和本地生活两个领域投融资案例数分别为 144 起和 117 起，两者都属于传统产业与移动互联网模式结合的领域（见图 1）。

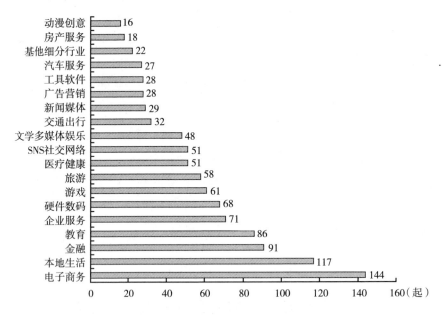

图 1　2014 年中国移动互联网各领域投融资案例数量

资料来源：艾媒咨询根据公开资料整理。下图若无特别说明，均来源于此。

从各个领域的投融资金额占比来看，投资主要集中在新闻媒体（14.9%）、电子商务（14.4%）、文学多媒体娱乐（10.6%）、本地生活（10.2%）和交通出行（8.1%）领域，这五个领域的投融资金额占比超过了 50%（见图 2）。

2. 2014年各阶段投资状况

统计数据显示，经纬创投、IDG、顺为基金、纪源资本、创新工场在 TMT（科技、媒体和通信）行业的投资非常活跃。从投资阶段来看，投资主要集中在 A 轮投资阶段（43.8%）和种子天使投资阶段（25.3%）（见图 3）。而从公开的可确切获知的投资金额来看，投资集中在战略投资阶段（35.5%）和 B 轮投资阶段（20.1%）（见图 4）。

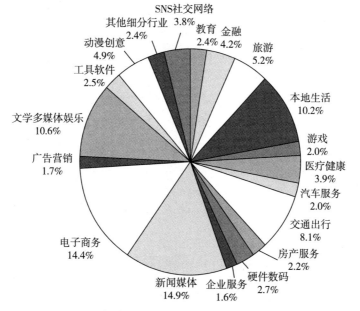

图2 2014年中国移动互联网各领域投融资金额占比

注：整理各投资金额时，将公开信息中的"百万级别"保守估计为100万元，"千万级别"保守估计为1000万元，下同。

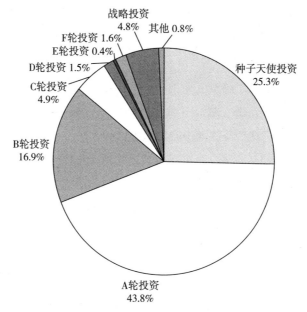

图3 2014年中国移动互联网各投资阶段案例数量占比

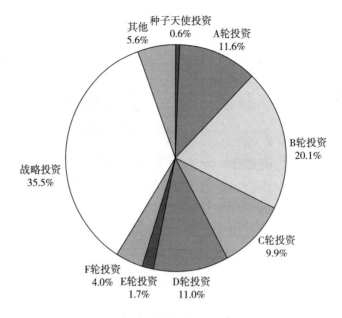

图4 2014年中国移动互联网各投资阶段金额占比

3. 2014年投融资总额及领域分布

2014年，中国移动互联网领域投融资超过160亿美元。① 其中，新闻媒体和电子商务领域投融资金额均超过20亿美元；文学多媒体娱乐、本地生活、交通出行领域投融资金额均超过10亿美元（见图5）。大量的资本涌入移动互联网行业，一方面推动了移动互联网行业的快速发展；另一方面加剧了同行业之间的竞争，许多企业由于融资不到位而丧失了发展机会。

4. 2014年中国移动互联网投融资资本结构

当前，中国移动互联网资本市场投资主体主要包括 VC②、PE③、互联网企业投资部门以及跨行业进入者等。VC 和 PE 投资主要以财务投资为主，关注投资回报潜力和退出时间。VC 投资更多的是在企业发展的初期，投资规模比

---

① 艾媒咨询根据公开资料整理（投中、IT桔子、清科数据、创业邦）。

② VC（venture capital），即风险投资，主要是指向初创企业提供资金支持并取得该公司股份的一种投资方式。

③ PE（private equity），即私募股权投资，指对已经形成一定规模的，并产生稳定现金流的成熟企业的私募股权投资。

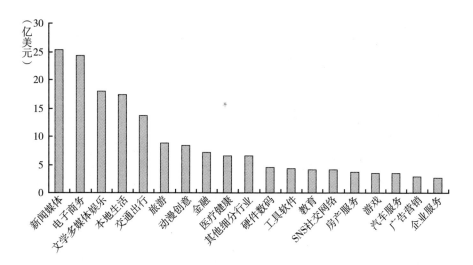

图5　2014年中国移动互联网各领域投融资金额

PE要小，但更关注企业的长期获利能力。PE投资主要在企业发展的成熟期，更重视企业的短期获利能力，投资规模比VC大。随着全球资本的流动加速，很多国内VC和PE带有海外背景，比如软银赛富、经纬创投、IDG等。

互联网企业在移动互联网领域的投资，大部分出于战略目的，财务收益并非最重要的关注点。BAT很多投资的目的是与本身业务形成协调效应或业务拓展。而跨行业进入者投资移动互联网主要有以下几方面原因：第一，趁着"移动互联网热"，期望借此进行概念炒作，拉升股价；第二，希望将移动互联网与本身主营业务相结合，为公司发展寻找新的利润增长点；第三，面临业务转型，通过投资和收购移动互联网资产较快地进入移动互联网行业。

（二）移动互联网投资回报潜力分析

通过并购或IPO实现数十亿美元投资退出令人印象深刻，但风投和不断发展的股权投资者（以及他们的机构支持者）更多地关心投资回报。各行业领域的投资潜力与投资回报率分布见图6。

与传统产业相结合，改造具有巨大市场空间但效率低下的行业，将成为移动互联网发展的热点。2014年，旅游行业、餐饮行业受移动互联网的影响逐渐加深；传统教育行业也受到了新兴的在线教育平台的挤压；金融行业受到的

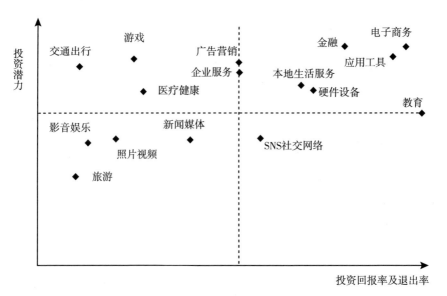

图6 2014年中国移动互联网各领域投资回报潜力分析

移动互联网冲击更加明显，在互联网金融领域，移动支付、大众理财、P2P 理财这三方面占有较大比重，呈现了移动支付替代传统支付业务、P2P 小额信贷替代传统存贷款业务和众筹融资替代传统股票交易三方面的趋势。总体来说，金融、教育、医疗健康、本地生活、O2O 零售等，都是未来具有强大发展潜力的领域。

二 2014年中国移动互联网重点领域投融资分析

（一）在线教育

1. 在线教育细分领域投融资状况

在在线教育各细分领域投融资数量上，K12① 教育、外语教育和平台类居前三位，分别是19起、18起和12起（见图7）。在各细分领域投融资金额占比

① K12，为 kindergarten through twelfth grade 的简写，是指从幼儿园（通常学生年龄为 5～6 岁）阶段到十二年级（通常学生年龄为 17～18 岁）。

上，外语教育（55.9%）遥遥领先，位列第一；IT教育（10.6%）和K12教育（10.4%）分列第二位、第三位；平台类（7.0%）位列第四（见图8）。

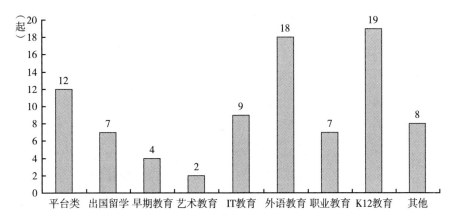

图7　2014年中国在线教育细分领域投融资案例数量

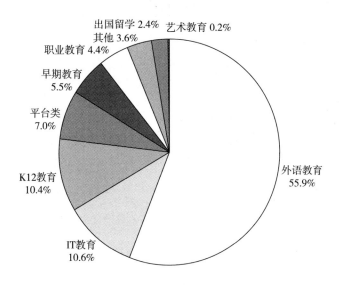

图8　2014年中国在线教育各细分领域投融资金额占比

2. 在线教育各阶段投资状况

从各投资案例数量上来看，种子天使投资和A轮投资的数量较多，分别为27起、37起（见图9）。从金额来看，投资金额占比最多的是B轮投资和战略投资，共占投资总额的59.4%（见图10）。

163

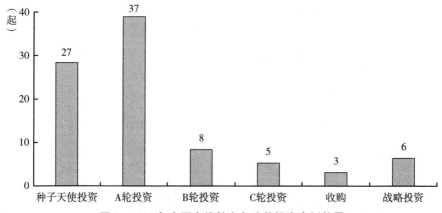

图9　2014年中国在线教育各阶段投资案例数量

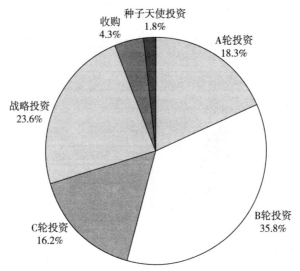

图10　2014年中国在线教育各阶段投资金额占比

（二）移动医疗

1. 移动医疗细分领域投融资状况

2014年，移动医疗的专项健康服务和医疗信息服务的投融资案例数量分别是14起和11起，金额占比分别为38.8%和17.7%（见图11、图12）。专项健康服务包含了较多的单一项（如分别专注于听力、牙齿、肿瘤、癌症或高血压等提供服务），导致其投融资案例数量和金额均处于优势地位，若不考虑该

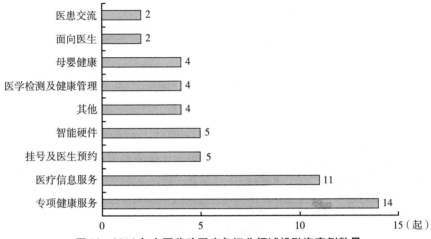

图 11　2014 年中国移动医疗各细分领域投融资案例数量

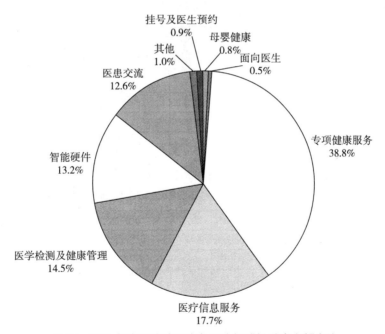

图 12　2014 年中国移动医疗各细分领域投融资金额占比

领域，则位列第二的医疗信息服务是比较受投资方青睐的移动医疗细分领域。

2. 移动医疗各阶段投资状况

2014 年，移动医疗的种子天使投资和 A 轮投资案例共有 42 起，占据了各

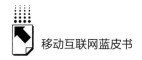

阶段总投资案例数量的82.3%（见图13）。而在金额占比方面，C轮投资以63.5%的份额遥遥领先，位列第一，A轮投资为22.9%（见图14）。

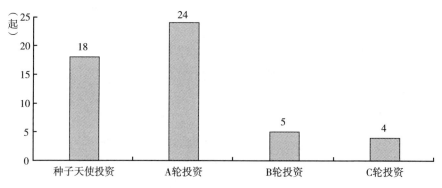

图13　2014年中国移动医疗各阶段投资案例数量

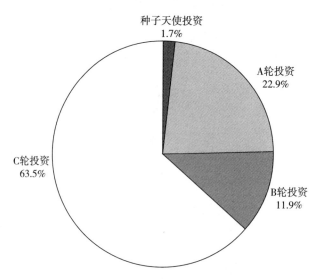

图14　2014年中国移动医疗各阶段投资金额占比

（三）本地生活

1. 本地生活细分领域投融资状况

2014年，在本地生活细分领域中，美食、生活服务和丽人①三个领域的投

---

① 丽人，指与女性生活、健康、休闲相关的领域。

融资案例数量达58起，占全部案例数的54.2%（见图15）。在投融资金额占比中，休闲娱乐占了一半以上（52.0%），其次是生活服务（21.2%）和美食（13.4%）（见图16）。

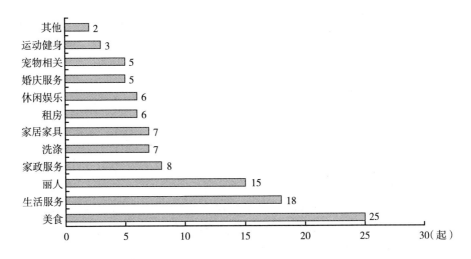

图15　2014年中国本地生活各细分领域投融资案例数量

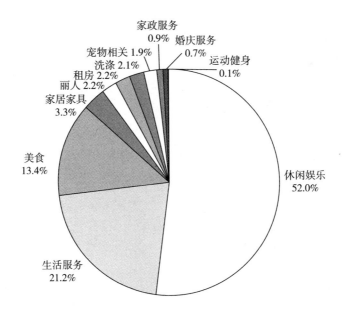

图16　2014年中国本地生活各细分领域投融资金额占比

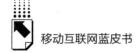

2. 本地生活各阶段投资状况

2014年，本地生活领域中的种子天使投资、A轮投资和B轮投资案例数量最多，共91起，占据全部投资案例数量的85.0%（见图17）。在投资金额占比方面，战略投资占了50.7%，B轮投资、E轮投资和D轮投资的金额占比相对来说差距不大（见图18）。

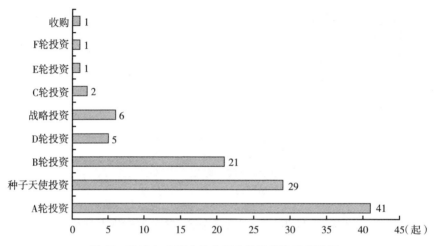

图17　2014年中国本地生活各阶段投资案例数量

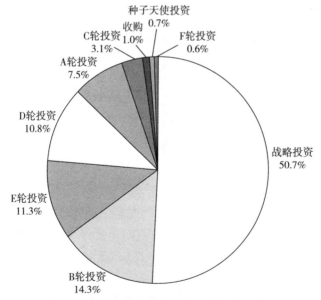

图18　2014年中国本地生活各阶段投资金额占比

三 2014年中国主要互联网公司投资并购情况

（一）2014年阿里巴巴投资并购分析

2014年，阿里巴巴频频对外投资，以下几方面值得注意。

第一，目前整个互联网领域处于PC互联网向移动互联网转型时期，网民的网络行为习惯正在发生深刻变化。阿里巴巴的发展起源于PC互联网时代的电子商务，但移动互联网时代的电子商务在商业环境、商业模式、终端设备、消费行为等方面与PC互联网时代有着很大的差别。阿里巴巴想要在移动互联网时代依然保持自己的优势地位，除了内部自我的创新变革之外，投资是快速进入新的领域和催生内部创新的捷径。目前阿里巴巴的现金储备充足，对外投资没有较大的资金压力，因此，对外投资成为阿里巴巴的重要战略选择。

第二，阿里巴巴招股说明书显示，其投资目标公司根据业务特色可分为"移动端""O2O""数字媒体""领域扩张"四类。不过从企业发展的布局角度来看，阿里巴巴的投资主要有三个层级。第一层级是继续巩固自身在电商领域的领先地位，通过投资方式构建"护城河"。UC浏览器、高德地图、丁丁网、微博、陌陌对阿里巴巴来说，主要是在流量入口方面起到了重要作用。美团网、快的打车、穷游网、银泰商业集团对阿里巴巴来说则是布局O2O的重要棋子。第二层级是向相关产业延伸拓展，构筑稳固的生态系统。电商与物流密切相关，阿里巴巴除了牵头组建菜鸟网络之外，近几年频频投资物流企业，从之前的星晨急便、百世汇通、海尔日日顺、卡行天下，以及新加坡邮政，都可以看出阿里巴巴对物流的重视。在数字媒体领域，收购文化中国、虾米音乐，入股优酷土豆、华数传媒，使得阿里巴巴的广告平台得以扩张，并且掌握了更多的用户数据。第三层级是探索新领域，无论是收购中信21世纪还是入股恒大足球，抑或是对部分移动互联网创业公司的投资，对目前阿里巴巴的主营业务暂时没有明显的帮助，投资目的更多的是扩大商业版图，为未来发展提供更多可能性。

第三，阿里巴巴在上市之前进行密集投资，重要的目的是增加企业估值。对外投资布局，能给投资者更多想象空间，为上市后企业扩大发展空间埋下伏

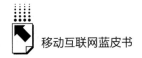

笔。从收购成本和收购流程上来看，上市前投资成本要低于上市之后。在上市之前完成投资然后在上市之后进行业务整合，更有利于阿里巴巴的战略规划。

（二）2014年百度投资并购分析

在2011年百度峰会上，李彦宏正式提出"中间页"概念，也就是"在搜索引擎和传统产业中间的状态来给别人提供服务"。控股去哪儿网、投资齐家网、整合爱奇艺PPS、收购纵横文学网、入股沪江网和传课网等，都是百度布局"中间页"的体现。依托搜索引擎导流发展起来的中间页网站，为用户提供了更精准的信息和更丰富的垂直领域服务，同时也加大了传统产业的信息化和互联网应用程度，通过搭建传统产业与互联网间的桥梁发掘产业价值。目前，百度已在视频、移动分发、在线旅游和在线教育等领域进行投资，从百度的布局来看，垂直领域依然是百度重点投资的对象。百度在投资的领域基本体现了以强化流量变现为核心的投资逻辑。

艾媒咨询分析认为，百度的投资主要遵循三个原则：围绕百度核心战略，布局的业务能与百度原有业务产生协同效用；投资目的以战略投资为主，较少进行财务投资；投资布局必须围绕百度生态圈进行。

（三）2014年腾讯投资并购分析

腾讯2014年对外投资并购主要体现在以下几个方面。

一是游戏领域投资（收购）力度不减，研发侧重于手游。在游戏开发方面，腾讯早期基本依靠自主研发，近年来随着战略布局的调整，也开始通过收购、投资其他游戏开发商和平台商来继续保持自己在游戏领域的霸主地位。综合来看，腾讯2014年在游戏领域方面的策略主要有以下两方面：第一，注重产业链上游实力的增强，一方面继续增强自主研发的实力，另一方面通过收购优秀的游戏研发商来扩充研发队伍；第二，重点进行手游领域的拓展。

二是开始重视医疗健康。在医疗健康领域，腾讯围绕"用户"展开了一系列布局：利用微信和QQ的平台优势积攒用户，投资丁香园、挂号网，提升医患交流方面的服务水平，投资缤刻普锐则提高了用户健康数据搜集的准确性。

三是布局移动端购物平台。腾讯以2.14亿美元收购京东上市前15%的股份，京东则 100% 收购腾讯 B2C 平台 QQ 网购和 C2C 平台拍拍网，以及易迅网少数股权，并获得了购买易迅网剩余股权的权利。此举宣告腾讯放弃自主经营电商平台的战略，转而选择与京东强强联手共同对抗阿里巴巴。通过将自身电商品牌出售的方式，轻装上阵的腾讯重点布局移动端。2014 年 3 月，腾讯花费 1 亿美元投资移动互联网在线零售平台买卖宝；10 月，在移动平台推荐购物类应用软件——口袋购物的 C 轮 3.5 亿美元的融资中，腾讯投资 1.45 亿美元。除了加强购物平台建设以外，腾讯也在物流方面有所行动。2014 年 1 月和 9 月，腾讯两次投资综合商贸物流企业华南城，持股比例升至 11.55%。

四是投资消费生活领域，布局线下。随着 O2O 布局的深入，腾讯将把人与产品、人与服务、人与业务等连接在一起。具体说来，腾讯对京东的投资是想将人与产品连接起来，对大众点评网、荣昌 e 袋洗的投资是希望将人与 O2O 服务连接起来，对 58 同城的投资则是希望充分利用腾讯的平台将自身用户与 58 同城的业务联系起来。

四 2014 ~2015年中国移动互联网投融资回顾与展望

（一） 2014年中国移动互联网投融资回顾

2014 年，中国移动互联网行业投融资活动比往年更为频繁，不仅在投融资案例数量以及投融资细分领域上有所增加，而且在投融资金额上比往年有较大幅度增加。从整个的资本市场来看，2014 年中国移动互联网投融资主要有以下几个特点。第一，投融资领域呈现大分散、小集中的特点。主要投融资领域是教育、金融、本地生活、硬件数码、企业服务、电子商务、文学多媒体娱乐、SNS 社交网络、旅游、游戏等。而本地生活、电子商务、金融、教育领域则成为 2014 年资本追逐的热点，其融资金额和案例数量居各领域的前列。第二，投资方多元化。除了传统的 VC 之外，2014 年以来更多的互联网公司（如 BAT、京东、小米、360 等）以及传统产业企业参与了移动互联网行业的投资活动。相比于 VC 出于财务投资目的，互联网公司参与投资大部分是出于战略

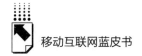
目的，较少进行财务投资。而传统产业企业对移动互联网公司的投资更多的是出于转型以及整合互联网资源改造自身业务的需要。第三，投融资速度加快。2014年，很多移动互联网公司融资节奏加快了。具体体现在融资速度更快，不同轮次之间的时间间隔更短了。[①] 这一方面是由于资本市场对移动互联网行业看好；另一方面是由于创业者更懂得把握融资的时间点。

艾媒咨询分析认为，2014年中国移动互联网行业投融资活动频繁，主要有以下几个原因。

第一，目前中国互联网行业正处于由PC主导的传统互联网时代向以手机、平板电脑等智能终端为主要载体的移动互联网时代的过渡时期，整个行业结构正在发生深刻的变化。PC互联网时代的机会窗口已经或接近关闭，投资者的目光转移到了移动互联网领域。而目前正是移动互联网的发展初期，市场格局还未稳定，马太效应尚未显现，移动互联网市场对投资者来说具有很大的吸引力。

第二，传统产业在资源配置、生产效率方面存在资源浪费、效率低下等问题。但是其市场规模巨大，是移动互联网一个很好的切入口。2014年，本地生活、医疗、金融、教育等传统产业正逐步被移动互联网改造。从市场的角度来看，将移动互联网与具有巨大市场规模的传统产业相结合，将会成为移动互联网产业化的巨大推动力。

第三，在PC互联网时代确立优势的互联网公司，在向移动互联网转型时，单靠自身的发展可能难以快速在移动互联网领域确立领先优势。因此，互联网巨头通过投资收购等方式，能快速完成在移动互联网领域的布局，并推动自身原有业务继续在移动端保持领先地位。

第四，经过2012年的互联网资本市场小低谷之后，从2013年开始，资本市场已逐步回暖，特别是美股市场对中概股的信心正在恢复。2014年一共有15只互联网相关的中概股登陆美国资本市场，[②] 显示了全球资本市场对中国互联网行业特别是移动互联网行业的看好。而目前中国移动互联网行业的投资者，其资本构成也有很大一部分来自海外资本市场。

---

① 《TMT投资热：融资轮次大裂变　B轮之后人民币基金弱势显现》，http：//pe. pedaily. cn/201410/20141011372008. shtml。

② 《2014年15家中企赴美IPO　阿里太凶残令中概股颤抖》，http：//ipo. qianzhan. com/capital/detail/391/141217 – 3a034a10. html。

（二）2015年中国移动互联网投融资展望

展望 2015 年，艾媒咨询分析认为，中国移动互联网市场投融资将依然延续 2014 年的火热，但投资逐步回归理性。各种投资机构会逐步通过并购、上市、股权转让的方式退出，其在移动互联网领域的投资平均退出周期会比 PC 互联网时期更快。伴随着国内天使投资人、新兴风险投资机构、各类创业孵化器以及众筹投资的兴起，创业者及中小企业获得融资的机会成本将会逐步降低。这将进一步鼓励更多人参与创业，也会使更多的资源由传统经济向互联网经济倾斜。

2015 年，以下几个领域将会是投资的热点。第一，本地生活、交通出行、餐饮等行业将会进一步被互联网改造。这几个领域属于刚性需求市场，规模巨大，但是其资源配置受制于传统的运营模式而无法得到最大利用。第二，智能硬件领域将是下一个"蓝海"。尽管目前智能终端的商业模式仍未成熟，但其前景依然被看好，一旦产生类似智能手机时代"iPhone"一样的产品，整个行业将迎来大爆发，包括我们目前所说的可穿戴设备、智能家居等行业将会成为投资的下一个热点。第三，股权众筹融资将成为创业者融资的重要手段。目前股权众筹融资在中国刚刚兴起，但已显示了快速的增长势头，各种股权众筹组织纷纷成立。这将大大降低投资者的投资门槛和创业者的融资成本。第四，手游依然是投资热点。智能手机用户数量增长带来的红利正在消失，手游更加注重版权、品质、发行等，优质 IP 越来越受到关注，端游时代巨头的业务正逐步向手游转型。[①]

总的来说，2015 年中国移动互联网投融资将会在火热中回归理性，投融资节奏会稍微放缓，但仍将保持一段时间的高位态势。互联网巨头的投资步伐不会停止，多元化的投资主体将进一步繁荣整个中国移动互联网投融资市场。

[①]　《2014Q3 中国手机游戏市场季度监测报告》，http：//www. iimedia. cn/38370. html.

B.15
中国移动社交发展研究

匡文波　刘　波*

摘　要：　当前，移动社交异常活跃，其传播特征明显，但是移动社交
发展也存在诸多问题，如信息过载与手机依赖、安全性脆弱、
隐私问题突出等。未来微信将继续保持一家独大，移动社交
竞争将更加激烈，移动视频社交、音频社交有望获得突破。

关键词：　移动社交　移动互联网

2014 年，我国移动互联网迈过以通信、社交、购物、娱乐为代表的初步
发展期，进入高速发展阶段，市场全面加速重构、培育和共建，各种资本全面
介入移动互联网，O2O 日渐活跃，移动端的消费闭环正逐渐形成，市场规模
已为 1857 亿元左右。伴随 3G、4G 普及率的继续提高，以及 4G 商用的全面推
进，各种融资并购风生水起，移动社交的投资力度明显加大，移动社交呈现多
元竞争新格局。BAT 在移动端的竞争愈发激烈，阿里巴巴专注于电商，同时借
助 UC 浏览器占据移动入口；百度主营移动搜索与流量业务，腾讯主攻移动社
交，同时在移动电商、移动支付等领域全力拓展，致力于打造闭合的移动生态
圈。以微信商业化、微博市场稳定为标志，移动社交正在各个领域深刻影响和
改变人们的日常生活。移动社交应用继续加速更新，移动社交日渐多元化，已
经不仅仅局限于传统的熟人社交，陌生人社交、兴趣社交等新的社交形式不断
涌现。移动用户单纯的社交网站使用率呈现持续下滑趋势，但移动社交作为移

---

* 匡文波，中国人民大学新闻学院教授，博士生导师，中国人民大学新闻与社会发展研究中心
研究员，兼任全国新闻自考委员会秘书长、中国科技新闻学会常务理事；刘波，中国人民大
学新闻学院博士生，曾任曲阜师范大学传媒学院新闻传播系主任。

动互联网时代重要的应用元素，正日益与其他元素加速融合，移动购物、移动支付、移动游戏、移动搜索、移动视频等各种服务纷纷借助社交元素对用户进行需求挖掘，移动社交平台化、垂直化、融合化成为新的常态。

一　移动社交发展概述

（一）移动社交发展现状

1. 移动社交发展阶段

2002 年，世界上第一家大型社交网站 Friendster 拉开了社交网络的序幕。2004 年，扎克伯格创办了举世闻名的 Facebook，社交网站在世界范围内开始迅速发展。在中国，2005 年开办的人人网（原名校内网）、2008 年开办的开心网拥有大量的注册用户，是我国创办较早的传统社交网站。

一般来说，我国移动社交网络的发展基本可以分为三个阶段。2000～2006 年通常被视为移动社交的初创阶段，主要是运营商依靠增值服务进行业务推广，主要代表是腾讯移动 QQ，主打业务是以文字为主的社交服务。2007～2010 年以中国移动推出飞信为代表，电信运营商开始介入移动社交领域，同时人人网、开心网等也开始向移动社交网络转型，移动社交进入快速发展阶段。2011 年，米聊、微信、陌陌等移动社交应用纷纷登场，微信用户规模急速扩大，移动社交迎来高速发展阶段，新一轮的移动社交竞争拉开序幕。

2. 移动社交的整体发展态势

2014 年，移动互联网的全面发展与智能手机的高度普及深刻改变了既有的互联网生态，从 PC 互联网到移动互联网的转型让移动社交成为新的市场增长点。以人人网、开心网等为代表的传统社交网络加速向移动社交网络转型，以微信、陌陌等为代表的移动社交网络全力抢占用户资源，竞相开发新的融合应用，各种社交分享、搜索、地理位置实时社交应用纷纷崛起。

社交网络经过十多年发展已经进入成熟稳定发展期，移动社交呈现强劲增长姿态，传统社交网站呈相对衰退趋势。市场研究机构 GlobalWebIndex 于 2013 年 1 月发布的全球社交网站活跃用户排名显示，Facebook 高居第一，Google＋、YouTube、Twitter、腾讯 QQ 空间等位居前列。其中，腾讯 QQ 空间、

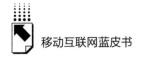
新浪微博在所有中国社交网站中分别排第一、第二位，在全球排名中分居第五、第六位。

传统社交网站经历了高速增长后，日渐遭到移动社交网络的用户侵蚀，各种新的移动社交产品日益抢占其发展空间，用户开始大规模迁移至移动社交平台，各大平台运营商、内容提供商（CP）、服务提供商（SP）全力进入移动社交市场抢滩。当下，基于 Web 的社交平台正努力发展其各自的移动社交应用，人人网等传统社交网站开始全力介入移动社交领域，尝试将本地化服务、社会性网络服务（SNS）与移动终端融合起来，SoLoMo 模式成为业界追捧的发展路径。

3. 移动社交产品发展情况

热门社交类应用的累计下载量调查统计显示，2014 年，腾讯 QQ 下载量以超过 35 亿次稳居第一，微信以近 24.8 亿次紧随其后，QQ 空间以 13.6 亿次位居第三，新浪微博以 10.8 亿次列第四，陌陌以 3.75 亿次位居第五，其后依次是百度贴吧、腾讯微博、人人网、飞信、开心网、易信、米聊。[1] 总体来看，腾讯以 QQ、微信、QQ 空间的优势呈一家独大之势，新浪微博、陌陌、百度贴吧、人人网、飞信等则竞争激烈。

艾瑞咨询 2014 年中国移动社交应用市场研究报告显示，新浪微博、QQ 空间、人人网、陌陌及百度贴吧位于移动社交前五位。从覆盖人数来看，新浪微博位居第一，其次是 QQ 空间、人人网、陌陌、百度贴吧。新浪微博日均总使用次数最高，陌陌人均总有效使用次数最高。从人均单日有效使用时间来看，百度贴吧居第一位，人均 8.1 分钟，陌陌以人均 6.0 分钟居第二位，新浪微博以 5.4 分钟居第三位。从系统分布来看，陌陌用户中 iOS 和安卓比例最为均衡，iOS 用户占比为 46.8%，安卓用户占比为 53.2%。百度贴吧用户中粉丝群体偏多，年龄偏低。人人网以年轻用户为主，新浪微博成熟用户较多。从收入分布上来看，新浪微博、陌陌用户中月收入在 5000 元以上的占比最高，超过 28%。[2]

4. 移动社交网络的分类

移动社交网络大致可以分为如下四类：第一类是基于传统社交网站的移动

---

① 《速途研究院：2014 年 8 月移动社交市场分析报告》，http://www.sootoo.com/content/514078.shtml。

② 艾瑞咨询：《2014 年中国移动社交应用市场研究报告》，http://ai.wenku.baidu.com/view/28e6294ff12d2af90242e65f。

社交网络，以人人网的手机版本为代表。此类社交网络的主要优势是有传统社交网站的用户累积，可以将用户批量迁移到移动社交平台。第二类是基于产品、服务提供商的移动社交网络，比如微信、陌陌等，这也是目前移动社交网络的主流代表。第三类是基于移动终端的移动社交网络，如小米手机开发设计的"米聊"。第四类就是电信运营商自主开发设计的移动社交网络，如中国移动的飞信、139 社区，以及中国联通的"新乐园"，目前中国移动自主开发设计的融合通信严格来说也属于此类，只是比以前的社交应用更为先进。

（二）移动社交的传播特征

一是社会交往传播路径发生改变。移动社交网络大大拉近了人类社会交往的时空距离。微信、微博、陌陌等移动社交工具开创了陌生人交往的无尽可能性，微信的"摇一摇""附近的人"功能，微博的基于位置添加好友功能，陌陌等开创的陌生人交友功能，大大缩短了人类社会交往的曲折路径，借助各种移动传播新技术，移动社交网络让人际传播路径从六度分割缩短至可以直接联系。

二是用户永远在线成为可能。手机作为移动互联网时代集通信、社交、娱乐、支付等于一体的全能入口，使得用户从传统互联网时代人机分离的状态中逐步脱离，完全有可能实现在移动社交平台的"永远在线"，时刻保持与外界的移动互联。

三是传播去中心化明显。移动社交以人的需求为导向，个体的需求明显放大，传播去中心化明显。微信、微博等构筑了诸多以个体为中心的圈层，这些传播圈层中的个体地位更加平等，网络中各节点都可以成为传播的中心，用户自我中心趋势明显。

四是传播群体小众化、碎片化。相比于传统社交网络用户，移动社交网络传播主体更加细分、小众和多样化，微信、陌陌、微博等移动社交用户群体的年龄分层、社会分层、兴趣分层等更加细化和碎片化，也让移动社交进入了碎片化传播环境。

五是传播内容以碎片化的用户原创（UGC）为主。由于移动终端在屏幕尺寸、流量资费等各方面存在束缚，移动社交平台最常见的是文字、图片、短视频等碎片化的"微"内容，而且主要来自用户原创或转载的特色内容。

六是用户位置精准定位成为传播特征。借助实名信息和各种定位技术，移

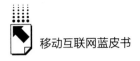
动社交用户的地理位置可以被精准捕捉，用户信息的即得性，让移动社交应用实现了目的性超强的定位传播，用户的位置属性让企业、用户之间建立了精准的链接，促成了信息的精准传达，避免了无效信息和垃圾信息的过度传播。

七是陌生人社交拓展了移动社交传播的范围。传统社交网络以熟人社交为主，而移动社交为陌生人之间的交友提供了更多可能性。用户可以基于自己的兴趣和地理位置与陌生人进行交流，如陌陌的"陌生人交友"、微信的"摇一摇""附近的人"、QQ空间的"陌生人访问"等，都将移动社交传播推进到了更广的范围。

（三）移动社交的功能完善

受限于PC互联网的终端特性，传统社交网络是典型的人随网移动，而移动社交则明显摆脱了空间的束缚，网随人动的模式让用户可以更加随意，移动社交情景碎片化明显。移动社交LBS可以依据空间组织信息，近场通信技术使得数据传输、好友添加变得更为便捷，这为移动社交提供了更丰富的形态，也为移动社交发展带来了新的机遇。

1. 移动社交丰富了社交的形态

传统社交网络主要以网页形式呈现，页面空间大，多种信息并置，用户注意力相对分散；移动社交主要以应用形式呈现，页面空间小，信息呈现形式更为专一，用户注意力更为集中。相比于传统社交，移动社交增加了LBS、重力感应等更加丰富的应用。传统社交以综合类社交网络、熟人社交为主，移动社交则日渐垂直化、多元化，陌生人社交、图片社交、兴趣社交等日渐兴起。

2. 手机实名制使移动社交本质上现实化

2010年9月1日，工信部宣布对手机进行实名登记，虽然直至今天仍有少量用户未能实现实名登记，但手机总体上已经变成具有个人身份属性的媒介，每个手机号码背后都是一个现实的人，即使移动用户在社交应用中没有使用真实身份，通过技术手段依然可以获取手机用户的真实信息。因此，移动设备的可定位性与手机实名制，让以手机为主要依托的移动社交网络逐渐成为一个真实空间。而移动社交网络大量的LBS应用和O2O交互，推动移动社交用户不断地进行线上与线下行为的互动融合，使得移动社交网络的虚拟特性逐渐弱化，逐渐将虚拟和现实统合成一体。

3. 移动社交网络内容更真实丰富

由于移动社交用户的群体分化、兴趣分化更细，而移动社交平台大多属于熟人圈层的封闭社交，移动社交用户在相对封闭的移动社交平台更倾向于真实地展示自我，各种私密图片、视频在朋友圈等小众圈层不断传播，传播内容更加丰富多维。虚拟空间中的很多信息已经与现实世界高度融合，诸如移动社交用户在社交平台的签到，将自身的标记带入网络世界，虚拟与现实空间的对应进一步使环境拟态化，也让移动社交更富有真实性和吸引力。

二　移动社交的用户分析

（一）用户数量

移动数据统计平台 TalkingData《2014 中国移动互联发展指数产业数据报告》显示，2014 年我国移动智能终端用户规模达 10.6 亿人，较 2013 年增长231.7%，安卓与 iOS 平台用户比例约为 7∶3，小米和三星分居安卓平台第一位和第二位。数据显示，中国手机持有量已超 13 亿部，社交媒体用户占总人口的 42%，有 51% 的用户通过手机访问社交媒体，还有 25% 的用户会使用地理位置信息，用户平均每天花费在手机上的时长为 1 小时 30 分钟。[①]

（二）用户使用习惯

2014 年，我国移动互联网网民近六成为男性，80 后是主力军，90 后逐渐成为新生力量。大屏幕移动设备渐受青睐，4～5 英寸屏幕设备的用户数量增长最快，安卓用户倾向于选择中国移动，iOS 用户则青睐中国联通。Wi－Fi 上网用户占比最大，越来越多的用户转向 4G 网络。[②]

尼尔森网联《移动社交用户需求与行为调研报告》显示，2014 年，超九成的移动社交用户几乎每天会使用移动社交应用，七成以上用户会在空闲时使

---

① 《2014 中国移动互联发展指数产业数据报告发布》，http：//soft. chinabyte. com/hot/443/13234943_ 2. shtml。
② 《2014 中国移动互联发展指数产业数据报告发布》，http：//soft. chinabyte. com/hot/443/13234943_ 2. shtml。

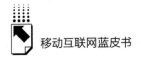

用社交应用，微信、微博、陌陌等成为主要社交工具。①

　　互联网数据中心数据显示，在7时至24时的大多数时间里，1/4以上的用户会接入移动互联网。而移动互联网接入的高峰时段出现在12时至13时（48.2%）、21时（53.5%）和23时（48.7%），而在18时至19时亦有小高峰出现（36.4%）。

（三）用户使用特征分析

　　艾瑞咨询统计数据显示，2014年中国移动社交用户中19～25岁的占比最高，为28.7%；18岁及其以下的用户占24.3%；26～35岁的用户占25.9%。在教育程度分布方面，高中/中专/技校教育程度的用户比例最高，达31.2%，初中占比28.4%，大专占比21.5%，本科及以上占比15.9%。在用户月平均收入分布方面，3000～5000元的用户占比最高，达33.1%；25.7%的用户月平均收入为1000～3000元；收入在1000元以下的用户占比为20.6%。

　　用户社交需求日渐多元化，越来越多的用户在固定时间段使用移动社交应用，"被窝时间"已成为移动社交应用的"黄金时段"。学生是移动社交应用的最大用户群体，占比达18.1%。"熟人使用"是移动社交首要影响因素，占比高达72.1%；"兴趣交流"其次，占比为48.7%。②

三　移动社交发展中存在的问题

（一）信息过载与手机依赖

　　《纽约时报》报道，全球互联网访问量1/4来自移动设备，移动社交信息传输服务正呈几何级数增长。研究显示，使用智能手机能让人产生类似"快乐荷尔蒙"一样的物质，长期使用容易产生较强的依赖性。而根据皮尤中心的调查，有将近一半的用户会在睡觉时把手机放在身边，并成为生活习惯。

---

① 《2014中国移动社交用户需求与行为研究报告解读》，http：//www.epweike.com/internet/article - i - 591 - art_ id - 30926. html。
② 《2014年上半年中国移动社交应用市场研究报告》，http：//www.youxituoluo.com/30042. html。

种种迹象表明，移动社交日渐侵蚀个人交往时间，而中国国民当面交流占所有沟通方式的比例已经低于 50%。统计数据显示，一名移动社交用户平均每天大约接收 285 条信息，其中六成是文字内容，长度堪比一部小说，其他的多媒体内容长度更夸张，需要消耗大量的时间才能把它们全部看完。显然，移动社交网络带来的信息过载和手机依赖问题已经非常严重，已经有不少人意识到过度摄取信息带来的危害，开始主动控制社交网络的使用时间，不少用户为了规避手机依赖带来的负面影响，开始主动保持与手机的距离。

（二）垃圾信息充斥

移动社交网络大大地方便了用户的交流，但各种垃圾信息、网络谣言、色情、诈骗等内容大量充斥在移动社交平台中，各种各样的小道消息、心灵鸡汤、养生秘籍、危言耸听的谣言、商家推送的营销信息充斥在移动社交平台的朋友圈中，严重干扰了用户的信息获取。如相当一部分微信公众号沦为商家的营销工具，虚假宣传屡屡出现，给用户造成了极大的信息干扰。

（三）安全性脆弱

移动社交通过熟人关系圈进行传播，用户对相对封闭的移动社交平台信息的信任度更高，由此带来的安全隐患和危害也更大。2014 年，利用移动社交实施诈骗、色情交易、拐卖儿童等违法犯罪活动的现象日渐增多，可受限于移动社交平台的私密性，目前我国对新型移动社交活动的监管面临诸多难题。像陌陌、微信朋友圈等的信息传播都属于封闭式的私密行为，管理者很难直接介入，而微信公众号的身份和资质认定都没有太多保障，为各种不良信息传播和非法交易埋下了隐患。此外，有的移动社交网络平台开始增添移动支付等功能，带来了一定的财产风险。

（四）移动社交的隐私问题突出

在移动社交网络使用过程中，用户的信息、行为、位置等会被移动社交平台忠实记录，用户的信息有可能被泄露。即使用户和移动社交平台不会主动泄露个人信息，第三方也可以利用技术手段，通过用户的位置信息捕捉到用户的移动轨迹，而移动轨迹会包含移动用户的各种敏感信息，比如访问的敏感位

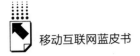
置、交往的敏感对象等。他人可以借助移动轨迹搜寻用户的个人信息，像家庭住址、联系方式、工作地点、个人情况、生活习惯等，由此引发移动社交用户的个人隐私泄露。

四 移动社交网络的管理对策

随着移动社交的深入发展，用户规模不断扩大，不同层次的社会人群分布在各种移动社交平台中。由于移动社交平台信息发布的监控松散，用户通过移动社交平台传播信息的随意性较大，对社交平台上传播的内容的真实性缺乏必要的甄别，大量未经核实的虚假信息借助移动社交平台不断被传播，各种谣言借助社交网络滋生、酝酿、扩散并产生不良影响，给广大网民的生活带来困扰，并对国家稳定、社会发展产生严重危害。

对移动社交网络的管理，要注重各种监管部门的有效联动，特别是国家互联网信息办公室、工信部、公安部三个部门要加强有效合作。在社交平台方面，要加大对相关企业网络经营许可证、新闻信息登载许可证等的审核力度，强化对移动社交平台相关从业人员的业务培训，对可能出现的违法犯罪行为进行严厉打击。

移动社交网络的O2O更是让虚拟和现实互动无限接近。主动营造积极向上的移动社交环境，可以对现实世界的人的行为、思想观念等产生重要影响。基于移动社交网络信息传播速度快、舆论影响面广的特点，政府网络监管部门可以主动打造正面信息丰富的舆论场，正确引导移动用户。对移动社交网络的管理，除了营造正面信息环境，在法律、行政监管层面出台更为细致、具体的措施，着力提升用户的移动社交素养外，还应加强移动传播的技术控制，具体包括以下两方面内容。

第一，通过信息过滤技术进行审核。随着移动社交的深度发展，用户对移动社交内容的关注度持续走低，反而对新颖的、变化的传播形式更为关注，出现了麦克卢汉所言的"媒介即信息"的现象，即对传播形式的关注超过了对传播内容的关注，移动社交的信息传播形式占据和分散了用户大量的注意力。这就要求信息审查人员特别关注形式新颖的移动社交信息，信息过滤技术能对不同形式的内容进行相应标准的辨别，实现有效的稽查辨识。移动社交用户的地理位置和基本信息已经可以通过移动终端实名制等手段有效获得，这为监管部门的审查提供了保障。利用先进的信息挖掘技术，锁定移动社交平台的信息源，对相关信息进行屏蔽或者对信息发布者进行针对性约谈等，都可以有效控制不良信息的传播。

第二，加强对移动社交网络中心节点的控制。移动社交网络作为复杂的网络传播系统，具有无标度网络的典型传播特性，而无标度网络又具有特殊的"鲁棒性"（robustness）。"鲁棒性"是指如果随机破坏无标度网络中80%的节点，网络仍然能够保持正常状态，但如果专门破坏网络中20%的中心节点，则网络可能很快就陷入崩溃状态。这为移动社交网络的安全控制提供了技术可行性。基于移动社交网络的"鲁棒性"，监管部门可以对网络中心节点进行控制。微信和移动微博是目前我国移动社交网络的主要入口，有海量的活跃用户，是移动社交网络当然的中心节点，如果能有效地控制这两大核心应用，就可以对移动社交的传播实现整体控制。

五　移动社交的未来发展

传统的社交网络经过多年的发展，开始遭遇发展拐点，各社交平台开始高度重视移动端的发展，纷纷推出全平台的移动端应用。早期产品基本是从桌面向移动端平移，后来逐渐增加移动端的特有功能。2014年，传统社交网络对移动客户端的开发力度不断加大，各个方面都显现了浓厚的移动色彩。很显然，未来这种迁移依然会不断加速。2014年，移动社交碎片化现象已经显现，移动用户在移动平台的时间更长、投入更多，这为移动社交向用户实时生活服务平台转化提出了要求。移动用户生活服务类社交需求旺盛，移动社交LBS趋势明显，综合移动社交会被分流，垂直社交应用，如图片社交、音乐社交、视频社交、美食社交等兴趣社交将强势崛起。总体来说，未来移动社交将可能呈现如下发展趋势。

一是微信将继续保持一家独大，移动社交竞争将更加激烈。毋庸置疑，微信依靠丰富的用户资源和超高的用户黏度，将继续保持移动社交的领先地位。新浪微博、陌陌、百度贴吧等主流社交平台的竞争将更加激烈。随着年轻一代用户的崛起，综合移动社交将会受到冲击。微信继续保持领先的格局下，各种

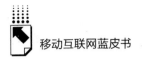
细分的垂直社交平台将会分得更多移动社交市场份额。

二是秘密社交或将成为移动社交另一突破口。实名社交和匿名社交均有各自的优劣。2014年，国外匿名社交软件Secret的走红，导致国内秘密社交软件闪亮登场，并开启了匿名社交可能的火爆走势。受中国特殊的文化和传播环境影响，匿名的秘密社交或许可以成为移动社交的另一重要突破口。不过，营造良好的社交环境，保持移动社交用户必要的诚信机制，是其操作重点。

三是移动视频社交、音频社交有望获得突破。2014年，美拍、微视等微视频社交软件短暂火爆后逐渐归于平淡，包括微信朋友圈短视频都未能获得预期效果。受拍摄时长、终端屏幕尺寸、通信费用、用户习惯等因素限制，移动视频分享短期内可能很难获得质的突破。但随着移动互联网的深度推进，视频社交注定会强势崛起，只是形式尚难以确定。2014年，移动音频应用爆发，网易云音乐、喜马拉雅等音频软件用户都已经过亿，伴随音频软件的异军突起，音频社交有望实现突破。①

---

① 《2015年，移动社交五大趋势三大方向》，http：//news. mydrivers. com/1/373/373592. htm。

B.16

创新与增长：中国移动营销发展透视

陈传洽 *

摘　要：随着移动互联网的快速发展，移动营销在数字营销中的重要性日益凸显。2014 年，中国移动营销市场规模接近 300 亿元，同比增长超过 100%。高增速预计还将持续 2~3 年。原生广告、程序化购买、移动与其他传统媒体的整合互动营销和可穿戴设备营销将成为中国移动营销在 2015 年的创新趋势。同时，中国的移动营销行业也面临对移动用户认识不足、缺乏行业统一标准和科学评估工具等问题和挑战。

关键词：移动营销　原生广告　程序化购买

一　移动营销整体发展概况

（一）移动营销的由来

移动营销，指在移动设备上进行的或有移动设备参与的营销活动，移动设备包括手机、平板电脑和其他可通信的移动设备。移动营销与传统营销的根本性区别在于前者有移动设备的参与。由于移动设备联网具有可通信、贴近受众、私密性强的特性，品牌可以通过移动设备向受众传达更具时效性、相关性和个性化的信息，从而实现营销目标。移动营销并不仅限于移动广告，任何在移动设备上进行的、帮助企业与消费者进行沟通的活动都应归到移动营销范围

* 陈传洽，跨媒体数据解决方案专家，香港科技大学市场营销学士学位和人文学硕士学位，现任精硕科技（AdMaster）首席运营官。

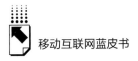

内。移动广告是移动营销中发展较为成熟、企业投入最多的一种形式。

移动营销最早出现在 2000 年前后，主要的表现形式为短信彩信推送。品牌向目标受众群发送营销短信，这种模式诞生后一度非常流行，直到目前也依然存在。例如，很多商场会向会员发送短信，告知促销信息、积分情况、优惠券代码等。但短信营销也引发了一系列问题，包括手机用户的个人信息安全、过多的广告短信影响的用户体验等。目前这种营销方式主要用于企业的客户关系管理，已不是移动营销的主流。

智能手机日渐普及，手机可以在多个生活场景中实现丰富的功能。移动设备也从手机扩展到了平板电脑、智能可穿戴设备等，移动营销随之迎来了真正的春天。

回顾中国移动营销的发展，可以大致分为以下三个阶段：第一阶段（2007～2010 年），基于移动网页的广告逐渐产生，以 AdMob 为代表的国外移动广告平台开始被人们认识，类似的模式开始在国内出现。但总体来说，移动营销在市场规模、媒体数量、营销手段等方面都还很不成熟。第二阶段（2010～2012 年），随着智能手机的普及速度加快，移动应用内嵌广告越来越常见，移动应用广告平台初具规模。移动应用尤其是手机游戏等通过应用商店积分墙等方式进行移动营销已较为普遍，少数品牌广告主也开始在移动营销领域试水。第三阶段（2013 年以后），移动互联网在用户数量上超过了传统互联网，移动互联网环境也出现了巨大变化：一方面，移动社交、移动电商、移动视频、移动阅读等应用四处开花，各大互联网媒体均不遗余力地推广自家移动端应用，并启动移动端商业化策略；另一方面，受众的变迁也令广告主不得不跟随，广告主从试探性地进行移动端营销活动，转变为逐年提高移动营销在整体数字营销预算中的占比。同时，在行业各方的推动下，移动广告物料、移动广告投放和移动广告监测的行业标准也开始建立，移动营销整体进入了规范化、规模化、科学化的高速发展期。

（二）创新无限的移动营销

移动营销之所以创新无限，主要源于其四大核心特征，即精准性、互动性、位置性和长尾性。（1）精准性，指利用移动应用及内置广告，一方面抓取机型、操作系统、移动国际身份码（IMEI）等标准化信息，另一方面获取应用安装列表、媒体使用行为等非标准化信息，实现人口统计学和背景信息推断，描绘更为精准的用户行为、使用时间等，从而实现广告的精准智能投放及管理。（2）互动性，指基于移动应用封装的特性，用户可在不离开应用活动界面的情况下调用系统及硬件功能，最大限度地实现用户体验的流畅和一致。移动应用广告的互动性在这一前提下具备各种可能，主要表现形式有点击拨号（click to call）、地图、视频、在线问答、注册用户信息等。（3）位置性，移动设备具备与生俱来的位置属性，利用定位设备获取用户的地理位置信息，不但可以根据当前位置推送周边的营销活动，而且可描绘用户的生活轨迹，从而更准确地定位目标受众，指导广告的投放。加入社交属性后，这一特点的优势更加得以发挥。（4）长尾性，移动应用的大规模出现和优质应用的短缺现象导致了长尾效应。长尾效应在流量分布、用户使用时间和频次、广告主投入方面都有明显的表现。抓住优质媒体、整合长尾资源是从业者的普遍策略，但是长尾性特征使得媒体营销价值评估和广告投放技术的难度都进一步提升。[①]

移动营销相对于传统网络营销体现了自身的差异化价值：（1）营销的环境不同。屏幕尺寸、广告数量都不再受限。在这种情况下，用户注意力会更为集中。相比之下，PC 屏幕更大，虽然广告尤其是富媒体广告展示效果会更好，但通常广告数量更多，环境会更为"嘈杂"。（2）受众群体不同。随着移动互联网的快速发展，移动互联网在用户规模方面已经超过传统互联网，这意味着移动营销可以触及更为广大的受众群体。并且，由于年轻群体对移动互联网的平均使用时间更长、依赖程度更高，移动营销在年轻人群中进行会更具价值。（3）生活场景更加丰富，碎片化与私密性特点突出。用户在更丰富的生活场景中使用移动设备，使得移动营销可以随时随地进行。另外，由于二维码等新型交互方式的出现，移动设备能方便地打通线上与线下，使得移动营销模式有更多的可能性。

（三）移动营销的市场规模、发展速度

在中国，移动营销自 2013 年开始进入了规模化发展阶段。在移动互联网行业中所占比重也呈现了逐年上升趋势。根据艾瑞咨询的分析评估，2014 年

---

① 童斌：《平台化的移动应用广告新蓝海》，《广告大观》2011 年第 8 期。

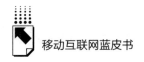

中国移动广告市场规模接近 300 亿元，同比增长 122.1%，增长率连续 3 年超过 100%，预计到 2016 年，市场规模将超过 1000 亿元。[①]

美国互联网市场研究公司 eMarketer 在 2015 年初发表的一份报告中预测，2014 年全球移动广告收入将达 314.5 亿美元，并且未来 4 年内移动广告将在整个市场占据相当大的比例。现在的广告市场有众多数字广告载体，数据显示移动端（尤其是手机）广告的重要性越来越突出。在全球范围内，2018 年会有超过 1500 亿美元的数字广告收入，其中的 1180 亿美元将会来自移动广告。并且，中国市场的增长会非常显著，其移动广告支出费用将达 572 亿美元，在整体数字广告费用中的占比将超过 60%。[②]

（四）驱动移动营销发展的影响因素

移动营销的发展如此迅猛，驱动力主要来自以下两个方面。

一是媒体环境的变化。移动应用研究公司 AppFigures 的数据显示，2010 年，苹果和谷歌应用商店的移动应用数量分别为 25 万款和 8 万款，而 2014 年底，谷歌应用商店的应用数量已达 143 万款，苹果应用商店的应用数量达 121 万款。[③] 中国也涌现了微信、新浪微博、手机淘宝、91 手机助手等一批用户规模上亿的“超级”移动应用。对数量众多的移动应用来说，靠用户下载和付费使用能获得的收入非常有限，将流量变现最快的方式就是移动营销。众多移动应用都在积极探求商业化之路。

二是用户的移动互联网行为变化，让移动营销成为广告主不可忽略的营销策略。移动互联网数据公司 TalkingData 统计，到 2014 年底，全国平均每部移动设备上安装 34 款移动应用，每部设备平均每天会打开 20 款应用。用户使用移动互联网的时间长度也会逐渐赶超桌面互联网。移动设备这个重要的受众接触点的价值必然会被品牌营销从业者认可和发掘。

---

① 艾瑞咨询：《2014 年中国移动广告行业年报》，http：//www.iresearch.com.cn/report/2229.html。

② EMarketer, *Advertisers Will Spend Nearly MYM600 Billion Worldwide in* 2015, http：//www.emarketer.com/Article/Advertisers – Will – Spend – Nearly – 600 – Billion – Worldwide – 2015/1011691.

③ Ariel, *Permalink to App Stores Growth Accelerate in* 2014, http：//blog.appfigures.com/app – stores – growth – accelerates – in – 2014/.

在两方面主要驱动力的作用下，加上移动广告联盟、移动广告交易平台、移动广告第三方监测公司等产业链上下游主体的逐步成熟，移动营销将加速发展。

二 移动营销的主要分类

（一）按技术类型分类

移动营销按技术类型可以分为短信彩信营销、移动网页营销、移动应用营销和新型移动营销几大类。（1）短信彩信营销，又被称为推送类营销，这类移动营销方式出现最早，目前发展得也最为成熟，但用户体验一般不是很好。目前短信彩信营销通常被应用于通信、银行、零售等行业的客户关系管理，市场规模比较稳定，但已经不是移动营销的主流。（2）移动网页营销，指基于手机网站（WAP）网页的营销，包括在手机网站网页中投放广告和企业自建手机网站等。这种营销方式和PC互联网的营销方式基本一致，只是设备环境从电脑换成了手机，营销环境从大屏换成了小屏。移动网页营销由于与PC互联网相似，在广告主中的接受度较高。但从市场规模和发展前景来看，移动网页营销在未来预计会保持稳定，可能不会有大的增长。（3）移动应用营销，指基于移动应用的营销。最初，这类营销方式主要被移动互联网行业内部使用，例如，应用开发者利用积分墙等方式激励用户下载。但随着移动应用的商业化，品牌广告主也逐渐接受了这种营销方式。按照移动应用的类型细分，还可进一步将移动应用营销分为移动视频营销、移动搜索营销、移动社交营销、移动阅读营销、移动电商营销等。考虑到移动互联网的生态环境，移动应用营销将是未来移动营销市场规模化增长的主要领域。（4）新型移动营销，指通过二维码、增强现实等创新技术形式实现的营销，目前该营销方式还处于初步探索阶段。

（二）按计费方式分类

按计费方式分类，移动营销则可以分为以下六类。（1）按点击付费（CPC）。由于容易监测，以点击为导向的移动营销，被广告主和移动媒体广泛接受。（2）按行动付费（CPA）。这种计费方式多被用于电商广告、注册用户和移动应用推广广告中，以实际的下单数、注册数和下载量为计费依据。（3）按展示量付费（CPM）。这种计费方式与桌面电脑端的按展示计费类似，多被用于客户端和网页广告，且大多数品牌广告主倾向选择这种计费方式。（4）按销售成交量/额付费（CPS）。这种计费方式多被电商企业广告主采用，按实际物品或服务的成交量/额计费。（5）按广告投放的时间付费（CPT）。这种计费方式也是从传统互联网广告领域转移而来的，一些门户网站会使用这种方式计费。（6）整合付费（case by case）。如基于地理位置服务活动营销、二维码营销、定制移动应用等新营销形式通常单独计费。有些整合方案也会按整体营销活动打包计费。①

（三）按营销目的分类

移动营销可以按营销目的分为移动广告、移动社会化营销、移动自媒体等。（1）移动广告，主要目的是向受众传达品牌信息，这也是移动营销中比重最大的一部分。移动广告的表现形式非常丰富，包括文字链广告、横幅广告、开屏/插屏广告、视频贴片广告，还有形式新颖的原生广告等。文字链广告、横幅广告在传统互联网中有相同的广告形式，也是较早出现在移动互联网中的广告类型。开屏/插屏广告和视频贴片广告由于占据整个手机屏幕，也被证明广告效果较好，是目前深受广告主欢迎的两种移动广告形式。原生广告等出现较晚，形式上更为灵活，用户体验也更好。（2）移动社会化营销，主要目的是使品牌与受众进行互动，通过互动提升品牌形象、品牌忠诚度等。同时，移动社会化营销的独特价值还在于通过受众之间的人际互动，扩大品牌信息的传播范围。（3）移动自媒体，表现形式包括品牌的移动官网、移动商城、官方移动应用等，除了向用户传达品牌信息、与用户进行互动外，它还可以为用户提供各类相关的品牌服务。

（四）2014年值得关注的移动营销方式

2014年，移动视频营销、移动社交营销和移动阅读营销是显著增长的几类移动营销方式。

---

① 艾瑞咨询：《中国移动营销行业发展研究报告（2011）》，2011年12月。

1. 移动视频营销

2014 年，中国移动视频广告市场规模为 32.1 亿元，较 2013 年的 4.8 亿元大幅增长 569%，成为驱动网络视频广告增长的最大动力。[①] 移动视频营销的高速发展，与科学的监测评估标准的建立和积极的大数据应用有直接关系。

视频广告自产生之日起就与电视广告紧密联系在了一起，因为两者表现形式基本一致，可以用同一个广告素材，视频广告被传统营销策划人员认为可以作为电视广告的"补点"，即视频广告可以实现更高的广告到达率及更多的广告到达频次。在这种背景下，电视和桌面电脑的广告效果数据跨屏监测系统开始建立，并将应用于视频广告的策划排期与效果评估。在移动视频逐渐占据网络视频流量的半壁江山后，精硕科技（AdMaster）等第三方数据公司也把"电视＋桌面电脑"的跨屏系统升级为跨电视、桌面电脑、手机、平板电脑等设备的多屏广告数据系统。在广告效果监测评估优化系统帮助下，广告主能够科学地评估营销投入效果，并逐步增加移动视频广告的投入。

2. 移动社交营销

移动社交营销的走红自然与近年移动社交媒体平台的流行分不开。继微博风靡一时之后，完全从移动互联网开始布局的微信迅速成了中国最大的社会化媒体平台。一批新兴的移动社交媒体先后面世，例如，基于地理位置的移动社交工具陌陌，基于声音、图片、短视频分享的社交媒体唱吧与美拍等。

广告主进行移动社交营销采取的方式通常不是硬广，而是在微博、微信等平台建立官方账号，通过官方账号与受众直接互动，在人际传播中实现广告效益，让内容营销成为社交营销利器。

2014 年，各大广告主的移动社交营销策略基本可以概括为"双微＋新平台"，即以微博、微信两大平台的营销为主体，以其他社交平台的营销为补充。品牌在微博移动平台的营销方式与桌面电脑端基本一致。在微信平台上，品牌官方账号发布信息的频率受到了限制，不能频繁地直接发送品牌信息，因此通过微信在朋友圈产生二次传播效果更为重要。2014 年较为成功的微信营销案例往往是使用 HTML 5 技术制作互动性强的小游戏等，吸引用

[①] 《艾瑞咨询：2014 年在线视频核心数据发布》，http：//www.iresearch.com.cn/view/246302.html。

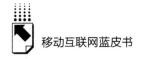

户点击、互动和转发。2015 年，随着微信系统进一步向广告主开放接口、开启朋友圈广告等，微信营销的形态将更为丰富，广告主的投入预计也会有大幅增长。

3. 移动阅读营销

获取新闻资讯一直是移动互联网的重要应用，2014 年，新闻阅读类移动应用也得到了广告主的普遍关注。以往主流门户网站的移动端产品，包括腾讯、网易、搜狐、新浪的新闻客户端，以及移动互联网时代诞生的新闻类应用，如今日头条、ZAKER 等，都已经积累了亿级用户，传播价值正在逐步被发掘。

在 2014 年的世界杯期间，各新闻客户端展开了一场营销战，纷纷通过赞助球队、球星获取独家新闻内容，同时，除了常规展示广告，新闻客户端也为广告客户定制了球星卡、互动游戏、海报等，让世界杯这一体育盛宴成了品牌的营销盛宴。从这一事件可以看到，新闻阅读类移动应用的特点在于其有坚实的用户基础，善于利用新闻事件资源，具有较强的营销策划能力，这是移动阅读营销健康发展的动力所在。

三　2015年移动营销的发展趋势

（一）移动原生广告提升用户体验

自移动营销诞生以来，一直困扰营销者的一个问题就是："在小屏幕上做广告，怎么保证用户体验？"的确，在 PC 网页上看起来平常的横幅、焦点图等，如果按原样照搬到手机屏幕上，用户看起来就会觉得十分杂乱，广告信息呈现效果也不佳。因此，开屏/插屏广告和视频贴片广告等占据整个屏幕的广告形式会更受广告主青睐。而 2013 年原生广告的出现，为网络广告尤其是移动广告带来了新的发展契机。

"原生广告"概念重要发起人和倡导者格林伯格（Dan Greenberg）将其定义为："一种让广告作为内容一部分植入实际页面设计的广告形式。"而其他行业专家也做了一些界定，例如，美国的互动公司 Deep Focus 的总执行官谢弗（Ian Schafer）将它定义为："按照用户实际使用一个平台的方式利用该平台。"验证码广告公司 Solve Media 给出的定义是："原生广告是指一种通过在信息流里发布具有相关性的内容产生价值，提升用户体验的特定商业模式。"①总结各方说法，原生广告的核心特点在于广告内容化和用户相关性。

具体来说，原生广告的表现形式是非常多样的，可以是一条微博、一则新闻、一组图片或一段视频等，让用户沉浸于移动应用的内容、场景和交互之中。原生广告的内容应该是与用户有关、对用户有价值的。由于具有这些特点，原生广告的效果也被证实优于常规的展示广告。根据美国移动广告公司 NativeX 给出的数据，原生广告的点击率比非原生广告高出 220%。②

原生广告在国外已经取得了一定的商业成功。以 Facebook 为例，受赞助内容（sponsored stories）原生广告形式一经推出，每天的营收就达 100 万美元。在 Facebook 2014 年前 9 个月 79 亿美元广告收入中，一多半来自原生广告。③ 在中国，原生广告也已经被一些移动媒体开发。如新浪微博的信息流广告，就是在微博用户的信息流中插入品牌广告主的推广微博。2014 年第三季度，新浪微博的信息流广告收入达 2280 万美元，同比增长 438%。④ 一些新闻阅读类移动媒体，包括今日头条、凤凰网、知乎、有道词典、QQ 空间等，也有类似的原生广告产品。

2015 年，原生广告将成为中国移动营销的一个重要趋势，原因之一在于微信朋友圈广告的加入。1 月 25 日，酝酿已久的微信朋友圈广告揭开了面纱。首批投放微信朋友圈广告的品牌包括宝马中国、VIVO 智能手机和可口可乐。据业内人士透露，微信朋友圈广告投放的价格达 1000 万元。考虑到微信的国内活跃用户约为 5 亿人，微信朋友圈广告一年为微信贡献的收入初期有可能达 50 亿元，未来会达到百亿元级别。⑤ 微信朋友圈广告，很有可能成为中国移动

---

① 《中国常见移动广告形式全解》，http：//news. ccidnet. com/art/158/20140825/5585405_1. html。
② 《移动互联网广告变革 原生广告成主流》，http：//www. cet. cn/itpd/hlw/1202804. shtml。
③ 《原生营销价值井喷，Facebook、微博、微信信息流广告对比》，http：//a. iresearch. cn/bm/20150210/246353. shtml。
④ 《微博发布 2014 年第三季度财报》，http：//tech. sina. com. cn/i/2014 - 11 - 14/05309789970. shtml。
⑤ 罗晓静、孙宇：《微信朋友圈 遭广告"乱入"》，《法制晚报》2015 年 1 月 26 日。

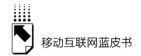

互联网广告的爆炸性产品，改变中国移动营销的格局，原生广告这种营销形态也将迅速占据中国移动营销市场的一席之地。

（二）整合全网大数据进行高效移动营销：程序化购买

程序化购买是与传统人力购买方式相对的广告购买方式，指广告主通过数字平台自动地完成广告购买，其主要依靠需求方平台（demand side platform, DSP）实现。[①] 在传统的人力购买广告投放过程中，广告主需要预先制定半年到一年的预算框架，其后需要进行媒体排期。一旦合作细节敲定，广告的投放就会相对固定，如有变动，流程将会变得比较复杂。而程序化购买的广告投放形式、投放时间、预算分配均更加灵活，有利于提升广告投放效率、减少人力谈判成本。

移动端程序化购买模式2012首次出现在中国，但可用于程序化购买的广告资源仍然较少，整体的市场规模很小。2013～2014年，产业链各环节的参与者陆续出现。[②] 随着各个平台之间（移动需求方平台、移动广告交易平台、移动供应方平台、移动数据管理平台等）逐一对接、测试并投放，程序化购买产业链各环节逐渐完善，广告主也开始尝试这种营销方式，市场从培育期进入了发展期，市场竞争也开始更为激烈。

程序化购买目前主要包括两种方式，即实时竞价（RTB）和非实时竞价（Non - RTB）。实时竞价是广告交易平台在网络广告投放中采用的主要方式，它可以在极短的时间内通过对目标受众的每次曝光机会拍卖，获得该次广告展现的机会；而非实时竞价则是以优先出价或事先约定价格的方式进行结算。[③]

对广告主来说，程序化购买的价值不仅在于购买的便利性，而且在于充分利用移动大数据，提高移动营销的精准性，实现营销效果的优化。大数据一直是程序化购买生态链条上不可或缺的部分，最初的需求方平台和数据管理平台

---

① 《实现差异化的最大价值　四方DSP程序化交易平台》，http：//science. china. com. cn/2014 - 12/30/content_ 7561090. htm。

② 《艾瑞咨询：中国移动程序化购买进入快车道，2014年市场规模将达到3.9亿元》，http：//report. iresearch. cn/html/20140819/236678. shtml。

③ 《DSP、RTB、PPB你混淆了吗？》，http：//www. dspwhy. com/jiaocheng/2014 - 04 - 11/113. html。

通过对用户在移动设备上的行为进行归类，为用户打上不同的标签，再通过标签识别特定目标受众，向符合广告主要求的受众定向投放广告。广告主从买广告资源升级为买受众资源，可以收获更高的营销效率。2015 年，行业普遍预期移动程序化购买整体规模会出现较大的增幅，并且在未来 3 年内保持较快的增长速度。预计在未来 3 年内，程序化购买占数字广告的份额将超过 50%，在移动广告中的占比则会更高。

（三）线上与线下、移动与传统的融合

"多屏营销""线上到线下（O2O）""电视到线上（T2O）""场景营销"等在 2014 年都是互联网和营销从业者讨论的热词。这些名词乍看起来眼花缭乱，却都反映了一个共同的趋势，即移动营销不是孤立的，不是要取代传统媒体营销和 PC 互联网营销。相反，融合移动互联网和其他媒体，打通用户的线上与线下体验，才是移动营销的特点所在。

以多屏营销为例，这个概念最初在视频营销中产生，由于用户的视频内容消费行为呈现明显的多屏特征，基于视频内容的多屏营销应运而生。在跨屏广告数据系统建立后，广告主进行跨电视、桌面电脑、手机、平板电脑的多屏广告投放已成为常态，通过多个屏幕的广告投放实现最终的广告触达目标。然而多屏营销不限于多屏广告投放，通过移动设备实现多屏互动也涌现了不少案例。例如在电视、户外大屏中出现二维码，用户可以通过扫描对相关内容进行关注。

O2O、T2O 的兴起都与移动支付的普及有关。以 T2O 为例，电视剧《何以笙箫默》在东方卫视播出时，就与天猫合作，开始了 T2O 的试水，让观众可以边看电视剧边用天猫客户端扫电视屏幕上的台标，即时购买剧中同款商品。湖南卫视、旅游卫视等电视台和阿里巴巴等电商平台都在积极探寻这种新的营销模式。用户的移动支付习惯养成后，从收看广告到互动到支付直至最后线下体验的营销价值链就可以完全打通。这对一些传统行业，如零售、餐饮、生活服务等来说具有深远的价值意义。

鉴于移动营销与传统营销、线下营销的融合较为复杂，依不同场景可以有很多形态，目前还没有一个统一、成熟的模式，但在这一方向上的探索必然会成为 2015 年移动营销的热点。

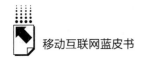

（四）移动营销的新载体：智能可穿戴设备

随着技术的发展，除智能手机、平板电脑之外，还有更多移动设备面世，如可穿戴设备、车载设备等。如果说车载设备离大众的距离还略显遥远，那可穿戴设备经过 2014 年的火爆，已经被广大网民认识。2014 年，共有数十个品牌在中国上市了过百款智能可穿戴设备，包括各种智能手表、手环、头盔、服装等。在功能上，目前可穿戴设备的功能相对集中在运动健身和医疗方面。精硕科技认为，可穿戴技术的出现为品牌开辟了一条全新的渠道去更好地了解、服务消费者。通过触觉引发视觉与听觉的感官叠加，智能可穿戴设备的"亲密性"可以使品牌与消费者更好地互动。要想利用这条"纽带"，品牌必须推出更新、更具创造性的内容与消费者亲密接触。

四　移动营销面临的问题与挑战

移动营销发展到当前阶段，面临的主要问题和挑战包括以下几方面。

首先，对移动用户的特征与行为还需深入理解与研究。移动互联网的环境变化速度很快，相应的用户行为也在不断变化。加之 4G 的普及，用户使用移动互联网的时间势必会更长、更分散，有更丰富的生活场景。持续监测、研究用户的移动互联网使用习惯，对移动媒体和广告主来说都是必不可少的任务。

其次，在行业各方的共同努力下，移动营销的监测评估行业标准已初步建立，实现了无线广告数据监测的度量统一。监测标准为广告主评估其广告投放效果提供了更加有效的方法和依据。一些移动广告平台和媒体，包括易传媒、多盟、优酷土豆等，已经通过了标准合规测试，但监测标准要在海量的移动应用中普及还有待时日。

再次，新的移动营销方式不断涌现，但这些营销方式还缺乏被行业认可的效果评估方法。没有权威、科学、透明的效果评估方法，将不利于这些新的移动营销方式的发展，这方面有待第三方监测公司和行业各方的共同探索。

最后，移动营销还需解决用户安全问题，包括保障用户信息安全、避免恶意程序给用户造成经济损失等。国家互联网应急中心在 2014 年的中国互联网大会上公布，2014 年上半年，新增移动互联网恶意程序超过 36.7 万款，移动恶意程序 99% 以上针对安卓平台，其中恶意扣费类程序占 62% 以上，超过 300 家应用商店存在移动恶意程序。[1]

　　比较常见的恶意营销形式是在手机应用中捆绑恶意插件，用户在下载应用时并没有提示，但下载完成后恶意程序会在后台自动运行，在用户手机屏幕上频繁弹出插屏广告、通知栏广告、浮窗广告等，这些广告不但会影响用户正常使用手机，而且难以清除，一旦用户误点到广告界面，手机就会自动下载恶意广告，大量耗费用户手机流量，造成用户的话费损失。还有一些恶意程序会窃取用户手机和账户信息，不法分子会将这些信息出售给其他商家从中牟利。更有甚者，有些不法分子直接利用手机支付病毒、钓鱼红包链接等进行诈骗。因此，保护用户信息、打击恶意营销和虚假营销，需要政府和行业共同制定和执行安全标准，完善安全监测机制。

---

① 魏薇、王沛：《移动互联网的"地下世界"》，《人民日报》2014 年 9 月 11 日。

Ⓑ.17

迈向多元化的移动阅读

蔡劲 李朝阳*

摘　要： 2014 年是移动阅读爆发的一年，也是孕育裂变的一年。社会
关注面突增，用户认知度提升，移动阅读收入大幅增长，但
竞争加剧，营收接近"天花板"。移动阅读作为"泛娱乐"
中维度较低的产品，既面临游戏等高维度娱乐产品的竞争，
又要面对免费趋势带来的压力，因此需要提升阅读产品品
质，从个性化、高品质和全版权运营中寻找出路。

关键词： 移动阅读　移动互联网　版权运营

一　2014 年国内移动阅读市场概述

（一）2014 年我国移动阅读产业市场规模

随着手机、手持阅读器等移动终端产品的问世和普及，移动阅读这种新的
阅读形式逐步受到了人们的追捧，用户可以通过移动终端阅读电子图书、漫
画、杂志等，随时随地享受阅读的乐趣。2014 年，中国移动阅读市场收入规
模达 88.4 亿元，同比增长 41.4%，[①] 活跃用户数比 2013 年环比增长 20.9%，
达 5.9 亿人。[②]

　＊　蔡劲，看书网运营总监；李朝阳，看书网副总裁。

　①　中国移动阅读市场收入指中国移动阅读企业在其移动端平台方面的收入，包括用户付费收入、
　　　广告收入、增值服务收入、版权运营收入、电子阅读器收入等，不包括电信运营商手机报收入。

　②　《易观分析：中国移动阅读市场趋势预测 2014 ~ 2017》，http://www.enfodesk.com/
　　　SMinisite/newinfo/articledetail - id - 418653. html。

（二）我国移动阅读用户构成及用户习惯

网易发布的《2014年移动阅读报告》显示，移动阅读用户呈现了男多女少的状况，男性用户占了72.56%，远远超过女性用户占比，易观、掌阅iReader发布的用户数据与此大致吻合。在年龄分布上，19~30岁的用户占60.94%，是移动阅读的核心用户，其中19~25岁的用户最多。[①] 对阅读场景的调查发现，移动阅读用户使用场景最多的是"床上"，其次是"公交车/地铁上"；卫生间也是用户使用移动阅读较多的场景。

（三）当前我国移动阅读市场格局

在移动阅读市场营收格局方面，易观智库发布的《中国移动阅读应用营收竞争格局（2014年上半年)》显示，在2014年上半年中国移动阅读应用客户端市场中，三大电信运营商阅读基地的收入占整体市场份额的67.9%。具体来看，中国移动"和阅读"一家独大，市场份额高达49.1%；中国联通"沃阅读"和中国电信"天翼阅读"分别占有12.5%和6.3%的市场份额；掌阅iReader占整体市场的5.2%；起点读书占4.2%；QQ阅读占3.8%；91熊猫看书占0.8%。[②]

在阅读类应用装机量格局上，掌阅iReader以35.56%的高份额称霸市场；书旗小说以12%的市场份额稳居第二，但仍不足掌阅iReader的一半；第三名QQ阅读市场份额也只有9.32%；中国移动"和阅读"、91熊猫看书分别占了8.49%、6.01%。[③] 掌阅iReader在应用装机量市场上处于领导者地位。[④]

（四）当前移动阅读市场格局分析

1. 运营商——便捷的计费是天然优势

在移动互联网概念未被提及时，人们就已经在手机上阅读了。而运营商的

---

① 《2014年中国人电子书阅读量超14亿册》，http://luxury.ce.cn/sd/sdzh/201412/29/t20141229_2210594.shtml。

② 参见http://www.enfodesk.com/SMinisite/newinfo/articledetail-id-417971.html。

③ 速途研究院：《2014年Q3移动阅读App市场分析报告》，http://www.sootoo.com/content/526827.shtml。

④ 《速途研究院：2014年Q3移动阅读App市场分析报告》，http://www.sootoo.com/content/526827.shtml。

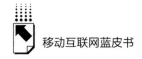

涉足,迅速让大众看到了电子书在移动端强大的变现能力。

中国移动"和阅读"的出现在移动阅读市场发展中有里程碑式的意义,其首先建立了内容管理平台,对所有引入内容进行不良信息过滤、审核把关,并实行了"版权前置",对所有作品先确认版权归属再传播。其内容审核标准和完善的版权审核规范成为行业标杆,对整个移动阅读市场正规化、市场化、商业化起到了积极的推进作用,对打击盗版、扶持正版有划时代意义。之后的中国电信"天翼阅读"、中国联通"沃阅读"基本上照搬了中国移动"和阅读"的内容引入机制,其他移动阅读平台也普遍沿用了"和阅读"运营电子书的 B2C 模式。淘宝阅读试图颠覆这一模式,结果以失败告终。

建立了良性的运营基础后,中国移动"和阅读"在营收上拔地而起。2010 年"和阅读"正式投入商用,2011 年开始增收流量费,都未影响用户活跃,反而逐步培养了用户付费阅读的习惯。截至 2014 年底,"和阅读"实现营收 45 亿元,[①] 独领风骚。在内容商中,看书网以独到的精细化运营思路、敏锐的市场嗅觉和较强的渠道操作能力,营收赶超起点中文网,颠覆了以内容为王的粗放经营模式,年化收入接近 1 亿元。

我们看到运营商的用户优势和渠道能力不能忽视,但最重要的是通过话费来进行支付,与电子书这类小额支付体验有天然的适配性。支付是挡在变现前的一道沟壑,淘宝用了很多年才让大众习惯使用支付宝,而运营商的移动阅读从一开始就没有这一困扰,用户很便捷地就可对电子阅读进行付费。

近年来,阅读类应用、WAP 站点遍地开花,运营商的吸金王者地位却无人撼动,原因就在于其在话费支付方面具有天然优势。2014 年运营商移动阅读收入获得了长足增长,这与各渠道的推广密不可分。仅以中国移动"和阅读"为例,该平台 40 万种正版图书支持渠道接入使用,通过移动话费便捷支付、多渠道全平台推广,引发了移动阅读收入的全面爆棚,2014 年仅图书类产品收入就突破 45 亿元,同比增长 50%。[②]

另外,巨大的收入并未带来巨大的用户量,运营商面临着移动阅读市场渠

---

① 引自中国移动"和阅读"《2014 年度总结及 2015 年度计划》。
② 引自中国移动"和阅读"《2014 年度总结及 2015 年度计划》。

道不再向运营商引流的困境，用户被渠道商截流已是不争的事实。得粉丝者得天下，用户之争不可避免地成为移动阅读的巅峰之战。更有业内人士认为，运营商支付在带给用户"零感觉"爽快的同时，也降低了用户对应用的黏度。独立支付体系中充值账户的余额会吸引用户再次访问，运营商阅读则缺少此种对用户的"羁绊"。

从结果导向来看，运营商仍是移动阅读市场最大的获利者，并且在短期内其计费优势不可替代，中国移动"和阅读"会在相当长时间内继续笑傲移动阅读的"江湖"。

2. 掌阅 iReader——用户体验制造装机神话

掌阅 iReader 在手机阅读客户端上耕作多年，与除苹果、小米之外的 200 多家手机厂商有合作，为其提供阅读平台和服务支持，厂商覆盖率在 90% 以上，在终端内置市场上拥有绝对优势。在接入内容方面，掌阅 iReader 与 300 多家优势版权机构达成了合作意向，拥有 20 万种图书，虽不如"和阅读"40 万种的规模，但掌阅 iReader 的内容接入和审核没有运营商那样复杂，大大节省了内容商成本，在后续内容储备上大有空间。同时在"首发书"的引入上，掌阅 iReader 没有运营商的体制包袱，更有时效性，易凸显平台价值。

随着多年的悉心耕作，在产品体验上，掌阅 iReader 与其他竞争对手相比亦占有优势，其功能丰富，支持市面上所有主流格式的电子书，自有研发的 eBook 3 支持音视频等富媒体，排版效果远胜实体书。此外，2013 年，掌阅 iReader 推出了全球独一无二的护眼功能，备受用户好评。掌阅 iReader 坚持从用户角度出发，不断优化客户端应用，客户端良好的用户体验为掌阅 iReader 打下了坚实的市场基础。巧妇难为无米之炊，没有产品仅有渠道，是空谈；有产品、有渠道，才能双剑合璧。

虽然如今拥有了较大规模的用户，但掌阅 iReader 仍面临用户活跃度、付费转化等问题，前有运营商强大支付优势的挤压，后有书旗小说的免费冲击，如何提升用户的付费意愿，是掌阅 iReader 需更进一步解决的重大问题。

3. 百度、腾讯——强大的用户优势

尽管起步较晚，但依托数亿手机 QQ 用户，腾讯 QQ 书城的入口优势无人能及，在移动阅读市场强势占据一席。百度收购 91 熊猫看书，在移动端大力整合，尽管在"扫黄打非·净网 2014"期间 91 熊猫看书被查，一度关停整顿，但

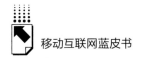

其市场份额依然为0.8%。相较而言，塔读文学在内容端精耕细作，大力签约知名作者，储备大量的优质版权作品，收入份额占了1%，殊为不易。

4. 盛大文学——内容巨擘迷失在移动互联网时代

一度统领中国原创网络阅读市场的盛大文学，旗下集聚了起点中文网、潇湘书院、红袖添香网、小说阅读网、榕树下、言情小说吧六大原创文学网站，在原创文学市场一度占了72%[①]的收入份额，拥有无可匹敌的内容优势。然而盛大文学在移动端屡屡失策，曾寄予厚望的云中书城[②]不成大器，渐渐悄无声息。顺应移动端市场诞生的盛大无线也似乎先天不足，面对盛大文学的庞大帝国，仅仅扶持起点中文网的做法令旗下其他原创文学网站不满。盛大无线非但没有"整合各家资源，多渠道、多平台、多维度地全面共融抢占市场"，实现PC端和移动端的无缝对接，为盛大文学占据移动市场大杀四方，反而在内部形成壁垒，成了盛大文学与各大平台之间的"中介"——沟通短板、整合不足，严重影响了优质内容资源的增值孵化。

海量内容资源利用不足，使盛大文学的核心竞争力日益弱化，内容优势无力发挥。移动阅读市场曾是盛大文学面前的一片"蓝海"，移动互联网与互联网一体共生，中国式的移动阅读基本上是原创文学从PC端转移到移动端。与其他厂商相比，本身就是原创文学寡头的盛大文学拥有太多优势，无论是"和阅读"的运营商平台，还是掌阅iReader的非运营商平台，其主要内容都来自盛大文学。"和阅读"数据显示，2012年其榜单书80%来自盛大文学——虽然对外授权使盛大文学自2012年起扭亏为盈，但其他平台在移动阅读市场站稳脚跟后，对盛大文学的依赖逐渐减弱。如今在移动端仅有起点读书苦苦支撑，与盛大文学庞大的内容资源相比，实在难让人满意。

除出卖版权，盛大文学近年来没有其他让人留有印象的重要举措。盛大文学两度IPO无果，估值一路缩水，2014年底被腾讯收购，旗下的顶梁柱起点读书重回之前携团队出走的吴文辉手中。至此，陈天桥打造"中国迪士尼"梦碎，一代内容巨擘就这样黯然唱罢，换角易主，不禁让人唏嘘。

---

① 《盛大文学"融资狂想曲"：IPO或重启》，http://www.sootoo.com/content/431665.shtml。
② 云中书城，原名云中图书馆，系原盛大文学的运营主体平台。

二　2014年国内移动阅读市场发展分析

（一）移动阅读营收面临"天花板"

2014 年是移动阅读爆发的一年，也是动荡裂变的一年。经过几年的商用积累，2014 年移动阅读迎来阶段性爆发，营收层面增长幅度加大，社会层面关注度突增，用户认识度提升。加之 BAT 入行，行业热度加剧，竞争激烈。同时，随着智能手机的普及，手机屏幕日益变大，功能日益丰富完备，各种应用层出不穷，用户的时间越来越多地被分解，掌上竞争进一步加剧，而移动阅读作为"泛娱乐"中维度较低的产品，用户黏性无法与游戏等相比，缺乏新的增长点，营收面临"天花板"。

（二）以用户为王、以收入为导向的经营模式正在发生转变

在市场成熟之后，移动阅读初期的粗放经营模式渐渐不能适应长期的战略需求。在移动阅读领域，运营商、内容商均意识到了用户是移动阅读市场竞争的核心，只有拥有了用户，其才能拥有移动互联网时代的未来。而拥有入口优势的互联网巨头，在移动端大力布局，插足移动阅读领域，使得运营商、内容商、渠道商三方拉锯，用户之争更为凸显。

面对如此态势，传统的以短线收入为导向的经营模式正在发生转变，着眼长线收益、以深度用户运营为核心的经营模式成为主流。其中，以运营商的转变最为明显，一直以严苛的企业关键绩效指标（key performance indicator，KPI）为各层级考核标准的运营商，业务的净利一直是其 KPI 的重点，而收入指标、利润率的考核直接导致运营商在移动阅读布局和品牌宣传上缩手缩脚。财务不独立、成本控制严、市场响应慢，使之在"挖大神""首发书买断""广告投放"等环节都没有其他厂商灵活，缺少互联网基因。其结果是，"和阅读"在以 45 亿元的营收笑傲群雄时，其品牌知名度甚至不如一款盗版小软件，"无品牌"使用户引流难的问题更为突出。

痛定思痛的运营商，开始逐步改变以"收入"为关键指标的绩效体系，将短线收入指标并入长线发展用户和品牌规划。例如，"和阅读"与"天翼阅读"的 2015 年计划均未制定严格的收入增长要求，而针对门户页面的"用户

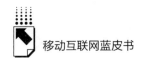
访问退出率""用户活跃度"则成为重要参数。

另外，其他厂商也有进一步动作，掌阅 iReader 历经五年低调耕作后，2014 年 3 月开始在北上广大肆投放广告牌，后斥资在电影《小时代 3》放映前推出了贴片广告，并赞助《匆匆那年》，在电影中冠名。一系列的举动，显示了掌阅 iReader 打响品牌、夺取用户的决心。

（三）移动阅读迫切需要提升品质

自 2014 年 4 月中旬至 11 月，国家互联网信息办公室、工业和信息化部、公安部在全国范围内统一开展了"扫黄打非·净网 2014"专项行动，引发了网络文学圈大地震，互联网和移动互联网端大量作品被排查下架，不少站点直接被关停，移动阅读端收入锐减。"净网"尾声的 11 月，中国移动"和阅读"点播收入比 4 月下滑一半，300 多家内容合作伙伴的收入均受到了不同程度的影响。

随着互联网的发展，网络原创文学刚刚摆脱"上不了台面"的窘境，一体共生的移动阅读受其发展环境、大众用户定位的影响，低俗内容蔓延。人们在高雅方面的趣味各有不同，但在低俗方面的爱好大致相仿，感官文字、低俗情色内容在短期内易受追捧，创造高额收入。从发展层面来讲，单一的内容模式更不利于培养用户的成长性需求，用户面狭窄，难以满足长线发展需要。移动阅读产业如何提升自己的品质，以应对越来越严峻的市场竞争、千变万化的用户需求和日益严格的监管，是该产业绿色健康发展迫切需要解决的问题。

（四）公司化——运营商的野心

为了更好地拥抱移动互联网，运营商移动阅读基地陆续实现公司化。2012 年天翼阅读首先"去基地化"，2012 年 8 月 7 日，天翼阅读正式注册成为天翼阅读文化传播有限公司，开始公司化进程；2014 年 7 月，天翼阅读引入中文在线、凤凰传媒、新华网作为战略投资合作伙伴，后三者将对前者投资 13892 万元，占前者增资后 20.7% 的股权。[①] 2014 年 11 月 18 日，咪咕文化科技有限公司注册成立，中国移动一举将其旗下音乐、视频、阅读、游戏、动漫五大基

---

① 《中国电信为旗下阅读公司引入战略投资合作伙伴　加大开放力度》，http：//www. chinatelecom. com. cn/news/02/t20140721_ 117679. html。

地整合，形成了全新的新媒体公司。

运营商阅读营收在移动阅读市场名列前茅，但几十亿元的体量放到三大电信运营商动辄数千亿元的收入规模层面来看，几乎可以忽略不计，然而运营商纷纷表现了对移动阅读的强烈兴趣，并且大力整顿，加快体制改革进程，原因何在？随着 OTT（over the top，指通过互联网向用户提供各种应用服务）的冲击，产业价值快速转移，传统语音、增值服务一路缩水，体制内的运作模式已经很难顺应时代，运营商需要摆正心态、调整策略，以避免被管道化。因此，公司化是运营商涉足 OTT 业务的大胆尝试，有利于其甩掉冗长的流程包袱，加快市场响应速度，提升品牌价值及自主开发能力，以全新的模式拥抱移动互联网，不再受体制制约，按市场规律发展，从而保住收入增长点，不在移动互联网时代被蚕食。运营商既对移动阅读心存思虑，也寄予厚望。

（五）移动阅读市场的并购与争夺

移动阅读领域的收购如火如荼。百度收购91熊猫看书、纵横中文网，完成进军网络文学市场的布局；腾讯挖走起点中文网创始团队，2014年成功收购盛大文学，一跃成为网络文学巨头；阿里巴巴相对低调，但并非没有动作，从最早的淘花网到独立运营的淘宝文学，阿里巴巴试图摸索移动阅读发展的新道路，一再改变商业模式，最终选择了一条出路——收购 UC（UC 在 2013 年收购了书旗小说）。由此可见，大型互联网公司收购在线阅读网站已成趋势。2014 年 11 月 27 日，百度文学正式宣布成立，形成了包括纵横中文网、91 熊猫看书、百度书城等子品牌在内的架构，百度同时实现了拥有 10 亿注册用户的百度贴吧和百度书城账号的融合共享，同步打通了游戏、音乐、视频及 91 无线等百度系资源，试图打造完整产业链。借助全平台资源，百度主打原创平台与分发平台，拟重点发展"粉丝经济"和"泛娱乐化经济"，立体挖掘网络文学的价值。阿里巴巴调整业务方向，暂停淘宝阅读运营，拟并入更有品牌影响力的书旗小说。书旗小说在移动端拥有极高的装机量，2014 年客户端活跃度排名第二，仅次于掌阅 iReader。解散淘宝阅读，扶持书旗小说，阿里巴巴壮士断腕的勇气源于野心。腾讯则完成了对盛大文学的收购，确立了其在移动阅读领域的领先地位，在移动端坐拥 QQ 书城和起点读书同样是优势明显。

以前的厂商特别是游戏公司投资原创文学领域，主要是为了以低廉价格获取用户流量，再导流给游戏等其他产品，而作为中国互联网巨头的腾讯、百度、阿里巴巴，都不缺少流量，更多的反而是向阅读导流量。对 BAT 来说，培养移动阅读，可以丰富自身移动端增值服务项目，实现用户在游戏、视频、阅读、音乐、交友、购物等应用间的互相转换，形成完整的生态圈，以尽可能地避免用户跳脱自身体系。同时，移动阅读也是将 BAT 拥有的流量变现的手段。随着移动终端的发展，用户在移动终端上花费的时间越来越长，用户更愿意使用便捷的手机来获取内容，而移动阅读已经拥有一套完整且被市场认可的计费规则，单章价格又非常低廉，更便于培养用户的付费习惯，这不能不说是一手好牌。现今在移动支付领域，支付宝一家独大，腾讯的微支付、百度的百度钱包都难以与之抗衡，移动阅读为腾讯、百度在移动支付领域的竞争新增了一条途径，于是移动阅读俨然成为 BAT 争夺的一块蛋糕。2014 年底，腾讯收购盛大文学，最终的成交价格 50 亿元抵得上盛大文学全盛时期的估值——此价格被认为是 BAT 竞价的结果。

纵观三大互联网巨头，百度的主营业务是搜索，主要收入来源为广告和竞价排名。阿里巴巴的主营业务是电商，主要收入来自淘宝和天猫。腾讯的主营业务是社交网络，其主要的收入来源是社交网络的增值服务和游戏，与移动阅读一脉共生，同时，随着市场的成熟，明星 IP 的价值得到了人们的一致认同，"山寨"再也不能适应市场发展的需要，腾讯对 IP 的渴求更为热切。除 BAT 之外，其他互联网公司也在争食移动阅读的蛋糕。2013 年底，人民网以 2.49 亿元收购成都古羌科技有限公司 69.25% 的股权。古羌科技旗下有以互联网阅读、无线阅读为业务核心的数字阅读公司看书网。在无线阅读平台上，古羌科技首创"精细化运营"模式，通过具体分析移动阅读用户喜好，将网络原创内容进行包装，使其更加符合移动阅读的特点。鉴于部分原创作者经验少、写作随性等特点，古羌科技推行了上线作品全文审校制度，组织编辑团队对上线作品进行把关和润色。此举需要投入巨大的人力成本，在前期并不被其他内容商看好，但古羌科技凭借精细化运营，使作品情节更合理、语言更通顺，同时既符合移动阅读平台传播的要求，又符合用户的喜好，大大提高了精品率，由此受到了业界的重视。经过精准划分章节、优化简介和推荐语，古羌科技让用户获得了良好的体验。在短短的三年内，古羌科技在数百家内容商中脱颖而出，一举成为移动阅读领域较优秀的内容运营商之一，曾一度超过起点中文网，成为"和阅读"收入第一的合作伙伴。

（六）移动阅读的"蓝海"初现端倪

1. 客户端聚焦用户深度运营

有了腾讯在内容端的显著优势，各家企业基于产品的竞争会更加激烈。内容之争不再是焦点，产品体验、聚焦用户的深度运营才是新的制高点。如果以前还有 WAP 与客户端之争，那么到 2014 年客户端的重要性已经人尽皆知，特别是掌阅 iReader 客户端占有率渐有倾吞之势，更激化了各家企业参与竞争客户端的决心——在移动互联网思维中只有第一没有第二，当某品牌成为用户心目中的最佳选择时，用户很难再考虑其排名之后的品牌。留住用户，客户端是关键。与传统的 PC 阅读不同，用户习惯了手机的便捷性，虽然用户的客户端下载使用量有限，但每一种娱乐类型的客户端都有机会占领那个位置。

目前，阅读客户端的运营，除渠道推广外，就产品体验来讲主要分为以下几个方向：产品的视觉交互体验、产品的功能性体验、产品的反应速度。各平台都致力于提升用户体验，客户端的迭代周期明显加快。从内容上看，掌阅 iReader 简化了图书分类，使用户更一目了然；"和阅读"增加了多维度的榜单内容，以满足不同类型用户的差异化需求。另外，增加"好友分享""荐书"等功能，着力打造社区化、有参与感、可交友的平台模式，形成圈子以提升用户黏度的做法，是客户端深度运营的新思路。

2. 全版权运营成移动阅读创收新出路，IP 增值各出新招

随着影视、游戏改编的大热，全版权的概念不断被印刻在人们脑海中。通俗地讲，全版权就是一个版权源头在"所有领域"或"多个适合领域"全覆盖式的运营，包括一切其他形式的改编、再创作。在欧美、日本等娱乐产业发达的国家，全版权的市场化已非常成熟，如美国漫威漫画公司的超级英雄系列、日本《死亡笔记》《进击的巨人》等大热漫画，从漫画衍生了电影、电视剧、舞台剧、游戏、音乐等不同艺术表现形式，同时还衍生了面向粉丝群的手办①、场刊②等丰富的实体周边产品。

影视制作等投资成本高、风险大，如何确保收回成本？明星 IP 是不二的

---

① 手办，以动漫、游戏角色为原型而制作的人物模型。

② 场刊，即现场的特别刊物，诸如演唱会、舞台剧、声优见面会等场所贩卖或赠送的小册子。

选择。一来，明星 IP 通过市场验证，质量过硬；二来，其已拥有一定粉丝群，品牌自传播能力强，能带来较大社会影响力，可为后续的产品衍生打下坚实基础。而衍生所带来的巨大效应，则可为 IP 创造全新价值。

全版权，明星 IP 是基础。目前我国网络文学已经进入了全版权深度开发及运用的新阶段，网络文学已成为图书影视、戏剧表演、动漫游戏等相关产业的源头性内容资源。据不完全统计，2011 ~ 2014 年网络文学共有 161 部作品的影视版权售出；2012 ~ 2014 年有 50 多部转换为游戏产品。例如，网络文学作品《步步惊心》实体出版码洋超过千万元，并被改编成影视剧热播，形成了过亿元的产业链规模。[①] 腾讯花费千万元为其旗下"大神作家"猫腻《择天记》制作同名动画片，以期带动游戏、周边衍生产品的发展，并宣布启动"一人一千万"明星 IP 全版权推广运作计划。"和阅读"也开始全版权进程，拟与影视公司重点打造明星 IP，合作影视改编事宜。

三　移动阅读行业未来发展预测

（一）免费——移动阅读的未来

中国的原创文学伴随着互联网的发展而诞生，与它一同降临的是"免费"，虽然随后起点中文网开创了 VIP 订阅，形成了一套成功的商业模式，但并未覆盖整个市场——假设抹去阅读的收费体系，原创文学是否会死去？答案是不会的。归根结底，原创文学的基因是分享，是交流，是互动。在市场发展初期，付费在一定程度上提升了作品质量、激发了作者的活性，但同时是阻碍用户活跃的一道阀门。为了弱化收费和用户活跃之间的矛盾，晋江文学城等采用了写长评换积分免费订阅等手段，但在移动阅读市场中，用户活跃度远远不够。加上版权概念薄弱、盗版猖獗，在收费阅读之外，一直有一个更为庞大的免费市场，网罗了"最大用户群"。

多维度的 IP 运营（影视、游戏、动漫）将是未来阅读创造价值的主要来源。

---

① 《网络文学已进入全版权深度开发新阶段》，http：//paper. people. com. cn/rmrb/html/2015 – 01/01/nbs. D011000renmrb_ 01. htm.

用户可以免费获得内容，但是可通过付费获得更高层次的服务，如提前看到更新内容、享受更好的图文质量服务；同时，打赏①、催更②、长评奖励等互动方式，可满足不同消费层级用户的选择需求，实现用户维度的多层级运营。利用免费获得最大的用户群，用1%的用户精神消费来获得99%的当前收入，通过99%的用户获得市场认可度和影响力，打造明星IP，形成"后置收费"，会是未来的常态。

从阅读的黏性来说，强互动一定会使用户在移动阅读生态中占据更主要的位置，从而改变从前以内容（包括作者）为核心维度的聚集方式。以前的用户是围绕"内容（情节）""大神（作者）"进行聚集和互动的，但未来用户可以基于自身维度形成新的核心，产生社交化的阅读，衍生更为庞大的可生长的粉丝群体。

（二）品质与个性——高端内容的出路

信息化时代，在行业发展分析、市场对标时，我们总会向发达国家寻找经验，互联网发展尤其如此，先进的模式常常由发达地区向次发达地区，再向不发达地区逐渐渗透蔓延。在美国、日本的电子书市场，手持阅读器和平板电脑等新终端的用户的阅读时间比使用智能手机用户的阅读时间要长得多，由于用户的付费意愿较好，电子书的价格并不低廉。在日本实地调研时，我们发现电子书被封装到纸盒中，置于书店、便利店进行实体销售，与纸书似乎没有区别。在电子书市场，没有哪个国家拥有中国这样庞大的网络原创资源，当当网曾因抨击亚马逊Kindle试图取代纸质书的"仪式感"而沦落为"小众的消遣"。事实上似乎也确实如此，尽管Kindle在美国、日本的阅读市场发展较好，但在中国一直打不开局面。在中国移动阅读市场中，传统出版物的占比几乎可以忽略不计。

与网络文学相比，高端内容想要覆盖大众用户变成主流，几乎是不可能的。但在个性化时代，高端内容仍然有生存空间，从长远发展来看，高端内容市场将与美国、日本的电子书市场趋同，注重品质，提高价格。网络原创文学的娱乐价值越来越高，而高端内容注重品质与个性，甚至定制性会越来越强。

---

① 打赏是用户对作品认可后，直接给予作品奖励的互动道具，其一般可直接兑换成人民币。
② 催更，是用户对某作品的更新速度不满意时，用来催促作品更新的道具，只要第二天作者的更新量能达到更新票要求的量，更新票就会起作用，同时作者可获得一定的收益。

B.18

面向移动开发者的服务及
平台发展分析

何树煌*

摘　要： 移动互联网的快速发展带动了移动应用开发配套体系的繁荣。2014 年，中国移动应用开发者数量超过 300 万人，同比增长约 16%，其生存环境得到了进一步改善。各移动应用开发平台的竞争，提升了对应用开发者的服务。移动应用开发者与移动应用开发平台相互依存、相互借力，构成了中国移动应用开发的良性生态，成为中国移动互联网快速健康发展的推力。

关键词： 移动开发者　移动开发者服务平台　开放平台

一　中国移动应用发展现状

移动应用是指可以在智能手机、平板电脑和其他移动设备上运行的应用程序。[①] 若沿着智能手机的发展路径往前追溯，世界上第一款智能手机 IBM Simon 便搭载了日历、通讯录、电子邮件和游戏等应用程序，可算为移动应用面向市场的开端。随后，塞班（Symbian）系统的发展壮大为移动应用的增长提供了极佳的平台。而当安卓和 iOS 操作系统横扫全球后，移动应用的发展才

---

* 何树煌，艾媒咨询集团分析师，长期关注 O2O、投融资、移动开发、手游等领域。

① 参见 http：//zh. wikipedia. org/wiki/%E6%B5%81%E5%8B%95%E6%87%89%E7%94%A8%E7%A8%8B%E5%BC%8F。

进入井喷阶段，从量和质上得到了极大的提升，并呈现了多样化、专门化、垂直化的趋势。

在 App Annie & MEF 发布的 2014 年 10 月全球移动应用市场经济发展报告中，中国是仅次于美国的世界第二大移动应用市场，① 这仅仅是针对谷歌 Google Play 和苹果 App Store 两大应用商店的数据。除了谷歌、苹果、亚马逊和微软的应用商店，中国还有规模庞大且竞争激烈的第三方移动应用平台。移动应用市场的繁荣很大程度上得益于智能手机与高速移动网络的普及、用户使用移动应用时间的延长和移动流量资费的降低。

截至 2014 年底，中国智能手机用户达 5.19 亿人；手机网民规模为 5.57 亿人。② 统计数据显示，2013 年 8 月到 2014 年 8 月，用户使用移动应用的时间增长了 21%（统计数据来自覆盖 15 亿部移动设备的 28000 个应用）。③ 苹果 App Store 2014 年第二季度收入的一半来源于美国、中国和日本，中国在第二季度贡献的收入比第一季度增加了 20%，④ 这或许可以从一个侧面看出中国移动用户付费意愿增强。

《百度移动分发报告（2014H1）》称，截至 2014 年 6 月，应用市场大盘用户规模较 2013 年底增长 27%，应用市场大盘的人均下载量为 2.9 个/天。⑤ 根据各平台发布的数据，截至 2014 年 6 月，腾讯开放平台移动应用总数超过 120 万款，移动应用数量是 2013 年 6 月的 6 倍。⑥ 据 360 手机助手发布的数据，截至 2014 年 9 月，360 手机助手（安卓）累计用户量超过 6 亿人，

---

① 《App Annie & MEF：2014 年 10 月全球移动应用市场经济发展报告》，http://www.199it.com/archives/287581.html。
② 中国互联网络信息中心：《中国互联网络发展状况统计报告（2015 年 1 月）》，2015 年 2 月。
③ 《Localytics：过去 12 个月用户应用花费时长增长 21%》，http://www.199it.com/archives/274994.html。
④ 《App Annie：2014 年 Q2 全球移动应用市场报告》，http://wenku.baidu.com/link?url=9C40AoCTrSNIfGCVB3nwTdJY8L - BN85wPs5UcruVSfbuQT_ yuYljz - EsKAhG0yL2oPJuMbgCn_ wqx4M66SNQm8fuPWkjhs1jv70tBZH71IK。
⑤ 《百度移动分发报告（2014H1）》，http://shushuo.baidu.com/act/91dist/app/。
⑥ 《2014 中国互联网开放平台白皮书》，http://qzonestyle.gtimg.cn/qzone/vas/opensns/res/doc/CHINA_ OPEN_ PLATFORM_ WHITE_ PAPER_ 2014.pdf。

累积下载量超过 550 亿次，最高日分发量达 1.6 亿次。[①] 截至 2014 年 6 月，百度应用市场用户规模较 2013 年底增长 38%，日人均下载量为 3.1 个，覆盖的开发者超过 100 万人，覆盖用户超过 6 亿人，最高日分发量超过 1.3 亿次。

二　中国移动应用开发者基本情况

（一）　移动应用开发团队结构及盈利模式

为深入了解目前中国移动开发者的基本情况以及未来发展趋势，艾媒咨询通过对北京、上海、广州、深圳、武汉、成都六个城市的科技园群采取整群抽样方式，进行了系统化的调研。[②] 2014 年，中国移动应用开发者数量超过 300 万人，同比增长约 16%。移动应用开发者数量的增长，一方面来自原来 PC 应用开发者的转移，另一方面在移动化浪潮的影响下，更多人投身移动应用开发。而大部分开发者开发年限较短，艾媒咨询的数据显示，40.1% 的移动应用开发者开发年限在 1.5 年以内，开发年限超过 3 年的移动应用开发者占比为 8.2%。[③] 在当前的移动应用开发者中，团队开发者的比例已达 73%。其中，50 人以上的团队占 30.3%，21～50 人的团队占 27.0%，2～5 人的小团队仅占 9.4%（见图 1）。由于市场竞争的加剧，个人开发者比例下降，团队开发已成主流，其中 20 人以上的移动应用开发团队已占 57.3%，团队规模已进一步壮大。这有利于保障应用开发的品质，可投入更多的人力，从而更有效地进行应用开发前期的市场调查、后期的管理与经营。

移动应用开发者集中在一线城市和部分二线城市。目前北上广深集中了超过 36.8% 的移动应用开发者。杭州、成都、南京、厦门等二线城市凭借良好的生态环境和较低的创业及生活成本，也吸引了不少移动应用开发者。

[①] 《360 手机助手发布 2015 手机应用行业趋势绿皮书》，http://www.techweb.com.cn/data/2015-01-07/2113483.shtml。

[②] 样本采取进行结构化问卷调研和一对一深度访谈的形式，共收集有效样本超过 1200 个。

[③] 资料来源于艾媒咨询对北京、上海、广州、深圳、武汉、成都六个城市的抽样调查。本报告除特别注明外，调研数据皆出于此。

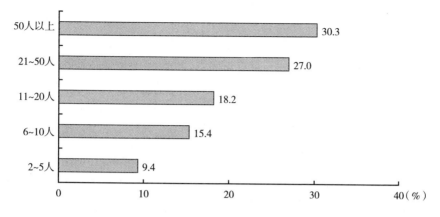

图1　2014年中国移动应用开发者团队规模

艾媒咨询数据显示，免费+增值服务收费模式与广告模式为当前移动应用开发者的主要盈利方式，分别占比46.1%、36.5%。值得注意的是，20.6%的移动应用开发者会选择一次性开发费用模式，不再负责后期的运营与管理（见图2）。53.5%的移动应用开发者平均月收入为3000～7000元，有2%的移动应用开发者月收入超过2万元。总的来说，目前中国移动应用开发者的收入水平整体还不高，但收入呈稳定增长趋势。得益于多个开放平台的扶持政策以及市场环境的逐步改善，中国移动应用开发者的收入有望进一步提高。

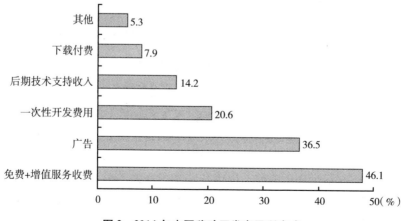

图2　2014年中国移动开发者盈利方式

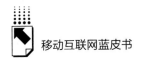
（二）移动应用开发者开发的应用类型

移动应用开发者开发的应用呈现多样化、小集中的特点。艾媒咨询数据显示，超过五成的移动应用开发者已经开发或打算开发生活服务类应用，分别占50.7%与52.4%。2014年，移动应用打算开发热度排在前五的分别为生活服务、通信社交、手机游戏、影音娱乐与资讯阅读，分别占比52.4%、32.2%、28.7%、24.6%与19.2%（见图3）。生活服务类应用现为开发的热点，可打通线上与线下，具有一定的市场发展空间。但在当前生活服务类应用用户留存率较低的状况下，应用开发如何满足用户实际生活所需，并找到契合的获利点，是亟须解决的问题。

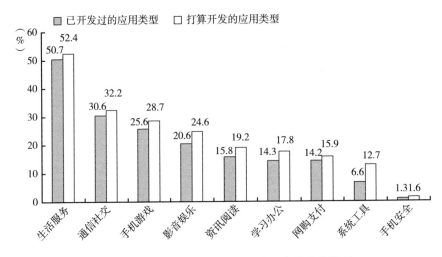

图3 2014年中国移动应用开发者开发的应用类型

（三）移动应用开发者推广策略

第三方分发渠道（包括应用商店和手机助手）是应用分发推广的首要渠道，占比66.7%；55.6%的移动应用开发者会选择手机系统官方应用网站为推广渠道；手机厂商与电信运营商提供的分发渠道也占据相当大的比例，分别为46.1%、38.2%（见图4）。

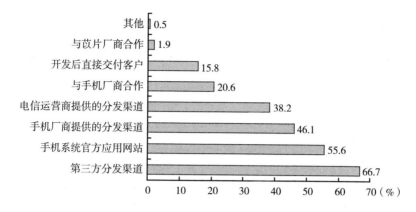

图4　2014年中国移动应用开发者产品推广渠道

（四）移动应用开发者盈利状况

艾媒咨询数据显示，2014年35.7%的移动应用开发者实现小幅盈利，30.3%的移动应用开发者实现盈亏平衡，依然有27.1%的移动应用开发者亏损（见图5）。

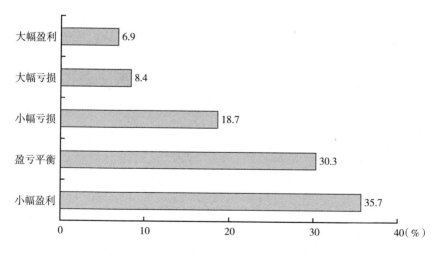

图5　2014年中国移动应用开发者盈利情况

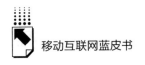

三 面向移动应用开发者的服务平台

（一）中国移动应用开发者服务平台的主要类型

除了苹果和安卓两大平台，中国还有规模庞大的第三方移动应用开发与服务平台。按照手机终端进行分类，有小米开放平台、华为开放平台和联想开放平台等；按运营商进行分类，有中国移动开发者平台、天翼开放平台和中国联通开发者平台；按照互联网企业进行分类，则有BAT、360、新浪等推出的开放平台。

从用户体验角度来说，手机终端开放平台最大的优点是应用与终端的适配程度更高，应用更新迭代自动、简易。其中，小米和联想开放平台开发了各自的接入账号，为开发者提供用户信息与使用行为数据支持，同时也为开发者提供平台数据统计分析报告。小米、联想和华为三家开放平台的支付方式方便快捷，也能通过终端进行信息推送。小米与华为提供的云资源服务较为丰富，比如云主机可供开发者搭建系统，并提供高效的文件存储服务等。相比之下，华为开发者联盟则提供了较多的开发扶持和品牌宣传渠道。

运营商开放平台则通过整合本身通信和增值等业务，为开发者提供各自用户的基本信息以及使用行为，并通过这些渠道对应用进行多通道推广宣传。部分运营商也向开发者提供云资源服务，并且与自身业务相结合（譬如中国移动的云邮局服务）。运营商开放平台计费模式多样，能较好地满足用户不同的需求。

互联网企业开放平台能够通过整合自身社交、搜索和电商等业务，为开发者提供庞大的用户群基本信息及关系链，供其挖掘，乃至向开发者提供运用大数据分析得到的结果，以帮助开发者更好地把握开发方向。阿里巴巴开放平台较适合电子商务类应用的开发，腾讯与360开放平台上的游戏类应用较多，新浪开放平台则侧重带有社交、媒体性质的应用开发。同时，互联网企业开放平台大多提供云资源服务，供开发者存储信息以及搭建系统。互联网企业开放平台规模一般较大，渠道分发能力强，通过网络进行宣传推广的效率以及效果也较好。从开发者变现的角度来说，互联网企业开放平台的变现方式相对多样，同时由于互联网企业开放平台对开发者的扶持较多，开发者生存发展能力得到了进一步改善。

（二）移动应用开发者主要服务平台介绍

1. 百度开放平台

百度开放平台是基于百度"框计算"先进的信息技术与服务机制，针对用户需求，对广大站长和开发者开放，并免费提供开放式数据的分享暨对接平台。站长和开发者可以将结构化的数据或具体应用直接提交到百度开放平台，使其同步运行于百度大搜索之中，获得更多有价值的流量，以最佳展现形式与最优展现样式的搜索结果，与数亿用户的需求直接对接。百度开放平台的核心优势在于依托其强大的搜索与信息平台，能够精准定位用户需求与潜在用户，快速将用户引导至各类应用。百度开放平台为开发者提供的功能有：发布应用（一次上传多端发布，省时省心）、游戏联运（接入百度移动游戏平台，免费分享海量游戏用户）、应用内搜索（简单快速接入，享受百度开放平台内多重应用的展现）和首发合作（快速申请合作，享受国内最大最优质的首发推荐位）等。

2. 360应用开放平台

360应用开放平台是依托360庞大用户群体、海量优势资源，基于用户上网需求的变化以及应用的发展趋势，为合作伙伴和广大第三方开发者提供的较为全面的互联网应用接入平台。开发者可以轻松、快捷地提交应用到360应用开放平台，获得360桌面、360网址导航、360应用中心等三大应用入口。360应用开放平台为开发者提供的服务有移动广告（提供海量优质广告）、漏洞扫描（发现应用可能存在的风险与漏洞）、数据分析（便于实时掌握应用动态）、支付（360安全支付）、加固保（保护应用）和云测试（免费在线测试，提高应用兼容性）等。

3. 腾讯开放平台

腾讯开放平台是腾讯为网站主和开发者提供的一个大舞台。网站主可以通过使用腾讯的各种社交组件，方便地在海量腾讯用户中快速传播网站的优质内容。开发者可以利用腾讯开放API，开发优秀的、有创意的社交游戏及实用工具，通过腾讯朋友、QQ空间、腾讯微博等社交平台给自己带来巨大的流量和

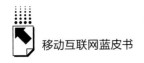

收入。

腾讯开放平台整合了其海量的用户与用户关系链，在应用与服务的分发、二次传播、多级传播方面具有明显优势。腾讯用户的付费习惯及腾讯完善的支付体系在很大程度上提升了产品的变现能力。其核心功能有全平台分布和用户能力支持。开发者可以借助全平台资源及应用编程接口，在应用宝、QQ、QQ空间等场景分发聚合，获取丰厚的收益和巨大的流量；用户能力支持可为开发者提供QQ登录、QQ分享以及QQ关系链等多项用户能力支持，达到迅速增加用户数量与提升用户黏性的目的。热点功能则有官网一键安装、省流量更新、微测评和应用加固四项功能。

三者相比，百度开放平台的优势在于拥有众多的流量入口和雄厚的技术。百度搜索、地图、应用商店对各种类型的应用均能进行有针对性的目标推广和变现，而在云服务（云数据库、云应用引擎、云主机等）和端服务（应用分析、应用存储等）方面的技术积累也领先于对手。360应用开放平台依托360手机卫士和360手机助手（目前360手机助手是国内应用分发排名第一的应用商店[①]）在手游基础服务（新游测试、游戏联运、SDK接入等）和推广变现方面具有较强优势。从目前来看，腾讯开放平台提供的各种资源服务最为全面，既有线上服务又有线下服务（孵化器、培训沙龙）。腾讯开放平台以社交关系链为核心，为开发者提供流量、用户、社交关系、推广变现等服务。无论是百度开放平台、360应用开放平台还是腾讯开放平台，三者共同的特点是拥有丰富的流量入口和分发渠道，以及领先的推广变现能力。

四　中国移动应用开发者服务平台使用情况

（一）移动应用开发者选择服务平台的主要考虑因素

艾媒咨询数据显示，在移动应用开发者选择开放平台的考虑因素中，推广效果是最重要的，占比达85.0%，其次为用户资源与技术支持，分别占比

---

① 参见 http://digi.163.com/15/0302/15/AJN9BTO6001618JV.html。

60.0%与55.3%（见图6）。当前，移动应用开发者大多集中于第三方分发渠道，渠道推广单一且集中，在应用推广成本不断上升的情况下，开发者普遍面临推广难题，如何提升推广效果也成为其迫切需要解决的问题。

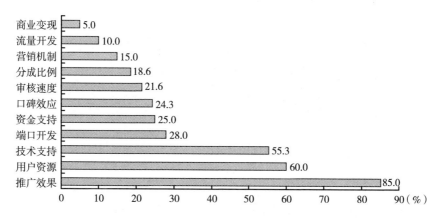

图6　2014年中国移动应用开发者选择开放平台的考虑因素

在此情况下，拥有强大分发推广渠道的开放平台更容易受到开发者的追捧。因此，无论是互联网企业开放平台、手机终端开放平台还是运营商开放平台，都在不断提高自身应用分发渠道的实力，以期更好地吸引移动应用开发者。

（二）移动应用开发者对服务平台的选择分析

数据显示，68.3%的移动应用开发者没有接入开放平台。在接入开放平台的移动应用开发者中，70.2%的移动应用开发者选择使用了百度开放平台，其次为腾讯开放平台与360应用开放平台，分别占比65.2%、60.1%（见图7）。艾媒咨询分析认为，当前，开放平台在移动应用开发者群体中的普及率仍待提高。

（三）移动应用开发者服务平台的服务使用情况

艾媒咨询数据显示，2014年，83.2%的移动应用开发者使用过开放平台的云服务，50.6%的移动应用开发者使用过移动开放平台的硬件设施及线下服务。开放平台提供的工具服务、API服务、营运服务、推广变现服务等的使用

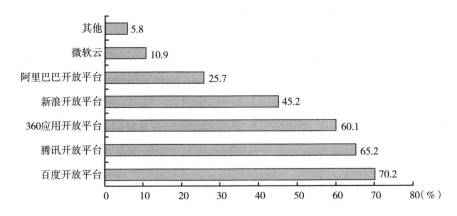

图7　2014年中国移动应用开发者接入开放平台情况

率均在30%左右（见图8）。云服务的较高使用率体现了目前云服务在降低应用开发成本、提高计算效率以及提高服务器稳定性方面对开发者有较大的帮助。开放平台推出的一系列线下服务，比如创业孵化基地、项目路演、活动沙龙等，对移动开发者来说也具有一定的吸引力。

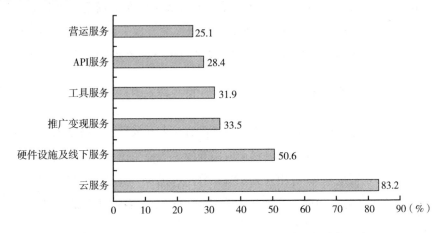

图8　2014年中国移动应用开发者使用开放平台服务调查

（四）2014年中国移动应用开发者轻应用开发调查

艾媒咨询数据显示，49.2%的移动应用开发者会尝试开发轻应用；34.9%的移动应用开发者对轻应用发展前景持观望态度；31.7%的开发者认为目前轻应用存在推广力度不足问题；20.6%的开发者认为轻应用的流量与使用体验不及传统应用；而"轻应用能解决用户长尾需求"的认可度仅占22.2%。艾媒咨询分析认为，2014年，轻应用的发展并没有获得移动应用开发者的广泛认可，需要在推广力度、用户体验程度等方面加以提升。

五 2015年中国移动应用开发者服务展望

2014年，移动应用开发者的创业环境有了较大改善。北京、深圳、上海等地均出台了相关的产业扶持政策，从注册流程、注册资本、审批手续方面都给予了互联网创业者便利。各种产业孵化器和投融资渠道也为移动应用开发者创业提供了帮助。但同时，移动互联网全面渗透到各个产业，产生了许多挑战者、补充者和颠覆者。随着竞争的不断加剧，除了思维方式，产品设计、研发、运营、融资等亦成为移动应用开发者关注的焦点。与此相对应，一大批国内外针对移动应用开发者的平台、服务、工具逐步发展壮大。展望2015年，中国移动应用开发生态或将呈现以下发展趋势。

第一，多终端应用开发将进一步发展。随着可穿戴设备、智能家居以及其他智能终端用户的增加，未来移动应用载体将不再局限于智能手机和平板电脑，更多的移动应用将实现跨屏互通和跨终端同步。2014年12月初，百度智能互联开放平台正式上线，借此布局智能家居领域。2014年12月17日，腾讯开放平台正式公布QQ物联"亿计划"，将为接入QQ物联的智能硬件合作伙伴提供"10亿用户曝光、20亿产业资源"，扶持合作伙伴成长。而小米通过智能手环、智能路由器、智能摄像机等终端也涉足智能终端领域。多终端应用开发将会成为未来移动应用开发者的另一个发展方向。虽然目前市场培育度还不够，但随着互联网巨头的加入和终端厂商产品的推出，未来多终端移动应用将会迎来发展的春天。

第二，垂直场景应用与传统产业的结合将更加密切。移动应用的一个特点是细分化，随着应用场景的细分和应用使用时间的碎片化，更多的应用将满足各种垂直场景的需要。垂直场景应用将与具有相当市场规模的传统行业深度结

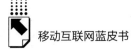

合，例如，本地生活、电商、金融、教育、医疗等行业。借助移动互联网解决信息不对称和资源调配能力低下问题的应用会进一步拓展市场空间，同时，采用传统商业模式经营的产业将被互联网改造。

第三，海外市场将成为中国移动应用开发者下一个关注点。目前已经有不少移动应用开发者将目光转向了海外市场，游戏类和工具类移动应用是最主要的类别。移动应用海外拓展一般先从东南亚、日韩地区开始，再拓展到欧美地区。在国内移动应用市场竞争激烈的情况下，对部分有实力的移动应用开发者来说，通过 App Store 和 Google Play 两大渠道进行海外拓展是一个不错的选择。

2014年中国移动医疗产业发展探究

陈亚慧*

摘　要： 2014年，医疗成为互联网改造传统行业的又一个巨型市场。国内移动医疗产业主要的功能定位是连接医生与患者、优化诊前诊后、智能硬件与可穿戴设备、健康O2O以及医生工具。移动医疗产品用户与传统医疗机构用户在年龄分布、科室选择上有鲜明的不同。中国移动医疗产业的快速发展，将促进分级诊疗的实施，缓和紧张的医患关系，倒逼医疗体制改革，从而推动整个医疗行业发展。

关键词： 移动医疗　在线问诊　医患沟通平台

一　移动医疗的发展背景

（一）什么是移动医疗？

我们认为，狭义的移动医疗可以定义为："利用移动互联网技术和便携式硬件技术使医疗服务可以更加便捷、低廉并在此基础上创新医疗保健服务体系。"而广义的移动医疗则泛指包含新型便利诊所、家庭护理保健、个体基因检测等的一系列创新实践。这些实践会解构传统的、以医院为中心的医疗保健体系，通过科技与新型商业模式，让医疗更高效、更可及、更廉价。本报告所指的是狭义的移动医疗，但在整个行业背景描述和分析时会提及一些广义范围内的医疗创新实践。

---

*　陈亚慧，奇点网创始人。奇点网，国内原创医疗垂直科技媒体，研究范围包括国内外医疗政策法规、互联网医疗发展态势等。

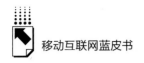
（二）移动医疗发展的背景

1. 全球医疗保健费用激增，加速了医疗领域的创新进程

2013 年，美国医疗费用开支达 2.9 万亿美元，占 GDP 的 17.4%。在过去的 35 年中，美国产品和服务消费水平增长率是 7.2%，而医疗服务增长率达 7.8%。① 以这样的增长速度，到 2035 年，如果美国联邦开支占 GDP 比重不变的话，除了国防开支之外，其他开支都要用于医疗领域。反观中国，2012 年中国医疗费用支出为 2.8 万亿元，2013 年增长到了 3.2 万亿元，占 GDP 的比重为 5.57%。2008~2013 年，中国医疗支出平均增长速度为 17%。② 虽然近几年中国医疗费用的快速上涨主要得益于医疗保障水平的提高，但是刚性医疗需求的释放以及老龄化的加剧都将促使医疗费用持续上涨。

我们发现，现代医学发展到今天，产生了一个重大的悖论，即更好的医疗 = 更无法负担的医疗。如何解决这个现实的问题，能否让医疗变得更廉价、更可及，从而更平等？《创新者的窘境》的作者克里斯坦森在专门探讨医疗体制变革的力著《创新者的处方》里，详细阐述了基于"破坏式创新理论"的一系列变革路径。这条路径和如今风起云涌的移动医疗创业在模式演进上有很多相似之处。概括来说，其变革的路径为：医学相关实验室技术的突破和快速发展会让医学从直观医学进化到循证医学，最后发展到精准医学。同时，便携式诊断和可穿戴设备的发展能让人体数据采集更及时、更便捷。这些进程会促进整个医疗护理模式的变革，更多具有通则疗法的疾病治疗和管理，将从原来以医疗为中心转变为以丰富多样的分散式便捷服务为中心。

2. 医疗成为互联网改造传统行业的又一个巨型市场

从谷歌、苹果等科技巨头在医疗领域的一系列尝试，到国内 BAT 全面入局，再到二级市场医疗相关概念股的一路飙升，整个移动医疗领域的热度在 2014 年达到了顶峰。从全球范围来看，众多风投机构开始了在移动医疗领域

---

① 美国医疗保险和医疗补助服务中心，http://www.cms.gov。
② 国家卫生和计划生育委员会：《中国卫生和计划生育统计年鉴（2014）》，中国协和医科大学出版社，2014，第 91 页。

的布局，同时，更多移动互联网的技术精英开始加入移动医疗创业的行列。虽然医疗的专业性和强监管性让医疗领域的互联网改造充满了艰辛和不确定性，但整个行业的创业热情仍然有增无减。

3. 慢性病管理失控、预防保健不足，留给移动医疗创业巨大的需求空间

随着医学的进步和现代生活方式的变化，越来越多的疾病由急症或者重症转变为慢性疾病。在全球范围内，由慢性病管理失控引发的一系列并发症正在消耗大量医疗资源。受支付制度和护理模型的影响，传统医疗机构没有动力，也没有精力，更没有经验去管理广大慢性病患者。这导致目前的医疗模式以重症为重心，而与健康关联更为密切的慢性病管理和健康生活行为干预严重不足。随着可穿戴设备的逐步成熟，以及便携式诊断的深入，移动医疗可以更紧密地连接患者和医疗健康服务者，并通过社交、共享等多种方式实现更有效的慢性病管理和健康干预。

4. 新一代对自我健康具有更主动的认知

目前移动医疗面临的一个困境是，患病人群集中在中老年阶段，而这部分人对移动互联网的使用还不是很熟悉。但这种情况正在逐步好转，近期埃森哲的一项覆盖3000人的调查显示，70%的老年人表示对数字医疗感兴趣，认为是管理健康非常必要的工具。[①] 同时，美国一项针对"千禧一代"的调查显示，美国新一代对"数字化自我"的接受程度要远远高于上一代。这意味着新一代对健康自我管理的主动性要远胜于父辈。被誉为全球技术领域投资之王的维诺德·科斯拉（Vinod Khosla）也曾撰文称，未来每个人都将成为自身健康的CEO。

（三）世界移动医疗产业创新格局

全球范围内移动医疗的创业形式非常丰富，以数字医疗发展最为迅猛的美国为例，其移动医疗创业主要分布在以下几个关键领域。

第一，医疗大数据。该领域也是2014年获得融资额度最高的领域。在大数据的使用场景中，医疗是最具想象空间的领域，医疗机构已经存在的大量电

---

① 参见 http://medcitynews.com/2015/03/accenture-report-highlights-health-priorities-tech-savvy-seniors-areas/。

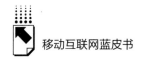

子病历数据，以及未来将要产生的庞大个体健康数据，在研究、治疗、管理、预防疾病方面都有非常重要的价值。癌症大数据公司 Flatiron Health 在 2014 年就获得了谷歌风投 1. 3 亿美元的投资，其正在通过收集评估数百万名癌症病人的分子数据和治疗结果，分析哪种治疗方案真正有效果。

第二，医疗保险消费者参与公司。美国复杂的商业保险市场催生了不少改善医保服务流程的新型创业公司。2014 年初上市的 Castlight Health 就是通过在线工具和手机客户端，为自主保险雇主（自主保险雇主是美国企业保险的一种形式）的雇员提供透明的医疗服务价格和相关数据，以降低雇主医疗保险开支。同时，随着奥巴马"平价医疗法案"的推行，个人保险市场也出现了类似 Oscar Health 这样的创业新秀，其可以快速核保，并接入大量远程医疗服务，还可以利用移动工具管理患者健康。

第三，数字医疗设备公司。移动医疗在多大程度上改变传统医疗生态，一个非常重要的因素是便携式诊断和可穿戴设备的发展，辅助诊断和健康干预的数据监测手段越便捷、越智能，移动医疗能发挥的作用就越明显。血压、血糖、心率测量便携装置都已经非常普遍，但大部分产品的精度有待提高。在可穿戴设备领域，2012 年以来全球市场规模已经增长了十倍。更重要的是，在未来三年内将达 126 亿美元。[①]

第四，远程医疗公司。在美国，初级保健医生的相对不足以及"平价医疗法案"的影响，使远程医疗在最近几年发展迅猛。诸如 Doctor on Demand、Teladoc、HealthTap、Americian Well、LiveHealth Online、MDLive 等一系列远程医疗公司提供了包括视频问诊在内的多种远程医疗服务。2014 年，MDLive 获得了 2600 万美元的投资，投资者包括苹果公司前 CEO 约翰·斯卡利。而为了降低费用，美国商业保险公司也愿意采购合格的远程医疗服务。

第五，个性化治疗服务。个性化治疗服务涵盖的范围非常大，包括针对特定病种的慢性病管理、游戏化治疗方案、行为方式改变等。在过去一年，教练式慢性病管理和游戏化治疗方案成为非常流行的个性化治疗解决方案。前者有 Vida、Twine Health 等应用，后者有 Omada Health、Rally Health 等应用。

---

① 《可穿戴设备到底有没有戏？看看这篇预示未来的报告》，http：//www.geekheal.com/kechuandaishebei_ changxiang/。

二 中国移动医疗产业发展状况

（一）中国移动医疗产业市场规模现状及预期

2011 年，国内移动医疗市场规模达 15.8 亿元，2014 年市场规模增长至 30 亿元，同年全球移动医疗市场规模达 45 亿美元。随着移动医疗市场爆发式发展阶段的到来，预计 2015 年国内移动医疗市场规模可增至 45 亿元，2016 年增至 80 亿元，2017 年可达 130 亿元，同年全球移动医疗市场规模将达 230 亿美元。[①]

（二）移动医疗投融资持续火爆

2014 年，中国移动医疗投资异常火爆。动脉网互联网医疗研究院披露的数据显示，2014 年中国互联网医疗创业融资交易数达 80 起，披露融资额近 7 亿美元，而 2013 年，披露融资额仅为 2 亿美元。从细分领域来看，连接医生与患者的应用最受投资者青睐，其次为便携式检测设备和可穿戴设备，纯健康管理工具、医生工具等排在其后。2014 年，我国移动医疗领域融资前三位的公司分别为挂号网、丁香园、春雨医生，披露的融资额分别为 1 亿美元、7500 万美元、5000 万美元（见表 1）。

表 1　2014 年国内重要移动医疗融资案例

公司	融资额及融资进度	投资机构	时间
挂号网	1 亿美元,C 轮	腾讯产业共赢基金	2014 年 10 月
丁香园	7500 万美元,C 轮	腾讯产业共赢基金	2014 年 9 月
春雨医生	5000 万美元,C 轮	如山创投等	2014 年 8 月
华康全景	数千万美元,B 轮	云峰基金	2014 年 7 月
大姨吗	3000 万美元,C 轮	策源创投等	2014 年 6 月
美柚	3500 万美元,C 轮	海纳亚洲创投基金（SIG）等	2014 年 6 月
咕咚	3000 万美元,B 轮	SIG 和软银投资	2014 年 11 月

资料来源：根据公开网站资料整理（奇点网、动脉网、36Kr）。

---

① 易观国际：《2015 年中国移动医疗市场研究》，2015 年 3 月。

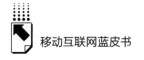

（三）国内移动医疗产业格局

综观全球，移动医疗发展的几大内在动因分别是：降低医疗支出，提升医疗质量和体验，弥补现有医疗体系在康复护理和健康管理上的不足，顺应人们对更便捷的医疗获取方式的期待。但是由于各个国家的医疗体系和经济发展水平有很大差异，移动医疗的创业形态各有特色。相比于美国更丰富的创业形态和在若干垂直细分领域的创新，中国移动医疗的创业集中在医患沟通平台方面。综合来看，国内移动医疗产业主要功能定位有如下几方面。

1. 连接医生与患者

现阶段，中国医疗的核心问题有以下几个：首先，中国没有以全科医生为主的初级医疗保健体系，绝大部分人没有家庭医生，病人与医生是随机联系的弱关系。因此，中国医患之间很难建立长期关系，也很难建立信任关系，长期的深入服务也很难。其次，中国目前还没有建成完善的分级诊疗制度，造成了大量以抢夺优质医疗资源为动机的无序就诊现象出现，主观体验就是看病难、体验差。再次，中国医疗资源分布严重不均衡，基层医疗条件堪忧。最后，中国目前还是患者与医院的关系占主导，而真正良性的医患关系并没有建立，也就是说，医生很难通过自己的专业技能形成相应的职业威望，而只能通过供职的医院声誉和医院职称评定体系来获得患者的专业认可。

基于以上问题，中国互联网改造传统医疗的首要任务是，用互联网的方式连接医生与患者。目前代表性的公司有春雨医生、好大夫在线、快速问医生等。首创"轻问诊"模式的春雨医生，是目前中国最大的医患沟通平台。目前春雨医生的用户量有4800万人，医生量达6万人，每日问题量达6.5万个。[①]

在连接医生与患者的具体方式上，不同公司在产品形态和战略定位上各有不同。春雨医生起初是靠互联网众包问答的方式给用户解决"身体不适的问题"，在此基础上开始逐渐向垂直病种服务、私人医生服务和健康干预扩展，逐渐在平台上沉淀了医患强关系。而好大夫在线的定位则是为患者匹配合适的医生，为医生匹配合适的患者，同时帮助医生做诊后随访和管理。好大夫在线的服务定位很多是疑难重症，所以相应的在线咨询服务也偏诊前预约和初步的疾病筛

---

① 资料来自春雨调研。

选。除此之外，另外一些初创公司，如杏仁医生，也做医患沟通平台，但是整体的业务逻辑是为在线下已经建立初步信任关系的医患双方搭建在线问诊沟通的平台。

2. 优化诊前与诊后

由于无序诊疗的问题严重，国内大部分三甲医院存在人满为患、挂号难、门诊流程烦琐的问题。原卫生部鼓励社会第三方平台提供预约挂号服务以来，一批以挂号为切入口的移动医疗公司快速成长起来。其中具有代表性的有挂号网、卓健科技、支付宝未来医院、华康全景等。这类公司除了提供预约挂号服务之外，一般还提供诊前流程优化服务，如在线分诊、诊中在线支付等。同时，大部分以挂号为切入点的公司也会提供医患在线交流，但大部分侧重诊前预约和诊后随访。另外，像华康全景这样的公司还开展了医生职业教育业务。总体看来，因为需要和公立医院的信息系统打通，这类创业公司在业务拓展方面都需要非常强大的地推力量。同时，由于竞争者越来越多，这类公司的渠道成本和推广成本也居高不下。

3. 智能硬件与可穿戴设备

慢性病管理和"数字化自我"是移动医疗发展的两大重要力量。在中国，基于慢性病管理的便携式检测设备近两年发展较快，其中最重要的是血糖仪和血压计。在可穿戴设备方面，运动和睡眠检测手环是主流产品，而随着苹果进入智能手表领域，各大手机厂商也纷纷推出了自己的智能手表产品。

总体看来，慢性病管理的便携式检测设备遇到的困难主要有三个：首先，虽然慢性病有明显的年轻化趋势，但是目前慢性病的主流人群仍然是中老年人，而这个人群对慢性病管理的认知度普遍较低，同时对智能设备的接受程度也较低；第二，数据采集只是慢性病管理开始的一个环节，如果不能帮助用户准确解读这些数据，并且提供干预服务，那么数据采集本身的意义就会大打折扣；第三，智能硬件的消费土壤还比较薄弱，产品很难渗透到慢性病主流人群中。

对可穿戴设备来说，一个最大的困境是：可穿戴设备作为一个新兴的消费品类，其自身的价值还没有得到主流消费群体的认可。具体而言有两个原因：第一，可穿戴设备目前采集的数据对用户的价值不大；第二，单纯的数据采集无法做到对用户健康的强干预。

4. 健康O2O

随着其他服务消费领域O2O的兴起，加之移动医疗落地化，2014年中国

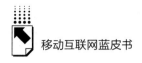
陆续出现了一些健康O2O项目。其中比较火热的一个领域是快速送药，代表性应用有有药给力、叮当送药等。另外，康复领域也出现了99爱康等上门保健服务应用。除此之外，母婴领域也出现了一些上门服务项目。

5.医生工具

医生是医疗生态中非常重要的一环，因此围绕医生职业成长和工作便利出现了一系列应用。丁香园是在这个领域中耕耘时间最长的公司，它从医学BBS起家，发展了医学专业期刊，以及移动端医生工具等。此外，杏树林推出的病历夹，可为医生提供病例收藏讨论和医学文献服务。

（四）中国移动医疗用户"画像"

作为国内第一大移动医疗公司，春雨医生聚集了4800万名用户，通过对这些用户的属性研究，我们可以大致了解中国移动医疗用户的"画像"。以下数据来自春雨医生：（1）主流人群的年龄分布。从用户年龄层看，移动医疗用户主流人群年龄分布在18~34岁，比例达58%，这与智能手机的主流用户年龄分布高度重合。（2）北上广及其他沿海发达地区的用户量最大。从地域分布看，移动医疗用户明显集中在沿海经济发达地区。全国移动医疗用户数量排名前三位的省份分别为广东、江苏、山东，2013年上半年单日活跃用户抽样显示，三省日活跃用户数分别为17709人、13629人、12276人。（3）与现实医疗机构患者相比，移动医疗用户相对低龄。在5岁以下患者比例上，传统医疗机构为12%，而移动医疗为31%；60岁以上患者，在传统机构中占了32%（与15~44岁年龄段并列第一），在移动医疗中仅占6%。（4）妇科、儿科、内科是移动医疗平台上被用户访问较多的科室。从患者科室分布看，现实医院也与移动医疗差异较大，现实医院就诊人数占比最高的内科在移动医疗中排名第三，排第二的全科则未进入移动医疗问诊科室排名。

三　中国移动医疗发展的机遇与挑战

（一）中国移动医疗发展的机遇

1.移动医疗将促进分级诊疗的实施

无序诊疗是中国医疗体系的一大硬伤，这导致大量小病、轻病患者涌入大型三甲医院，造成这些医院不堪重负，医生严重透支，患者挂号难、就医体验差。虽然中国医改反复将分级诊疗提上日程，包括在各地试点不同形式的医联体，但收效甚微；同时，医保支付杠杆对病人流向的调节作用目前也没有显现。但是移动医疗平台，包括健康咨询、轻问诊、在线慢性病管理，以及远程医疗，可以用低廉的价格、便捷的体验、更人性化的护理打动用户，从而将一些轻慢病分流出来，缓解实体医疗机构的压力。同时，移动医疗平台的筛选和匹配，也可以让患者找到更适合自己的医生，让医生获得更与自己匹配的患者，使双方受益。

2. 移动医疗发展有助于缓和紧张的医患关系

中国的无序诊疗以及长期的医疗体制弊病，导致患者将很多在就医过程产生的负面情绪发泄到医生身上，从而造成医患关系的严重对立。同时，传统医疗体系对用户的医疗和健康教育几乎没有投入，造成患者对医学本身存在不切实际的期待，这种信息不对称也加剧了医患之间的对立关系。而互联网平等、透明、人性化的交流氛围可以用一种奇妙的方式构建新型医患关系。有研究显示，在移动医疗平台上，医生更容易放下冰冷的权威形象，换之以朋友或者亲人的视角对待患者；同时，患者在线上也更容易对医生表达自己的感激之情。医患之间这种微妙的情感变化是构建新型医患关系的良好条件。

3. 借助互联网和新兴技术的力量，中国医疗有可能"弯道超车"

虽然世界各国在传统医疗体系上存在巨大的差异，但是在移动医疗领域基本处在同一条起跑线上。在一个充分互联的世界，各地的优秀模式和前沿科技将以更快的速度在全球实践，这也给中国医疗体系变革带来了前所未有的机会。从当前移动互联网对金融、教育、交通等传统行业的改造路径来看，互联网的平等、开放精神使得这些行业内的资源得以通过更合理的方式进行配置，用户获得了更大的信息量和选择权，同时，用户的评价机制也将直接影响行业参与者的地位与行业未来发展规模。移动医疗从轻问诊、远程医疗、医药电商等多个角度切入医疗行业，无疑有助于整个中国医疗行业在医疗资源配置、医疗体系完善、健康诊断等多个角度赶超世界先进水平。

4. 用户的觉醒将倒逼医疗体制改革

中国新医改在媒体和行政层面轰轰烈烈，而广大民众的参与度很低。同时，中国用户长期在医疗行为中没有话语权也导致医疗机构漠视用户需求，这些负面情绪的积累又成为伤害型医患关系产生的主导诱因。随着移动医疗的发展，更多的用户将获得评价医生和医疗机构的权利和渠道。同时，随着用户对自身健康意识的觉醒以及医学知识的普及性增强，用户对待医疗和健康的方式也会发生本质变化。如果中国医改有一个突破口，那么就是用户的觉醒，这将构成一股强大的推动医疗变革的力量。

（二）中国移动医疗发展的挑战

1. 平衡创新与监管是医疗变革时代中国政府遇到的全新挑战

医疗领域和其他行业显著的不同有三点：第一，具备较高的专业门槛；第二，和生命息息相关；第三，行业监管繁多。对于传统医疗体系，经过几十年的实践，相应的监管已经相当成熟；而对于移动医疗，由于新技术更迭速度大大加快，相应的商业模式更加灵活，面临监管和创新双重问题。因此，转变思维，形成新的监管方式，摆脱以往"一管就死，一放就乱"的监管困境，需要政府部门审慎思辨。

总体来看，全球在数字医疗监管方面存在以下特点：第一，整体存在监管滞后的现象，即便是在 FDA（食品及药物管理局）非常强势的美国，其对有关数字医疗健康应用的监管也是在 2013 年 9 月才确定，而那个时候美国的数字医疗应用已经发展了四五年的时间；第二，努力权衡监管与创新的关系，用创新的方式解决传统医疗的种种弊端，是全球共同面临的机遇和挑战，在这个瞬息万变的时代，不合时宜的监管政策会严重削弱创新；第三，市场反应总是先于监管，例如，美国对远程医疗没有明确监管规定，但已经有很多保险公司开始提供远程医疗相关保险服务；第四，传统的监管思路和框架对数字医疗健康完全不适用，大家都在探索更为灵活与合理的监管路径。

2. 中国移动医疗的商业化之路并非坦途

在美国，移动医疗创业的主要付费方是医疗保险公司，受奥巴马"平价医疗法案"的影响，更多的医疗保险公司开始寻找质优价廉的传统医疗替代方案。比如，很多远程医疗公司提供的医疗服务价格只有面诊价格的 20% 左右，但对特定的疾病可以起到一样的效果。另外，很多基于线上的慢性病管理和健康干预已经证明其可以帮助保险公司节约不少医疗开支。虽然对于可穿戴设备、医疗大数据等前沿科技，可预见的商业模式还不明朗，但是美国医疗整体的控费压力，以及医疗保险公司采购质优价廉医疗服务的动机都是巨大的。这种导向会给移动医疗领域的创业一个非常积极的信号：用更有创意的产品改善用户健康状况。

反观中国，情况会复杂很多。一方面，各种监管政策的不明朗让移动医疗公司在商业化道路上缩手缩脚；另一方面，从目前看来，低保障、广覆盖的基本医疗保险在付费机制和控费动机上都没有成熟的案例可以借鉴。与此同时，在公立医院双向垄断的局面下，为了给自身客户提供更具差异性的服务，商业保险公司也在尝试自己开发或者采购相应的移动医疗产品。

总体来看，移动医疗与保险早晚都要相遇，但对中国移动医疗创业者更重要的是，要能撑到医保准备就绪那一天。所以有时候我们会想，中国移动医疗的前期商业化之路可能无法过于期待医保，所幸中国有巨大的市场，有才华的创业者也许可以在春天来临之前出现。

B.20
2014年移动视频发展分析

陈传洽[*]

摘　　要：2014 年，中国移动视频用户规模已超过 PC 端用户规模，移动视频成为网络视频市场增长的最大驱动力。在 4G 时代，更高速、稳定的网络环境和更低的资费都会刺激移动视频业务发展。随着 4G 在中国的普及，移动视频在 2015 年预计还将持续增长。移动视频行业发展的重要趋势包括用户规模及使用量增长、视频内容进一步丰富。移动视频营销在未来会更注重多屏整合和大数据运用。

关键词：移动视频　4G　移动视频营销

一　2014年中国移动视频的整体发展情况

（一）移动视频市场发展概况

近年来，中国移动视频用户规模保持持续增长的势头。据中国互联网络信息中心统计，截至 2014 年 12 月，我国手机网民规模达 5.57 亿人，较 2013 年增加了 5672 万人。而作为较受欢迎的移动互联网应用类型之一，手机视频的用户规模在 2014 年底达 3.13 亿人，与 2013 年底相比增长了 6611 万人。在手机网民中，56.2% 会使用手机收看网络视频，比 2013 年底增长了 6.9 个百分

[*] 陈传洽，跨媒体数据解决方案专家，拥有香港科技大学市场营销学士学位和人文学硕士学位，现任精硕科技（AdMaster）首席运营官。

点。①

移动视频在网络视频领域中日益占据了更大的份额。在中国网络视频用户中，使用手机收看网络视频的用户比例达71.9%，使用传统的台式电脑或笔记本电脑收看网络视频的用户比例为71.2%，另外，使用平板电脑、智能电视收看网络视频的用户比例都在23%左右。移动端网络视频的用户规模已超过PC端用户规模。

移动视频用户的增长势必带来流量的增长。2014年初，移动视频流量开始反超PC端视频流量这一现象出现在优酷等主流视频媒体中。2014年中期，移动端与PC端视频流量之比为6∶4，2014年底进一步扩大到了约7∶3。在一些热门的综艺节目或热门电视剧上，用户使用移动端观看的比例甚至达80%。2014年底播出的热门综艺节目《奔跑吧兄弟》就是一个经典案例，腾讯视频指数显示，在腾讯视频平台，该视频节目80%的流量来自移动端；中国网络视频指数也显示，该视频节目在优酷土豆平台75%的流量来自移动端。②

（二）2014年行业投资与并购

2014年4月，优酷土豆与阿里巴巴宣布建立战略投资与合作伙伴关系。阿里巴巴委派其CEO陆兆禧加入优酷土豆董事会。阿里巴巴董事局主席马云表示，这是一个重要战略举措，该举措将进一步扩大阿里巴巴生态系统。自此，中国互联网行业的三巨头都在网络视频行业进行了布局。

2014年11月，小米和顺为资本联合宣布入股爱奇艺，百度也同时追加了对爱奇艺的投资。当这一轮融资完成后，爱奇艺将和百度、小米在内容与技术产品创新方面，尤其是在移动互联网领域拓展深度合作。这次投资是小米创办以来最大的单笔投资。

同样在2014年11月，搜狐宣布收购人人公司旗下视频网站56网，最终的交易价格超过2000万美元。56网并入后，搜狐视频在以往擅长的版权影视内容之外，补充了更丰富的内容，如长视频和用户生成内容（UGC）等。

---

① 中国互联网络信息中心：《中国互联网络发展状况统计报告（2015年1月）》，2015年2月。
② 《奔跑吧兄弟》腾讯视频指数，参见 http：//v. qq. com/datacenter/8467. html；中国网络视频指数，参见 http：//index. youku. com/vr_ keyword/id_ 5aWU6LeR5ZCn5YWE5byf? type = youku。

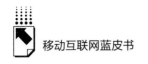
（三）移动视频行业的规范化与规模化

移动视频行业在近两年得到快速发展，智能手机的普及引起的用户终端迁移是一个大前提，而其主要动力则来自视频网站积极建设内容，通过内容的增长推动流量的增长。移动视频行业的发展呈现了管理规范化、投资规模化的特点。

随着相关政策法规逐渐完善，移动视频行业的管理逐渐规范化，依靠"灰色地带"获取流量的方式已经基本行不通。各视频网站纷纷大幅度删除盗版视频，斥巨资购买影视剧和综艺节目的版权，以此来维护甚至提升用户黏性，从而获得广告主的肯定和青睐。网络视频版权价格几年内从最初的几千元一集，提高到目前80万~100万元/集。2013年底，腾讯视频、爱奇艺、搜狐视频、乐视等视频网站就针对热门的综艺节目开展了一场"烧钱大战"。爱奇艺打包购买了湖南卫视的热播真人秀节目《爸爸去哪儿》与另外四档综艺娱乐节目《快乐大本营》《天天向上》《百变大咖秀》《我们约会吧》的版权，合计打包价达2亿元。乐视网花费过亿元买下了《我是歌手》第二季的独播权。腾讯视频则以2.5亿元买下了浙江卫视《中国好声音》第三季的网络独播权。①

由于版权内容价格水涨船高，2014年，各大网络视频媒体纷纷增加了在自制内容上的投入。搜狐视频在自制内容上投入较早，《屌丝男士》《钱多多嫁人记》等自制剧的成功让网络视频媒体看到了自制内容的潜力。此后，优酷的《万万没想到》不仅获得了流量、口碑双丰收，而且让网络视频媒体认识到，自制内容在商业合作方面比版权影视内容更为灵活方便，对网络视频媒体的品牌塑造也有一定帮助。2014年，优酷、爱奇艺、乐视等视频媒体均宣称在自制内容方面的投入达3亿元。艺恩咨询统计，2014年新增网络剧100余部，较2013年翻了一番，网络综艺节目数量也在100档左右。2014年推出的《你正常吗》《晓说》《奇葩说》等网络节目，都吸引了大量用户观看。

---

① 《"好声音"易主背后：版权费暴涨至2.5亿元》，http://tech.china.com.cn/internet/20131127/75570.shtml。

（四）移动视频的商业变现

移动视频的发展，不仅体现在用户规模和流量的增长，而且体现在商业价值变现上。继2013年优酷、腾讯、搜狐、爱奇艺等视频"大户"先后启动移动视频商业化战略后，2014年，移动视频广告市场的发展成了整个网络视频市场规模增长的核心推动力。艾瑞咨询统计，2014年，中国移动视频广告市场规模为32.1亿元，较2013年的4.8亿元大幅增长569%。预计在2015年，移动视频广告市场还将出现大幅增长（见图1）。

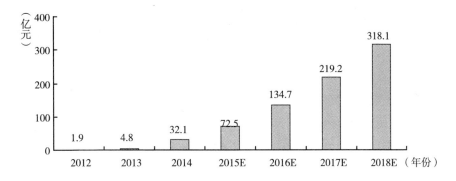

图1 中国移动视频广告市场规模

资料来源：艾瑞咨询。

和以往的PC端网络视频相比，移动视频广告在2014年吸引了广告主的预算分配。精硕科技的广告监测数据显示，截至2014年第四季度，广告主在PC端的视频广告投放曝光量占比已经降到70%左右，与此同时，移动端视频广告投放曝光量占比提升至30%左右。而2013年初，移动端视频广告投放曝光量占比不足1%，PC端则超过99%。移动视频的广告价值、广告效果已经得到了广告主的充分认可。

二 4G推广普及对移动视频发展的推动

综合4G网络的技术特点和在国际市场的实践经验，4G的推广普及将促进2015年中国移动视频用户增长、用户视频浏览量和浏览时间增长、用户使用场景多样化。国际4G市场的实际经验表明，4G能够明显提高网络速率，为用户观看视频创造更好的条件。很多国际领先4G运营商将捆绑视频内容作为4G服务套餐包的重要组成部分，为用户提供了有别于3G的、更好的用户体验。

据统计，大容量视频服务的数据用量占LTE‐A网络用户数据总使用量的31%，排名首位。其中，韩国30岁年龄段的LTE‐A用户最喜欢用手机观看体育直播和网络视频。数据显示，2012年韩国移动视频服务的市场规模已达1500亿美元。中国移动业务统计数据也显示，2015年初，4G客户平均每月使用流量已接近1GB，其中超过50%的流量被用于数字内容消费。①

4G在上行链路（从用户终端到网络）的性能提升相对于下行链路（从网络到用户终端）更为明显，这也为很多新型业务的开展提供了更好的网络基础。其中，在公众市场，优秀的上行链路性能能够更好地支持用户生成内容（UGC）的上载，这可能会为互联网视频业务发展提供新的动力。

除了更快速稳定的网络环境，4G时代移动流量资费的下降，也会进一步刺激用户对移动视频内容的消费。从2014年初开始，三大电信运营商就不约而同地对流量进行了大幅度的资费调整，主题都是降价，甚至在一年内的多个时段推出了流量赠送等优惠活动。另外，电信运营商与网络视频媒体的合作也将促进用户养成移动视频的消费习惯。例如，在2014年春节期间，优酷就宣布北京、广东两地移动4G用户通过优酷客户端看视频，本地流量将全部免费。

三　移动视频行业的发展格局分析

2014年，中国移动视频行业的格局基本稳定：在过去半年内观看过网络视频的用户中，63.0%用优酷网，排在首位；用爱奇艺、腾讯视频的分别占56.6%、54.2%，分列第二位、第三位；百度视频凭借自身平台的优势和海量用户基础，与多家版权内容方合作，成为多家视频网站的流量入口，其品

---

① 《中国移动：4G用户月平均使用流量已接近1GB》，http：//news. xinhuanet. com/fortune/
2015‐01/15/c_ 1114009614. htm。

牌渗透率达48.8%，排在第四位；土豆网、搜狐视频等有自身特色的视频网站的渗透率也都在40%以上。2014年，主要视频网站在手机端的格局如图2所示。

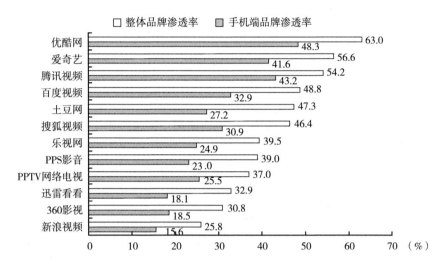

图2 2014年主要视频网站品牌渗透率

资料来源：中国互联网络信息中心中国互联网络发展状况统计调查。

（一）移动视频行业格局的变化

1. 网络视频媒体向行业上下游扩张

网络视频行业在经过近几年的大浪淘沙式的发展和数轮并购之后，市场上有实力的竞争者已经从几十家缩减到不足十家。几家主流网络视频媒体的身后都有互联网行业巨头的支撑，也比以往更擅长资本运作。当前的网络视频媒体已经不满足于仅作为内容播放的渠道，而在积极向行业的上下游扩张。

最明显的扩张在内容方面，当网络视频媒体发现版权内容价格飞涨时，从2014年起就开始纷纷向内容生产领域进军。除了自制网络剧和节目，网络视频媒体还采取投资合作的方式来降低内容获取的成本。例如，优酷土豆集团成立了电影公司合一影业，爱奇艺联手传统的内容制作方华策影视共同投资成立华策爱奇艺影视公司，一批注入互联网基因的影视公司纷纷崛起。

同时，网络视频媒体还纷纷向硬件领域进军，抢占视频播放终端市场。以

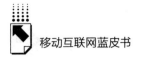

乐视为例，其先后推出了自主研发的超级电视、乐视盒子等一系列硬件产品，力争进入用户客厅，占领受众接触的每一块屏幕。其他网络视频媒体虽然在硬件领域还没有如此激进，但也在积极布局，与智能电视生产厂家合作生产电视盒子。与硬件厂商合作，在智能电视、智能手机等硬件设备中安置视频应用，也是一种常见的方式。

网络视频媒体向硬件领域的扩张在2014年也遇到了较为严格的政策监管。2014年6月，国家新闻出版广电总局发文点名要求互联网电视牌照商华数和百视通进行业务整改。之后，国家新闻出版广电总局下达了一项盒子最严整改令：不仅要求从境外引进的影视剧、微电影必须在一周内下线，而且要求未经批准的终端产品不准推向市场。在新规之下，网络视频媒体无法以应用的形式出现在互联网电视上。在这样的政策环境下，网络视频媒体对智能电视的热情可能有所减退，而将目光转向手机等其他设备。

2. 传统电视媒体参与移动视频竞争

在2014年之前，传统电视媒体一直是网络视频媒体重要的内容提供方。网络视频媒体从电视台购买内容后，将其用于自身平台播放及分销。随着用户的媒体行为整体互联网化，电视台一直面临着向新媒体转型的压力。而网络视频媒体从电视台购买内容后，也可获得丰厚的广告收益回报。在几方面因素作用下，以湖南卫视为首的电视媒体开始参与网络视频行业的竞争。

从2014年中期开始，湖南卫视宣布扶持自有网络视频产品——"芒果TV"，实行"版权不分销"策略，所有内容将通过"芒果TV"播出。"芒果TV"借助《我是歌手》第三季独家播放策略一度将其移动客户端推至应用商店免费排行榜第一的位置，将腾讯视频、爱奇艺、优酷视频甩在身后。尽管行业对电视媒体能否成功逆袭还存在疑问，但"芒果TV"的崛起对其他电视媒体无疑会起到激励作用，处于转型摸索期的各大卫视也会积极跟随。网络视频媒体少了一些重要的内容供应方，多了一些财力雄厚、内容丰富的竞争对手，未来网络视频市场的整体竞争格局存在更多变数。

（二）移动视频主流厂商发展前景分析

1. 优酷土豆

作为最早在美国上市的中国网络视频媒体，优酷土豆2014年多屏月均独立访问用户数和移动端日均视频播放量双双突破 5 亿次，保持了在网络视频市场的领跑地位。优酷土豆在 2015 年的策略是"大自制、大数据、大影响"。

在自制内容方面，优酷土豆在 2013 年的投入已高达 3 亿元，而在 2015 年优酷土豆的自制内容投入预计将达 6 亿元，产生的自制内容预计将包括 50 档综艺节目、17 部自制剧、20 部微电影和 10 ~ 15 部联合出品电影。

在大数据方面，优酷土豆已实现多屏用户身份识别，可为品牌完成跨屏去重以及跨屏追投，多屏联投再次升级。大数据对用户"画像"的精准描绘，使得品牌广告不仅可以被投放给既定目标群体，而且可以被投放给潜在消费群体。另外，优酷土豆与阿里巴巴战略合作关系的建立，以及视频行为数据与电商行为数据的打通，将为视频营销电商化带来无穷的可能性。

2. 爱奇艺

爱奇艺在 2013 年底重金购入湖南卫视《爸爸去哪儿》等综艺节目的独播权，其抢占优质内容的激进作风令人印象深刻，也引导了行业对内容投入的整体升级。优质内容尽管价格不菲，但也为爱奇艺带来了大量流量和广告收益。2015 年，爱奇艺仍然将策略重点放在内容上，构架"超级自制 + 顶尖版权"体系。在自制内容方面，爱奇艺在 2015 年预计将推出 30 部 500 集自制剧，其中包括《盗墓笔记》《鬼吹灯》等大制作、高成本的"超级网剧"。在版权内容方面，爱奇艺一举拿下了包括《造梦者》《星星的密室》等 8 部热门综艺节目的独播权。用爱奇艺 CEO 龚宇的话说："好的内容，哪怕再贵，亏得一塌糊涂，也要买到手!"

3. 腾讯视频

内容同样是腾讯视频 2015 年策略的重点，并且腾讯视频宣称将以用户为出发点，实现影视 + 综艺 + 音乐全线覆盖，实现与其他视频媒体内容的差异化发展。在影视方面，腾讯视频宣布与 HBO 独家合作，在腾讯视频平台播放包括《权力的游戏》《黑道家族》《真探》等 900 集美剧。腾讯视频还与美国FOX 电视台达成战略合作意向，获得了国家地理频道在中国国内联合拍摄的所有内容的独家播出权，借此在纪录片这个视频媒体以往较少涉足的领域抢占了先机。另外，腾讯视频还把内容扩展到音乐领域，预计 2015 年将在线上直播 24 场演唱会，还将直播多场歌友会、见面会等。同时，腾讯视频将在数据、策略、产品、评估四个方面开创视频营销新的起点，新的营销模式包括娱乐

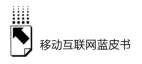

O2O、粉丝经济 2.0，以及场景化的植入等。

4. 其他网络视频媒体

其他较有特色的网络视频媒体还包括乐视和"芒果 TV"。乐视的竞争优势一直以来在于版权影视内容，并且乐视在硬件终端的投入远超过其他视频媒体，自主研发了从乐视盒子到超级电视等一系列终端产品，形成了有特色的"平台 + 内容 + 终端 + 应用"的乐视生态布局。"芒果 TV"是湖南卫视的新媒体产品，自湖南卫视宣布不再分享综艺节目版权后，"芒果 TV"就备受用户和行业关注。曾被爱奇艺买断 2014 年新媒体独播权的《天天向上》《快乐大本营》《爸爸去哪儿》，以及被乐视买断 2014 年新媒体独播权的《我是歌手》第三季等综艺节目，在 2015 年都将在"芒果 TV"独播。除了综艺节目资源，"芒果 TV"还拥有一系列与湖南卫视共同制作的自制剧资源。

（三）存在的问题和挑战

从 2013 年起，就不断有业内人士用"烧钱"一词形容这个行业。网络视频媒体为了争夺优质内容资源不惜花费重金，而在内容上的高投入也相应带来了高风险。中国社科院文化研究中心常务副主任张晓明表示："目前网络剧市场发展前景较好，为了尽快占领市场，部分视频网站也会出现仓促投资的现象，而没有对网络剧进行事先的精挑细做，会使风险进一步增加。"

四 移动视频的发展趋势

（一）移动视频用户规模与用户行为变化

移动视频用户规模在 2012~2014 年连续三年保持扩大趋势，预计在 2015年，这一用户群体的规模还将进一步稳定扩大。同时，用户的移动视频使用行为预计将发生以下变化。

1. 移动视频收看时间增加

艾瑞咨询统计，2014 年 8 月，移动端在线视频的有效使用时长份额达39.1%，较 2014 年 1 月的 30.8%增长了 8.3 个百分点。从视频收看时间绝对值来看，2014 年 8 月在线视频 PC 端与移动端的有效使用时长分别为 59.3 亿

小时和38.1亿小时，同比分别增长9.8%和372.7%，移动端的增幅大大超过
PC端。移动视频收看时间的增加，原因主要在于网络环境日益成熟和用户的
移动视频使用场景日益丰富，越来越多的用户在碎片化时间里收看移动视频。

2. 使用4G网络收看视频的人数增加，对Wi－Fi依赖减少

根据华为与搜狐联合发布的《移动视频洞察报告2014Q3》，视频的播放流
畅度、流量消耗、加载速度和画质清晰度是影响移动视频用户业务体验的关键
因素。4G用户选择高清视频内容的比例比3G用户高20%。受限于网络环境
和资费，目前大量移动视频观看行为还是在Wi－Fi环境中发生的，或由用户
事先在Wi－Fi环境中将视频节目缓存到设备上。而当前4G网络下的视频播
放体验已经优于Wi－Fi和3G网络，具体表现在播放成功率、加载速度和播
放流畅度等方面。加上4G在资费方面也有很大优势，2015年可以预期用户会
更多地使用4G网络收看移动视频，甚至高清视频。

（二）移动视频内容进一步丰富

"内容为王"的规律在移动视频的发展中同样适用。2014年，版权综艺节
目如《爸爸去哪儿》《奔跑吧兄弟》在网络视频中大放异彩，由网络视频媒体
自制的《晓说》《奇葩说》等综艺节目也吸引了大量流量。2015年，除了常规
的影视和综艺内容，网络视频媒体在内容方面还将加大投入力度、扩展内容范
围。纪录片、演唱会等内容也成为视频媒体投入的重要方向。在纪录片方面，
腾讯与美国FOX电视台达成战略合作意向，将引进多达300小时的国家地理
频道纪录片内容。在演唱会方面，乐视探索将线下演唱会以网络视频方式直
播。2014年七夕节举办的汪峰线上演唱会，门票定价为30元，吸引了7.5万
人购买，直接为乐视带来了200万元的收入。这个成功案例也向网络视频媒体
展示了演唱会这种娱乐资源的价值。2015年，腾讯、乐视等媒体均表示将增
加线上演唱会的举办数量。

移动视频内容还将呈现网络化、年轻化的趋势。综观各网络视频媒体在
2015年的内容策略，购买网络小说、游戏版权进行网络影视剧改编非常流行，
深受年轻用户群喜爱的韩国综艺节目也是网络视频媒体重金争夺的对象。移动
视频的内容会更迎合年轻的互联网一代的口味，与电视屏幕的内容形成更显著
的差异。

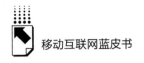
（三）更加精准与多样化的变现方式

1. 多屏整合

随着移动视频的崛起，用户可以使用多个设备/屏幕收看视频节目，多个屏幕之间的整合与互动成了广告主和媒体的共识。

精硕科技等第三方数据监测公司通过整合 PC 端和移动端样本库数据、建立视频广告的跨屏监测分析模型，帮助广告主监测评估视频广告多屏整合投放的效果。利用跨屏工具，广告主还可以基于历史数据对多屏广告投放进行预估，优化电视、电脑和移动端之间，以及不同移动视频媒体之间的广告投放预算分配。精硕科技多屏广告效果研究显示，同一则视频广告，多屏投放的品牌记忆度比单屏提高39%，广告喜爱度提高9.3%。将没看过广告的人群与通过单屏、双屏、三屏看过广告的人群的对比，同样可以发现多样化的屏幕组合能够有效地帮助广告主提高其在受众人群中的品牌认知度、喜爱度和推荐度。

2. 基于大数据的移动视频营销

为了提高移动视频营销推广效率，利用大数据进行精准广告投放也是移动视频的发展趋势之一。未来，移动视频精准营销还将在大数据的帮助下走得更远。搜索引擎数据、电商平台数据、品牌一手数据都可以与移动视频用户数据打通，让品牌可以更有针对性地对特定受众进行广告投放，提升移动视频营销的投资回报率。以爱奇艺为例，其在 2013 年推出了一款名叫"一搜百映"的产品，可以向在百度上搜索过特定关键词的用户进行广告推送。

3. 更丰富的移动视频营销形式

将视频与电商结合，是 2015 年主流网络视频媒体的一个探索方向。优酷土豆在接受阿里巴巴投资半年后，于 2014 年底推出了优酷"边看边买"和土豆"玩货"等视频购物产品。以"边看边买"为例，消费者在视频平台观看电视剧、电影和动漫时，点击视频中出现的商品，即可购买。对消费者而言，"边看边买"的最大亮点莫过于广告形态的改变，广告不再是被推送，也可以被需要，给用户带来了新鲜的视频互动购物体验。对广告主来说，这种新的视频营销方式，可以通过内容与商品的紧密融合和渗透，激发用户的购买欲望，最终将用户购买冲动转化为订单，形成从内容到电商的完整消费链条。

将营销内容从前贴推送改为更自然地植入，也是网络视频媒体关注的重点。爱奇艺宣布将推出一项名为"Video In"的专利视频动态广告植入技术。该技术为对已完成拍摄的视频进行内容二次合成提供了解决方案，这意味着植入式广告将不再受影视拍摄周期限制。

4. 移动广告程序化购买

移动广告程序化购买指通过移动端广告技术平台，自动执行广告资源购买的流程。美国在线（AOL）传媒集团旗下的广告网络公司 AOL Platforms 在2014 年 6 月的一项调查中发现，84% 的美国广告公司高管受访者使用程序化购买方式推送广告。① 在中国，移动广告程序化购买还处于起步阶段，但移动视频平台普遍有较丰富的长尾流量资源，移动视频积极拥抱移动广告程序化购买应该会在意料之中。

---

① Emarketer, *Programmatic Moves Further Toward Premium Future*，http：//www.emarketer.com/Article/Programmatic – Moves – Further – Toward – Premium – Future/1011129.

专　题　篇

Special Reports

B.21

2014年中国传统媒体移动传播新格局

李黎丹　王培志　黄小保*

摘　要：　2014年，传统媒体移动传播发展进入快车道。报纸移动传播整体水平有了较显著的提升，视听节目与频道的移动产品已成为传播常态。微信公众号与自有应用成为媒体移动传播的核心竞争力平台。连接线上线下，聚集社区群落，是移动互联网时代媒体传播的独特路径。针对用户行为轨迹贴身打造产品，充分做好本土服务，是媒体增强用户黏性的有效手段。

关键词：　移动传播　传统媒体

* 李黎丹，人民网研究院研究员，博士后，副教授；王培志，人民网研究院研究员，硕士；黄小保，武汉大学互联网科学研究中心博士。

移动互联网的迅猛发展，改变了新闻生产方式，深刻影响了新闻传播业的整体格局和舆论生态。报纸、杂志、广播、电视等传统媒体向新媒体进军的主要表现是向移动传播拓展空间，2014年呈现了新的传播格局。

一　2014年传统媒体移动传播发展进入快车道

媒体融合包括内容、渠道、平台、经营、管理等多方面的深度融合。2014年，传统媒体在多方面进行了有益的探索，其中对移动传播的探索表现最为突出。可以说，2014年是中国媒体融合发展元年，是媒体迈出移动传播实质性步伐的一年。政策与技术的发展为媒体的移动传播提供了双重助力，尝试、创新、组合、重构等多重方式的探索，使传统媒体的移动传播相较于2013年逐渐形成新的格局。

（一）传统媒体大力拓展移动传播

2014年8月18日，《关于推动传统媒体和新兴媒体融合发展的指导意见》出台，这是最具标志性的事件，极大地推动了中国媒体的融合发展，加快了传统媒体向移动传播拓展的步伐。

从中央媒体到地方媒体，都在积极探索融合发展，最明显的是在"两微一端"（微博、微信、客户端）发力，还有的开始设立"中央厨房"，探索"一菜多吃"，向不同渠道发布不同形态的新闻产品。2014年，人民日报社、新华社等媒体推出了新版客户端。7月22日，上海报业集团酝酿已久的新媒体项目"澎湃"网站、客户端、微信公众平台、新浪微博等产品同时上线。截至2014年底，人民日报社在新浪的法人微博的粉丝数近3000万。多家传统新闻媒体的法人（官方）微博拥有庞大的粉丝群，在微博舆论场上有了强大的话语权。

整合文字、音频、视频等多种表现形式的视听节目在移动端也表现不俗。值得一提的是，《爸爸去哪儿》第二季自上线以来，其移动端流量占比一直高于PC端，移动设备俨然已经成为当下人们收看综艺节目的主要阵地，该节目的独播网站爱奇艺的移动端下载量也随之一路走高。

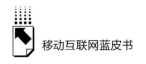
（二）4G 加速了视听媒体的移动传播发展

2013 年 12 月 4 日，工信部正式向中国移动、中国联通、中国电信发放 4G 牌照。随着 4G 网络覆盖面的不断扩大，越来越多的用户可以随时随地欣赏流畅的音视频节目，这促进了广电媒体的发展转型。4G 引领手机、电脑和电视三屏联动的速度加快，多屏互动业务或将成为媒体的基础服务。用户利用碎片化时间通过手机或者平板电脑观看视频，在到达某一场所后，可以从断点开始继续在固定终端上观看，实现各类屏幕之间的"无缝链接"。除此之外，在 4G 环境下，电视台的同步传输能力和直播能力将会大大提升。

二 2014 年传统媒体移动传播排行榜

2015 年 2 月，人民网研究院发布了《2014 中国媒体移动传播指数报告》，这是继《2013 中国媒体移动传播指数报告》后的第二份报告，所不同的是，2013 年报告只涉及报纸、杂志，2014 年报告涵盖了所有传统媒体。

（一）移动传播的评测方法有所调整

评测的基本方法没有变，还是依据媒体在新浪微博、微信、聚合客户端、自有应用四大平台上的具体表现，进行量化评定。最重要的变化是对微博、微信分别采用 BCI 和 WCI，① 由人工统计转变为软件抓取和统计。另一显著变化是权重的调整，一是加大了微信的权重，因为微信是真正意义上的移动传播；二是加大了自有应用的权重，在传统媒体移动传播能力较弱时，借助他人的聚合新闻客户端平台是必要的，但当有足够实力时，创立并精心运营自有应用，不但是品牌确立的重要手段，而且是打造完整生态系统不可或缺的载体。

（二）传统媒体移动传播百强榜单

2015 年 2 月发布的《2014 中国媒体移动传播指数报告》已经发布了各类

---

① BCI，微博传播指数，主要通过微博的活跃度和传播度来反映账号的传播能力和传播效果。WCI，微信传播指数，主要通过微信公众号推送文章的传播度、覆盖度及账号的成熟度和影响力，来反映微信整体热度和微信公众号的发展走势。

媒体移动传播的百强榜单，但只公布了各媒体的综合得分，这里首度展现了各媒体在微博、微信、聚合客户端和自有应用的分项得分，全面反映了媒体在单个平台上的具体表现（见表1～表5）。

表1　2014年报纸移动传播百强榜

排名	报纸名称	微博	微信	聚合客户端	自有应用	综合得分
1	人民日报	20.00	38.60	1.55	18.78	78.94
2	南方周末	14.90	33.08	3.13	20.28	71.39
3	广州日报	16.96	39.52	2.50	12.36	71.34
4	都市快报	16.02	40.00	0.72	11.10	67.84
5	参考消息	13.20	32.55	7.06	14.88	67.68
6	每日经济新闻	16.76	35.96	2.14	12.38	67.24
7	新闻晨报	17.74	39.76	0.00	9.07	66.57
8	环球时报	18.24	28.92	0.00	16.43	63.59
9	南方都市报	16.88	37.04	1.06	8.60	63.58
10	钱江晚报	15.20	37.28	1.78	8.90	63.16
11	楚天都市报	16.92	35.52	2.14	8.49	63.07
12	扬子晚报	17.14	34.84	1.64	8.65	62.27
13	现代快报	15.78	34.56	0.40	11.09	61.83
14	中国青年报	13.86	30.52	6.90	10.53	61.80
15	华商报	15.30	33.76	1.75	10.02	60.83
16	羊城晚报	15.90	33.44	1.44	9.87	60.65
17	21世纪经济报道	16.62	28.52	2.96	11.62	59.72
18	新京报	16.54	28.04	1.48	13.00	59.06
19	生命时报	15.30	31.92	0.87	10.48	58.57
20	电脑报	14.94	29.96	0.40	13.23	58.53
21	温州都市报	13.42	36.20	0.43	8.29	58.34
22	法制晚报	16.40	29.80	2.18	9.71	58.09
23	潇湘晨报	15.26	32.44	0.68	9.69	58.06
24	大河报	16.02	30.84	1.90	9.23	57.99
25	健康时报	14.48	29.08	0.43	13.76	57.75
26	京华时报	16.90	29.60	1.85	8.58	56.93
27	南方日报	16.56	30.12	1.14	8.75	56.57
28	宁波晚报	14.58	32.40	0.00	9.57	56.55
29	辽沈晚报	15.36	31.84	0.00	9.24	56.44
30	半岛晨报	14.94	33.28	0.51	7.65	56.38

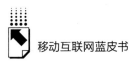
排名	报纸名称	微博	微信	聚合客户端	自有应用	综合得分
31	大连晚报	13.84	31.52	0.85	10.04	56.25
32	21世纪英文报	12.84	29.24	0.00	13.83	55.91
33	中国教育报	9.40	36.64	0.40	8.91	55.36
34	新快报	15.30	29.96	1.34	8.68	55.28
35	经济观察报	15.54	29.12	1.93	8.67	55.26
36	温州晚报	8.46	36.88	0.00	9.72	55.06
37	经济日报	13.76	27.84	1.07	12.39	55.06
38	华西都市报	15.78	29.12	1.24	8.84	54.98
39	齐鲁晚报	15.16	31.76	0.00	8.00	54.92
40	成都商报	16.14	29.00	0.42	8.37	53.93
41	沈阳晚报	14.08	29.56	0.00	9.57	53.21
42	郑州晚报	14.76	28.72	0.47	9.07	53.01
43	山西晚报	13.32	29.56	0.90	9.05	52.83
44	中国经营报	16.10	25.92	0.95	9.50	52.47
45	北京晚报	14.64	21.28	1.18	15.13	52.23
46	北京商报	12.18	26.40	2.76	10.79	52.13
47	燕赵都市报	15.14	28.64	0.42	7.92	52.12
48	江南都市报	14.54	29.92	0.00	7.59	52.05
49	河北日报	12.80	29.60	0.00	9.58	51.98
50	半岛都市报	14.06	29.52	0.00	8.24	51.82
51	海峡都市报	14.06	28.08	1.48	7.93	51.55
52	南国早报	13.38	30.44	0.00	7.65	51.47
53	重庆晨报	15.74	27.36	0.75	7.47	51.31
54	楚天金报	13.36	25.04	1.26	11.55	51.21
55	华商晨报	12.24	31.00	0.56	7.41	51.21
56	东南商报	12.92	29.28	0.45	8.21	50.86
57	金陵晚报	13.22	27.44	1.36	8.83	50.85
58	长江日报	12.48	28.36	0.00	9.91	50.75
59	西安晚报	13.32	28.04	0.00	9.38	50.74
60	河南日报	14.44	24.72	0.81	10.39	50.36
61	重庆晚报	13.82	25.68	1.40	9.03	49.93
62	厦门晚报	11.90	27.84	0.72	9.38	49.84
63	每日新报	10.96	28.60	2.08	8.12	49.76
64	江西日报	14.38	24.80	0.00	10.22	49.40
65	佛山日报	13.80	25.20	0.48	9.78	49.27

续表

排名	报纸名称	微博	微信	聚合客户端	自有应用	综合得分
66	三晋都市报	13.76	27.24	0.80	7.40	49.20
67	法制日报	14.42	24.24	0.00	10.46	49.12
68	新文化报	13.38	27.44	0.00	8.26	49.08
69	当代生活报	13.44	26.88	0.00	8.50	48.82
70	河南商报	14.14	25.48	0.66	8.54	48.81
71	信息时报	14.76	24.72	1.28	7.78	48.54
72	都市时报	12.20	24.04	0.00	12.23	48.47
73	春城晚报	14.36	24.52	0.40	9.16	48.44
74	河北青年报	13.72	26.92	0.00	7.65	48.29
75	新安晚报	15.34	24.16	0.45	8.33	48.27
76	东方早报	14.64	21.00	0.88	11.14	47.66
77	天津日报	13.78	23.96	0.00	9.91	47.65
78	江淮晨报	13.06	25.68	1.25	7.65	47.64
79	深圳晚报	14.14	24.76	0.00	8.71	47.61
80	洛阳晚报	13.42	25.44	0.00	8.71	47.57
81	申江服务导报	10.82	19.16	0.00	17.49	47.47
82	东方卫报	12.86	26.80	0.00	7.73	47.39
83	成都晚报	14.24	22.00	0.64	10.43	47.31
84	工人日报	13.46	24.04	0.00	9.76	47.26
85	长沙晚报	11.94	24.40	0.64	10.03	47.01
86	山东商报	13.20	25.40	0.00	8.37	46.97
87	宁波日报	14.36	24.16	0.00	8.43	46.95
88	晶报	13.98	22.32	2.01	8.63	46.94
89	广西日报	12.80	24.16	0.00	9.92	46.88
90	四川日报	13.08	24.84	1.25	7.71	46.88
91	重庆时报	14.96	22.72	0.85	8.28	46.81
92	江南晚报	13.80	25.60	0.00	7.31	46.71
93	北京晨报	12.96	24.12	1.68	7.79	46.55
94	东方今报	14.04	23.52	0.00	8.80	46.36
95	精品购物指南	13.28	20.60	1.41	11.01	46.30
96	重庆商报	14.88	23.08	0.00	8.26	46.22
97	中国医学论坛报	10.46	25.96	0.00	9.77	46.19
98	苏州日报	13.64	22.92	0.00	9.58	46.14
99	解放日报	12.32	22.16	0.88	10.59	45.95
100	上海证券报	12.62	21.36	0.42	11.39	45.79

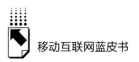
表2　2014年杂志移动传播百强榜

排名	杂志名称	微博	微信	聚合客户端	自有应用	综合得分
1	中国新闻周刊	20.00	25.27	5.58	14.95	65.81
2	读者	16.19	25.21	7.48	14.83	63.71
3	南都娱乐周刊	18.98	20.91	9.04	13.97	62.91
4	意林	15.70	23.40	7.89	14.33	61.32
5	青年文摘	13.75	21.34	9.63	14.53	59.24
6	商业价值	13.13	18.18	12.37	15.14	58.82
7	男人装	13.98	30.00	1.08	13.66	58.72
8	南都周刊	16.57	22.64	5.58	13.28	58.07
9	壹读	15.75	26.20	1.78	14.21	57.94
10	南方人物周刊	14.99	19.83	7.43	14.88	57.12
11	中国企业家	16.39	23.14	5.14	12.21	56.89
12	故事会	13.25	21.47	7.76	13.82	56.30
13	新财富	16.09	23.71	1.15	14.71	55.67
14	环球人物	14.39	21.05	5.74	13.99	55.17
15	环球企业家	14.98	20.74	4.22	14.78	54.72
16	国家人文历史	12.70	22.46	3.60	15.31	54.07
17	名车志	14.07	18.21	7.07	13.16	52.51
18	IT时代周刊	13.16	20.30	4.06	14.49	52.02
19	外滩画报	14.39	20.33	2.89	14.38	51.98
20	新周刊	17.33	18.99	0.90	14.46	51.69
21	财经国家周刊	13.50	17.86	4.34	14.88	50.57
22	商业周刊(中文版)	13.27	20.77	1.61	14.56	50.19
23	中国国家地理	14.08	21.53	1.18	13.41	50.19
24	半月谈	10.64	21.35	5.57	12.43	49.98
25	知音	10.31	21.62	2.45	15.49	49.87
26	时尚健康	14.39	17.22	3.07	14.77	49.45
27	Vista看天下	19.80	21.77	0.00	7.44	49.01
28	电视剧	12.92	8.45	0.00	27.51	48.88
29	凤凰周刊	15.26	17.56	1.85	13.82	48.49
30	摄影世界	13.15	21.43	1.30	12.47	48.35
31	风尚志	13.32	19.12	1.88	13.76	48.08
32	电脑爱好者	14.72	16.73	2.03	13.56	47.03
33	看历史	16.77	15.69	0.00	14.29	46.75

排名	杂志名称	微博	微信	聚合客户端	自有应用	综合得分
34	时代影视	14.20	15.48	0.00	16.73	46.41
35	ELLE - 世界时装之苑	16.20	22.23	0.86	7.00	46.29
36	南风窗	15.81	14.99	2.44	13.04	46.28
37	北京青年周刊	16.17	14.93	0.00	14.72	45.82
38	游戏机实用技术	14.86	17.26	0.00	13.63	45.75
39	最小说	12.75	15.48	2.37	15.02	45.62
40	新民周刊	14.30	17.21	0.00	14.02	45.52
41	销售与市场	12.61	17.13	0.00	15.66	45.39
42	博客天下	13.73	18.62	0.00	12.95	45.30
43	瑞丽服饰美容	14.36	17.85	0.00	13.03	45.23
44	华夏地理	10.72	17.19	2.00	14.55	44.46
45	财新新世纪周刊	12.79	17.86	0.00	13.55	44.19
46	二十一世纪商业评论	13.54	16.11	0.00	14.00	43.64
47	健康之友	10.37	15.29	2.81	15.14	43.61
48	瞭望东方周刊	13.74	14.63	3.05	12.18	43.60
49	第一财经周刊	11.92	16.66	0.00	14.94	43.52
50	瞭望	15.30	15.39	0.00	12.67	43.36
51	人物	14.03	13.19	1.72	13.70	42.63
52	创业邦	14.71	20.72	0.00	7.00	42.43
53	时尚先生 ESQUIRE	15.35	16.89	2.44	7.44	42.13
54	动漫贩	13.78	13.76	0.00	14.19	41.72
55	看电影周刊	17.88	16.83	0.00	7.00	41.71
56	红秀 GRAZIA	15.01	19.23	0.00	7.44	41.69
57	科幻世界	13.22	14.04	0.00	14.07	41.33
58	嘉人	14.10	19.83	0.00	7.00	40.92
59	宠物世界	12.16	13.53	0.00	15.20	40.89
60	当代歌坛	16.10	11.34	0.00	12.94	40.39
61	足球周刊	12.44	13.25	0.00	14.63	40.32
62	座驾 car	10.10	15.48	0.00	14.13	39.71
63	影像视觉	10.73	15.44	0.00	13.49	39.66
64	体育画报	11.75	13.02	0.00	13.99	38.76
65	商界	14.90	16.46	0.00	7.00	38.36
66	财经	13.74	17.25	0.00	7.00	37.98
67	家人	14.38	16.53	0.00	7.00	37.90

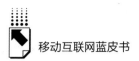
续表

排名	杂志名称	微博	微信	聚合客户端	自有应用	综合得分
68	摄影之友	15.97	0.00	6.77	15.04	37.78
69	中国周刊	12.18	11.34	0.00	14.22	37.74
70	计算机应用文摘	12.32	10.81	0.82	13.60	37.55
71	环球	16.92	13.57	0.00	7.00	37.49
72	小说月报	9.08	13.88	0.00	14.49	37.45
73	时代邮刊	11.67	11.35	0.00	14.31	37.33
74	悦游中国	8.74	14.31	0.81	13.45	37.31
75	新华月报	10.95	11.95	0.00	14.07	36.97
76	知日 ZHIJAPAN	15.38	14.52	0.00	7.00	36.90
77	世界建筑	9.38	13.11	0.00	13.90	36.38
78	格言	11.50	10.78	0.00	13.85	36.13
79	三联生活周刊	17.32	0.00	5.12	13.01	35.45
80	F1 速报	15.89	7.42	0.00	11.93	35.24
81	英才	14.94	12.74	0.00	7.00	34.67
82	昕薇	18.17	0.00	2.74	13.61	34.52
83	财经天下周刊	11.02	14.14	1.64	7.45	34.25
84	糖尿病之友	11.03	10.47	0.00	12.57	34.07
85	今古传奇	11.57	9.00	0.00	12.77	33.35
86	瑞丽家居设计	8.98	11.42	0.00	12.90	33.30
87	文史天地	4.20	12.22	1.40	14.85	32.67
88	上海壹周	4.70	14.95	0.00	12.88	32.53
89	AC 建筑创作	12.67	4.07	0.00	15.63	32.38
90	新商务周刊	3.34	14.59	0.00	13.86	31.78
91	时尚芭莎	16.09	0.16	0.80	14.54	31.60
92	经理人	9.00	15.41	0.00	7.00	31.42
93	灌篮	13.26	10.74	0.00	7.00	31.00
94	上海服饰	7.88	10.12	0.00	12.18	30.18
95	VISION 青年视觉	10.29	12.22	0.00	7.44	29.96
96	城市画报	12.11	0.00	2.69	14.99	29.79
97	炎黄春秋编辑部	13.91	0.00	3.12	12.75	29.78
98	人民画报	5.96	9.43	1.46	12.27	29.12
99	心理月刊	2.61	8.27	3.16	15.07	29.11
100	1626 潮流双周刊	15.31	0.00	0.00	13.40	28.72

表3 2014年电视频道移动传播排行榜

排名	电视频道名称	微博	微信	应用	电视节目	综合得分
1	CCTV 13	19.48	23.86	27.24	8.33	78.90
2	湖南卫视	17.31	25.00	26.18	9.30	77.80
3	浙江卫视	17.54	19.78	13.32	6.78	57.42
4	江西卫视	15.38	19.02	15.93	6.73	57.06
5	安徽卫视	17.68	18.68	14.30	4.53	55.19
6	旅游卫视	15.64	21.55	13.06	4.78	55.04
7	北京卫视	13.72	12.68	21.76	3.98	52.14
8	江苏卫视	14.62	15.60	13.12	6.11	49.45
9	东方卫视	17.30	12.26	13.89	4.32	47.77
10	山西卫视	13.14	12.29	15.78	5.49	46.69
11	广东卫视	12.70	14.57	13.45	5.84	46.55
12	东南卫视	14.04	12.42	15.78	4.02	46.26
13	甘肃卫视	13.11	10.39	16.62	5.94	46.06
14	广西卫视	12.45	11.33	15.41	5.23	44.43
15	山东卫视	14.48	11.96	11.49	6.02	43.96
16	河北卫视	10.43	9.94	14.83	6.57	41.78
17	辽宁卫视	13.47	8.88	14.10	4.61	41.06
18	湖北卫视	13.32	9.55	13.75	4.33	40.95
19	CCTV 5	20.00	0.00	15.14	5.50	40.63
20	厦门卫视	10.20	12.98	15.41	1.51	40.09
21	CCTV 15	19.03	0.00	15.96	4.09	39.08
22	青海卫视	11.82	6.60	15.79	3.86	38.08
23	贵州卫视	10.67	6.67	15.42	5.12	37.88
24	黑龙江卫视	10.73	4.12	19.78	3.22	37.85
25	宁夏卫视	4.25	15.31	15.41	1.07	36.03
26	河南卫视	8.67	4.57	16.74	4.48	34.46
27	天津卫视	0.00	12.48	13.97	7.75	34.19
28	云南卫视	0.00	12.49	15.78	4.40	32.67
29	CCTV 9	12.35	0.00	16.82	3.14	32.31
30	CCTV 11	12.09	0.00	15.10	3.85	31.04

表4 2014年电视节目移动传播百强榜

排名	电视频道名称	电视节目名称	微博	微信	聚合客户端	自有应用	综合得分
1	浙江卫视	中国好声音	22.74	27.14	7.99	13.10	70.98
2	江苏卫视	非诚勿扰	23.75	20.60	15.16	8.24	67.75
3	天津卫视	非你莫属	18.52	18.70	16.03	12.54	65.80
4	湖南卫视	爸爸去哪儿	24.93	19.01	6.64	14.23	64.81
5	湖南卫视	我是歌手	23.81	18.04	6.27	12.81	60.93
6	湖南卫视	天天向上	23.26	17.28	4.96	13.62	59.11
7	CCTV 1	开讲啦	21.81	23.91	1.82	11.44	58.97
8	江西卫视	家庭幽默录像	20.51	27.05	0.00	10.36	57.93
9	湖南卫视	我们都爱笑	22.56	22.73	0.00	11.41	56.71
10	浙江卫视	中国梦想秀	19.92	16.97	4.67	11.31	52.87
11	CCTV 15	全球中文音乐榜上榜	22.71	14.20	4.60	11.35	52.87
12	湖南卫视	快乐大本营	25.00	14.67	0.00	13.16	52.83
13	湖南卫视	我们约会吧	16.30	18.42	6.08	11.13	51.93
14	湖南卫视	变形计	23.51	13.95	0.00	12.92	50.38
15	贵州卫视	非常完美	23.06	0.00	15.46	10.96	49.49
16	广东卫视	财经郎眼	12.53	18.65	6.29	10.67	48.15
17	湖南卫视	新闻大求真	16.87	11.75	7.15	10.39	46.15
18	河南卫视	武林风	17.33	0.00	16.11	11.50	44.94
19	甘肃卫视	交易日	10.82	23.53	0.00	9.79	44.14
20	CCTV 6	中国电影报道	18.01	14.57	0.00	10.44	43.02
21	山东卫视	与众不同	9.22	18.38	5.04	10.22	42.85
22	CCTV 3	我要上春晚	15.64	11.11	5.12	10.32	42.20
23	重庆卫视	超级访问	18.20	0.49	12.02	10.85	41.56
24	河北卫视	明星同乐会	21.21	0.00	10.00	10.28	41.48
25	CCTV 5	篮球公园	17.76	11.87	0.00	10.39	40.02
26	东南卫视	娱乐乐翻天	21.18	0.00	8.74	9.13	39.05
27	东方卫视	百里挑一	13.25	0.00	13.36	12.17	38.77
28	CCTV 10	走近科学	11.38	17.91	0.00	9.17	38.46
29	江苏卫视	一站到底	18.84	0.00	5.93	13.14	37.90
30	CCTV 13	新闻1+1	13.80	13.48	0.00	10.53	37.82
31	CCTV 2	央视财经评论	17.75	8.40	0.00	10.39	36.54
32	湖南卫视	快乐男声	15.71	0.00	7.69	12.25	35.65

排名	电视频道名称	电视节目名称	微博	微信	聚合客户端	自有应用	综合得分
33	东方卫视	谁能百里挑一	12.99	0.00	11.61	10.61	35.22
34	深圳卫视	年代秀	23.12	0.00	0.00	12.06	35.17
35	浙江卫视	我不是明星	18.91	0.22	5.57	10.17	34.87
36	江苏卫视	最强大脑	21.93	0.34	0.00	12.59	34.87
37	河北卫视	中华好诗词	21.51	0.00	1.87	11.46	34.84
38	CCTV 5	体育新闻	22.02	0.00	0.00	12.64	34.66
39	CCTV 7	聚焦三农	9.08	17.26	0.00	8.02	34.35
40	广西卫视	时尚中国	14.31	0.00	7.87	12.08	34.25
41	CCTV 5	天下足球	19.72	3.13	0.00	11.40	34.24
42	安徽卫视	每日新闻报	20.82	1.83	0.00	11.08	33.73
43	辽宁卫视	老梁观世界	12.90	0.00	10.08	10.62	33.60
44	湖南卫视	我是大美人	20.72	0.00	0.00	12.25	32.97
45	北京卫视	档案	12.87	0.00	7.95	11.61	32.43
46	北京卫视	杨澜访谈录	20.48	0.22	0.00	11.62	32.32
47	旅游卫视	看今天	13.39	0.00	7.60	11.32	32.30
48	CCTV 3	中国好歌曲	16.41	0.00	5.29	10.32	32.02
49	河北卫视	家政女皇	11.03	0.00	8.82	12.13	31.98
50	辽宁卫视	第一时间	20.58	0.00	0.00	11.14	31.72
51	江西卫视	金牌调解	12.56	0.61	8.66	9.82	31.65
52	江苏卫视	芝麻开门	16.31	0.00	5.12	9.60	31.04
53	天津卫视	国色天香	0.00	20.53	0.00	10.45	30.98
54	山西卫视	老梁故事汇	13.68	0.00	7.02	10.26	30.96
55	东方卫视	今晚80后脱口秀	18.78	0.00	0.00	12.09	30.87
56	CCTV 2	第一时间	19.60	0.00	0.00	11.14	30.74
57	青海卫视	时尚旅游	12.60	0.00	6.89	11.24	30.73
58	安徽卫视	非常静距离	19.35	0.42	0.00	10.86	30.63
59	陕西卫视	中国真功夫	12.80	0.00	7.54	9.89	30.23
60	湖北卫视	我为喜剧狂	10.93	0.00	9.97	9.28	30.18
61	湖北卫视	包公来了	10.40	0.00	9.25	10.18	29.83
62	旅游卫视	美丽俏佳人	19.17	0.00	0.00	10.61	29.78
63	黑龙江卫视	美丽俏佳人	18.87	0.00	0.00	10.61	29.47
64	天津卫视	爱情保卫战	16.16	0.00	0.00	12.06	28.22
65	云南卫视	经典人文地理	9.84	0.00	8.38	9.97	28.19

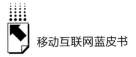
续表

排名	电视频道名称	电视节目名称	微博	微信	聚合客户端	自有应用	综合得分
66	CCTV 3	向幸福出发	0.00	19.27	0.00	8.80	28.07
67	湖南卫视	百变大咖秀	10.35	0.00	6.80	10.55	27.69
68	青海卫视	时尚家居	11.80	0.36	5.28	10.11	27.55
69	浙江卫视	娱乐梦工厂	19.09	0.00	0.00	8.34	27.43
70	CCTV 11	空中剧院	18.80	0.00	0.00	8.14	26.93
71	CCTV 2	购时尚	15.94	0.00	0.00	10.94	26.88
72	四川卫视	让爱作主	9.47	0.00	7.16	10.21	26.84
73	CCTV 14	智慧树	16.58	0.00	0.00	10.01	26.59
74	内蒙古卫视	马兰花开	10.85	0.00	5.86	9.84	26.55
75	CCTV 15	影视留声机	16.09	0.00	0.00	10.16	26.25
76	贵州卫视	论道	10.44	0.00	6.03	9.25	25.72
77	广西卫视	新闻夜总汇	14.47	0.00	0.00	10.79	25.27
78	CCTV 3	开门大吉	0.00	15.65	0.00	9.60	25.25
79	CCTV 4	中国文艺	8.31	7.01	0.00	9.48	24.80
80	CCTV 6	佳片有约	14.79	0.00	0.00	9.92	24.71
81	CCTV 13	新闻周刊	13.86	0.00	0.00	10.75	24.61
82	山东卫视	道德与法治	15.20	0.00	0.00	8.93	24.12
83	云南卫视	士兵突击	7.47	0.00	6.90	9.06	23.43
84	CCTV 12	夜线	15.20	0.00	0.00	8.15	23.34
85	安徽卫视	说出你的故事	0.00	0.00	12.84	10.44	23.28
86	CCTV 7	防务新观察	13.92	0.00	0.00	9.34	23.25
87	CCTV 8	影视同期声	14.56	0.00	0.00	8.60	23.15
88	深圳卫视	直播港澳台	6.25	0.00	4.12	12.50	22.87
89	CCTV 4	今日关注	12.77	0.00	0.00	10.08	22.85
90	CCTV 1	出彩中国人	0.00	7.01	5.72	10.04	22.77
91	CCTV 1	今日说法	0.00	14.75	0.00	8.01	22.76
92	浙江卫视	人生第一次	6.72	0.00	5.33	10.69	22.74
93	CCTV 15	中国音乐电视	8.58	0.00	0.00	13.88	22.46
94	CCTV 1	焦点访谈	0.00	12.63	0.00	9.69	22.32
95	甘肃卫视	投资论道	6.22	0.00	5.74	10.13	22.09
96	CCTV 6	世界电影之旅	12.69	0.00	0.00	9.36	22.05
97	CCTV 12	普法栏目剧	11.84	0.00	0.00	9.36	21.20
98	CCTV 14	小小智慧树	10.99	0.00	0.00	10.01	20.99
99	江西卫视	经典传奇	0.00	0.00	10.59	10.41	20.99
100	旅游卫视	有多远走多远	4.85	6.04	0.00	9.94	20.83

表5 2014年广播频道移动传播百强榜

排名	广播频道名称	微博	微信	聚合客户端	自有应用	综合得分
1	中广 中国之声	25.00	25.67	13.22	6.64	70.54
2	中广 经济之声	21.90	21.97	20.00	6.07	69.94
3	河南交通广播 FM104.1	18.65	28.88	6.13	12.16	65.82
4	江苏新闻广播 FM93.7	18.56	23.24	9.16	12.40	63.36
5	浙江之声 FM88 AM810	10.13	30.00	8.68	12.33	61.14
6	郑州新闻广播 FM98.6	18.68	21.17	8.78	11.60	60.22
7	苏州交通广播 FM104.8	19.02	21.46	8.45	10.96	59.89
8	FM1045 女主播电台 FM104.5	16.04	22.13	8.59	12.39	59.15
9	江苏交通广播网 FM101.1	18.32	19.20	8.98	11.27	57.77
10	扬州新闻广播 FM98.5	18.29	19.25	8.10	11.60	57.24
11	广州交通电台 FM106.1	15.01	22.36	6.66	13.00	57.03
12	天津交通广播 FM106.8	20.38	14.57	9.33	12.59	56.87
13	苏州新闻广播 FM91.1	17.61	18.44	8.24	12.53	56.82
14	北京体育广播 FM102.5	19.26	14.55	9.30	13.50	56.61
15	青岛交通广播 FM897	21.29	15.06	8.11	11.45	55.90
16	河南新闻广播 FM95.4	20.43	14.91	8.14	11.60	55.08
17	广西电台私家车 930 FM93.0	14.27	18.29	8.51	12.45	53.52
18	天津音乐广播 FM99	18.37	13.35	6.22	14.59	52.54
19	湖北之声 FM104.6	15.92	13.76	8.33	14.20	52.19
20	河南电台 FM90.0	17.88	15.72	6.11	11.50	51.23
21	浙江交通之声 FM93	17.33	11.67	8.44	13.28	50.72
22	陕西音乐广播 FM98.8	14.77	12.78	8.80	13.97	50.32
23	东广新闻台 FM90.9	17.91	10.98	6.29	14.36	49.54
24	重庆交通广播 FM95.5	13.72	13.95	8.25	13.17	49.09
25	FM1031 济南交通广播 FM103.1	17.91	11.89	6.06	12.64	48.50
26	中广都市之声 TOPFM101.8	14.14	13.40	9.43	11.53	48.49
27	北京交通广播 FM103.9	18.77	8.96	6.37	12.73	46.84
28	湖北资讯广播 AM117.9	14.18	15.02	6.08	11.42	46.71
29	江西交通广播 FM105.4	13.85	12.75	8.16	10.97	45.74
30	青岛音乐体育广播 FM91.5	13.30	13.17	6.02	13.13	45.62
31	吉林交通广播 FM103.8	0.00	24.28	8.51	11.98	44.76
32	河北电台音乐广播 FM102.4	18.85	0.00	10.82	14.54	44.22
33	MY FM 西安 FM105.5	9.65	8.31	8.32	17.81	44.09
34	北京外语广播 FM97.8	14.45	10.11	6.09	13.38	44.03

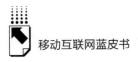
续表

排名	广播频道名称	微博	微信	聚合客户端	自有应用	综合得分
35	国广 环球资讯广播 FM90.5	24.39	0.00	6.84	12.47	43.71
36	长春交通之声 FM96.8	0.00	22.36	8.53	12.15	43.04
37	江苏音乐台 FM89.7	12.12	10.57	6.26	13.47	42.41
38	佛山电台飞跃 FM92.4	9.20	10.80	9.15	12.98	42.13
39	北京电台体育广播 FM102.5	19.26	0.00	9.30	13.06	41.63
40	北京新闻广播 FM100.6	17.04	0.00	11.04	13.53	41.60
41	天津电台相声广播 FM92.1 AM567	16.00	0.00	13.06	12.20	41.26
42	广东电台音乐之声 FM99.3	16.48	0.00	11.15	13.49	41.13
43	湖南电台交通广播 FM91.8	19.76	0.00	8.59	11.97	40.32
44	辽宁经济广播 FM88.8	15.66	7.11	6.09	10.53	39.38
45	东方广播 FM89.9 AM792	9.18	14.80	4.00	11.18	39.15
46	江苏新闻广播 FM93.7	18.56	0.00	9.16	11.43	39.15
47	广东电台股市广播 FM95.3	17.01	0.00	10.27	11.63	38.91
48	河北电台新闻广播 FM104.3	16.40	0.00	10.20	12.09	38.69
49	杭州交通广播 FM91.8	18.01	0.00	8.91	11.77	38.68
50	FM 954 汽车广播 FM95.4	17.53	0.00	8.12	12.39	38.05
51	杭州交通广播 FM91.8	18.01	0.00	8.92	11.10	38.03
52	北京交通广播 FM103.9	18.77	0.00	6.37	12.73	37.88
53	广西 970 女主播电台 FM97.0	16.17	0.00	8.74	12.38	37.29
54	厦门音乐广播 FM90.9	9.45	7.15	6.13	14.29	37.02
55	河北电台交通广播 FM99.2	15.94	0.00	8.50	12.13	36.57
56	佛山电台真爱 FM94.6	14.04	0.00	9.53	12.99	36.57
57	陕西音乐广播 FM98.8	14.77	0.00	8.80	12.85	36.42
58	宝鸡音乐广播 FM105.3	16.21	4.89	2.00	13.29	36.40
59	南京交通广播 FM102.4	3.56	12.26	8.29	12.17	36.28
60	河南交通广播 FM104.1	18.65	0.00	6.13	10.96	35.74
61	上海动感 101 FM101.7	16.42	0.00	6.78	12.51	35.70
62	湖北经典音乐广播 FM103.8	13.87	0.00	8.46	13.14	35.46
63	中广 音乐之声	0.00	12.29	8.62	13.95	34.86
64	南京音乐广播 FM105.8	8.91	3.48	8.60	13.86	34.84
65	广东电台羊城交通广播 FM105.2	11.56	0.00	9.53	13.67	34.76
66	苏州电台音乐广播 FM94.8	14.60	0.00	6.10	14.04	34.74
67	福建电台新闻广播 FM103.6	14.16	0.00	8.18	12.10	34.44
68	上海人民广播电台 FM93.4	16.17	0.00	6.41	11.66	34.25
69	广州汽车音乐电台 FM102.7	11.60	0.00	8.64	13.77	34.02

续表

排名	广播频道名称	微博	微信	聚合客户端	自有应用	综合得分
70	上海人民广播电台 FM93.4 AM990	16.17	0.00	6.41	11.16	33.74
71	河南音乐广播 FM88.1	11.39	0.00	8.41	13.92	33.71
72	山东青岛人民广播电台新闻频道 FM107.6	14.14	0.00	8.06	10.92	33.12
73	五星体育 FM94.0	14.04	0.49	6.51	11.93	32.96
74	新疆 949 交通广播 FM94.9	0.00	14.54	6.50	11.92	32.96
75	江苏音乐广播 FM89.7	12.12	0.00	6.41	14.36	32.89
76	北京文艺广播 FM87.6	9.73	0.00	9.52	13.39	32.64
77	北京电台文艺广播 FM87.6	9.73	0.00	9.52	13.01	32.26
78	ONLY RADIO 唯一音乐广播 FM103.2	13.14	0.00	6.03	12.92	32.09
79	安徽音乐广播 FM89.5	9.46	0.00	8.37	13.86	31.69
80	广西人民广播电台新闻综合广播 FM91.0	16.42	0.00	4.00	11.20	31.61
81	上海故事广播 FM107.2	4.14	7.01	8.35	12.08	31.58
82	中山电台快乐 888 FM88.8	10.43	0.00	8.68	12.38	31.48
83	浙江之声 FM88/FM101.6/AM810	10.13	0.00	8.68	12.11	30.92
84	浙江民生 996 FM99.6	12.79	0.00	6.09	11.99	30.87
85	江苏经典流行音乐 FM97.5	12.12	0.00	6.48	11.92	30.52
86	广东电台城市之声 FM103.6	7.04	5.74	6.18	11.48	30.43
87	北京电台音乐广播 FM97.4	3.60	0.00	11.65	14.77	30.02
88	浙江动听 968(音乐调频) FM96.8	4.88	0.00	8.76	16.33	29.97
89	陕西交通广播 FM91.6 AM1323	10.78	0.00	6.18	12.59	29.56
90	北京电台新闻广播 FM100.6	5.22	0.00	11.04	13.09	29.34
91	江西音乐广播 FM103.4	6.16	0.00	8.28	14.42	28.86
92	陕西秦腔广播 FM101.1	4.41	0.00	8.16	11.19	23.75
93	广东电台珠江经济台 FM97.4	0.00	0.00	10.65	12.89	23.54
94	北京电台交通广播 FM103.9	0.00	0.00	10.24	13.13	23.38
95	上海交通台 FM105.7	0.00	0.00	8.44	13.60	22.03
96	国广 Hit FM FM88.7	0.00	0.00	6.62	15.41	22.03
97	安徽小说评书广播 FM107.4	1.86	0.00	8.20	11.87	21.93
98	第一财经 FM97.7	0.00	0.00	9.34	11.98	21.32
99	北京电台故事广播 AM603	0.00	0.00	8.49	12.79	21.28
100	佛山电台千色 FM 98.5	0.00	0.00	9.29	11.98	21.26

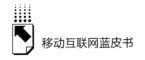
3.2013年、2014榜单比较

（1）与2013年相比，传统媒体特别是报纸移动传播整体水平有了较显著提升

对照两个年度的百强榜单可以看到，2014年整体得分上扬的趋势比较明显，位列榜首的《人民日报》综合得分有了较大幅度的提高，从71.68分上升到了78.94分，超过60分的占比从3%提升到了16%，而低于40分的则从53%降为0。虽然评测方法、权重调整对分数有些许影响，但不足以撼动根本，两年的榜单对比可以较为充分地证明报纸移动传播的能力总体增强。

此外，从上榜的媒体类型来看，唯有报纸以新闻为主。在报纸、杂志、广播、电视中，报纸不愧为"新闻纸"，传播新闻信息是其主要的特征，也是受众对其主要需求所在，在舆论基石的锻造中，报纸无疑承担着重要的责任，成为舆论的主导者。当然，这一现象同时也反映了报纸的产品形式还比较单一，在主导产品受到冲击时，报纸受到的压力会更大。

（2）首次纳入视野的视听节目与频道，其移动产品已成为传播常态

电视频道节目越来越多地出现在移动客户端上，除央视移动客户端自成一体而未过多地入驻其他聚合客户端外，仅有9个电视频道尚未提供客户端服务，有30个电视频道入驻的应用商店数在7个及以上（见表6）。这些应用普遍具有较高的下载量，绝大多数在1000万次以上，甚至过亿次，约15%电视频道的应用下载量在5000万次以上（见表7）。具体到电视节目，在视频客户端点击量过亿的节目中，综艺类节目占比超过六成。同时，以央视CNTV、湖南卫视"芒果TV"为代表的自营专属电视频道节目点播平台，将传统电视频道节目与普通视频播放相结合，引入了移动视频模式传播电视频道节目与品牌，使其传播价值与商业价值得到了最大释放。

表6　电视频道自有应用入驻应用商店情况

单位：个

入驻应用商店数量	电视频道数	入驻应用商店数量	电视频道数
3	2	6	16
4	5	7	26
5	2	8	4

表7　电视频道自有应用下载情况

单位：个

自有应用下载量	电视频道数	自有应用下载量	电视频道数
1亿次及以上	1	500万次（含）至1000万次	1
5000万次（含）至1亿次	7	100万次（含）至500万次	0
1000万次（含）至5000万次	40	100万次以下	6

广播电台的微博和微信移动传播效果与报纸、杂志、电视等媒体存在一定差距，"双微"开拓力有待提高。广播电台自有应用分化严重，iOS版本严重滞后于安卓版本。综合广播电台微博、微信、聚合客户端与自有应用移动化、平台失调特点显著，改善空间巨大。

三　媒体移动传播排行榜的启示

（一）微信公众号与自有应用成为媒体显示核心竞争力的平台

微信集聚了海量活跃用户，进入微信平台就有可能触及更多用户，因此，运营微信公众号成为众多媒体的选择。微信平台成千上万的公众号既是传播通道，又是媒介产品。以《人民日报》的微信公众号为例，其阅读量与点赞数量长期居媒体微信公众号排行榜首位。除每天的常规推送内容外，《人民日报》微信公众号导航栏上设置了三大板块供用户获取相应信息："热点聚焦"关注了近期热议话题；"政务榜单"公示了每日全国政务微博、微信的传播内容；"客户端"则引入了《人民日报》应用的下载链接，形成了渠道分流，助推客户端的关注度提高。《人民日报》微信公众号的运营更注重点对点的互动以及满足用户的差异化、个性化需求，板块设置与内容不断更新升级，向不同的用户提供精准化的信息。

自有应用是打造媒体品牌的重要载体。2014年，媒体自有应用出现了质的飞跃，一些实力强大的媒体集团开始发力，人民日报社等"央媒"与"华东军团"应用的上线是其中的亮点。2014年6月12日，全新的《人民日报》客户端正式上线，其闻、评、听、问四大板块的划分可满足用户多层次的信息需求，加

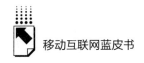

上精准的定位和快速的更新，其内容和用户体验均获较高评价，上线仅 30 天下载量就突破 2 万次。大型传媒集团凭借雄厚的实力和媒体聚合优势进军应用市场，这种"一次采集、多次分发、立体传播"式的信息扩散，凭借嵌入受众生活情境的移动互联网而实现，其产生的影响力是单一母媒体难以企及的。

（二）连接线上线下，聚集社区群落，是移动互联网时代媒体传播的独特路径

在移动互联网背景下，媒体的传统传播经验已无法满足接收情境发生根本变革的用户需求，谋求转型已迫在眉睫。以电视为例，移动端的广泛应用给电视媒体多方位扩展影响力提供了契机，通过第三方或自身打造的应用，用户能够在收看电视节目的同时通过移动终端实现与节目的互动。湖南卫视率先推出了移动社交应用"呼啦"，被视为传统电视媒体借助移动平台切入社会化媒体领域的有益尝试。

"呼啦"打造了湖南卫视的生态传播平台和内容分发渠道，实现了内容提供商和渠道分发商的双重角色构建。其中，手机游戏专区配合湖南卫视的各档节目，不仅能使用户与电视互动，而且能与"呼啦"好友同场竞技。"呼啦"新增的全屏识别功能，增强了用户与电视互动的便捷性。"呼啦"还以公会的方式将所有喜欢该电视节目的人聚集成一个团体，通过人与人之间的多向互动、信任推荐实现信息的分享及社会化传播，有效建立了用户之间的多维互动关系，进一步放大了传播效益。这种全新聚合人际关系的方式，为电视节目品牌与用户关系的建立及维护开辟了新的可行路径。

（三）针对用户行为轨迹贴身打造产品，充分做好本地服务，是增强用户黏性的有效手段

随着数据挖掘技术的发展，用户"画像"刻画成为可能。通过大数据分析，媒体可以了解在推送内容阅读率、打开率、转发率等指标背后的用户行为。以《钱江晚报》的微信公众号为例，其发布的内容、开展的活动，最终都会形成内容数据库、用户数据库，并汇入浙报集团数据库，为报业集团大的数据库转型提供坚实的基础。同时，其针对每个用户的行为轨迹，为用户生产更加精准、定位更加明确的新闻产品。此外，《钱江晚报》立足本地市场，通

过在微信公众号上发布生活资讯充分做好本地服务，各子账号则在垂直细分领域做好专业化的资讯服务。

四　传统媒体移动传播存在的问题与对策

（一）传统媒体移动传播存在的问题

第一，移动端信息过载，竞争更为同质化而非差异化。微博、微信、聚合客户端、自有应用的繁盛，使创建一个新媒体平台的成本大大下降，虽然传统媒体的内容优势通过跨媒介得到了放大，但移动端巨大的传播空间加剧了信息过载现象，同质化内容和信息流噪声频出，造成了大量资源的浪费，媒体的差异化和独特性很难凸显。

第二，服务意识淡薄，用户本位尚待形成。移动端的传播与传统媒体最大的区别也许就是单向与双向、群体与个体的差异，移动互联网提供了和用户随时随地交互的可能性。如果用户的诉求或反馈得不到妥善处理，媒体就容易失去用户信任而导致用户流失。目前，媒体在移动端推送的信息多为辅助了解型信息，亟待向内容服务型信息转换。

第三，变现模式仍是制约媒体移动转型的瓶颈。业务模式的创新需要盈利模式的创新来保障，广告作为目前移动端媒体主要的变现方式，在支撑产品的长远发展上后力却显不足。探索多元化的变现模式有助于媒体实现内容增值和业务拓展，也是传统媒体移动转型的关键所在。

（二）对策建议

第一，增强媒体服务意识，变作品思维为产品思维。媒体的移动传播需要站在用户角度思考问题，以用户为主体，变作品思维为产品思维，满足用户细化的需求内容。对于用户的信息诉求，要给予及时、准确的反馈。在技术方面，应不断提升用户的使用体验，培养用户消费习惯。

第二，秉承传统媒体优势，有机融合互联网新基因。传统媒体在信息采集、内容生产加工、发布渠道上已形成了一系列的规范，其专业主义、权威影响是业余生产者难以取代的。传统媒体在移动转型过程中要注意融合传统媒体

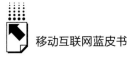

的先天优势与新媒体的传播优势，提高自身传播的力度和可信度，使融合逐步深入。

第三，强化依法治网观念，促进舆论场良性发展。媒体在移动互联网时代激烈的竞争中需要恪守自身的职业道德，不能为了争夺注意力资源而罔顾法律和道德伦理，移动终端用户也要具有辨别信息真伪的基本能力，遵守相关法律法规，规范发言行为。

Ⓑ.22

2014年移动新闻客户端
发展现状及趋势分析

丁道师　郑春晖　李国琦*

摘　要：　移动新闻客户端已成为新型的新闻资讯传播媒介。2014年是
中国移动新闻客户端发展较快的一年，对国内51款下载量
较高的移动新闻客户端的分析发现，其下载量和用户好评度
之间并不完全正相关。未来移动新闻的发展将体现内容视频
化、使用场景化以及传播社交化等趋势。

关键词：　移动互联网　移动新闻客户端

一　国内移动新闻客户端发展现状

本研究主要从360手机助手、腾讯应用宝、91手机助手、百度手机助
手、安卓应用商店、豌豆荚六家主流手机软件下载平台上选取了51款移动
新闻客户端，对其截至2014年12月31日的相关数据进行了收集与整理，
以分析国内移动新闻客户端发展的现状。这51款移动新闻客户端下载量较
高，累计下载量超过22.68亿次，约占国内移动新闻客户端下载总量的
99.7%，覆盖了近100%的国内移动端新闻用户，因此其数据结果对整个行
业来说具有代表性。

---

* 丁道师，速途研究院院长，国内知名自媒体人；郑春晖，速途研究院首席分析师；李国琦，
速途研究院数据分析师。

（一）国内移动新闻客户端市场发展格局

在国内移动新闻客户端市场中，互联网门户网站的市场规模占比最高，达56.63%，新媒体①占39.42%。传统媒体虽然承担了大部分内容生产的任务，而且已经在积极探索移动市场，但仅争取到了3.95%的移动新闻客户端市场份额，和互联网门户网站以及新媒体之间仍然存在一定差距（见图1）。

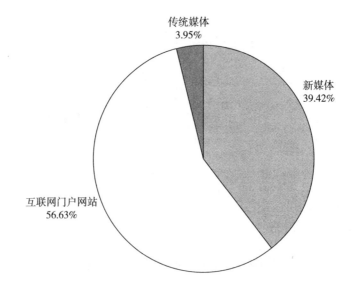

图1　移动新闻客户端媒体类型占比

1. 新媒体移动新闻客户端市场累计下载量分析

新媒体移动新闻客户端可以说是"移动基因"最纯正的，但其本身不会进行新闻内容的创作，而是对已有的新闻内容进行分类整合，并推送到用户手中。据不完全统计，目前国内新媒体移动新闻客户端累计下载量最高的是今日头条，近3.5亿次；Flipboard虽然是国外品牌，但在国内拥有了近2亿次的下载量；畅读累计下载量约为1.72亿次，排在第三位；其他新媒体移动新闻客户端累计下载量均不足亿次（见图2）。

---

① 新媒体，指主要从事移动端新闻内容抓取、筛选、整合并完成推送的一类新型的媒体。

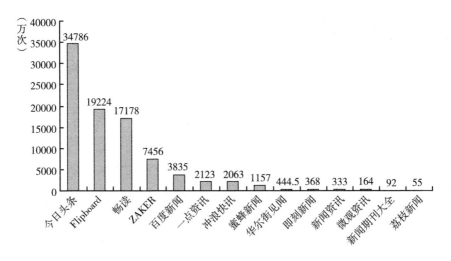

图2   新媒体各移动新闻客户端累计下载量

资料来源：速途研究院收集整理，下同。

2. 互联网门户网站移动新闻客户端市场累计下载量分析

互联网门户网站移动新闻客户端拥有网站在前"披荆斩棘"，一方面可以吸引数量庞大的用户，另一方面可以对移动客户端进行有效宣传推广，熟练的互联网思维使其向移动端转型更加顺利。另外，其本身参与内容生产，更多独家、一手资讯可以及时地推送到用户手中，帮助自己赢得更多的用户青睐。据不完全统计，腾讯新闻移动客户端累计下载量超过7亿次，居各门户网站移动新闻客户端之首；网易新闻移动客户端累计下载量约为2.36亿次；搜狐新闻移动客户端累计下载量约为1.94亿次（见图3）。

3. 传统媒体移动新闻客户端市场累计下载量分析

传统媒体是国内新闻媒体中最具有话语权的一类，扮演着国内新闻内容生产的重要角色，同时其内容的分量相较而言也是最重的。面对移动互联网的浪潮，传统媒体也在积极探索移动化道路，纷纷推出了自己的移动新闻客户端。其中，央视新闻客户端以2636万次的下载量排在首位，人民日报客户端以1910万次的下载量排在第二位，新华社发布以1163.9万次的下载量位列第三，其他传统媒体的移动新闻客户端下载量见图4。

虽然国内传统媒体积极探索移动化道路，一方面利用互联网的便捷性极大地提高新闻内容的传播效率，另一方面借助移动互联网渠道加快内容的传播速

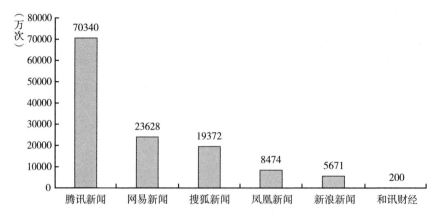

图 3 互联网门户网站移动新闻客户端累计下载量

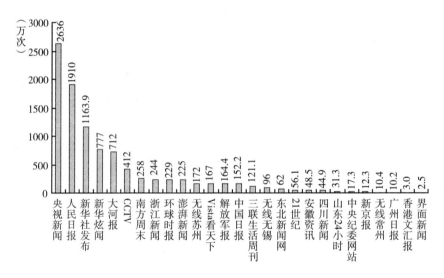

图 4 传统媒体移动新闻客户端累计下载量

度。但面对已有的新媒体和门户网站的巨大压力，同时一些类似微信的社交软件也承载了新闻内容的生产和传播，使得传统媒体移动化的道路依然坎坷。

（二）用户获取新闻的途径

关于用户获取新闻的途径，彭兰在《中国网络媒体的未来2014》中指出，有69%的用户会选择通过移动端来了解新闻，选择 PC 端的用户仅占 9.5%。

可见移动新闻市场越来越成熟，在移动互联网时代，人们的关注焦点正逐渐从电脑屏幕转移到手机屏幕上来。新闻的移动化将人们从电脑前解放出来，尤其是4G网络的普及，使得用手机获取新闻资讯的速度进一步提升，人们可以随时随地看新闻，大量的碎片化时间得以有效利用。

（三）热门移动新闻客户端好评度

移动新闻客户端的好评度和其下载量之间并不完全正相关。其中，今日头条的好评度最高，为9.5分；凤凰新闻虽然移动新闻客户端下载量较低，但是以8.8分排在第二位；百度新闻和网易新闻的得分均为8.3分；人民日报评分为8.1分，排在第五位（见图5）。

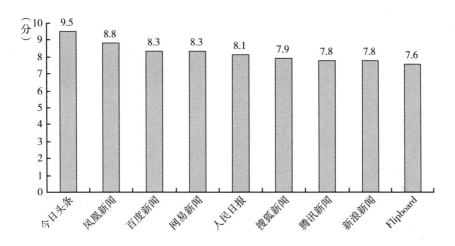

图5　热门移动新闻客户端好评度

注：该好评度为6家主流手机软件下载平台显示的软件评分的加权平均值。

（四）热门移动新闻客户端特点分析

1. 新闻内容个性订阅

移动新闻客户端基本上都支持新闻订阅的功能。用户可以订阅关注的相关词条，诸如"社会""娱乐""科技""电影"等，从而可在第一时间获取自己感兴趣领域的一手资讯。这样可以提高新闻内容传送的精确性，帮助用户筛选对自己更有意义的内容，节约了大量的内容查找时间，对用户来说，极大地

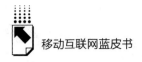

提高了新闻资讯阅读效率。同时，用户的订阅反馈信息，可帮助移动新闻客户端在内容选择方面明确方向。

2. 各类账号通用登录

用户基本上可以通过微信、微博、QQ、人人网等账号在移动新闻客户端上实现一键登录。一个账号多用，打通了新闻内容和社交平台之间的通道，实现了优质内容的即时分享传播，腾讯新闻显然在这方面捷足先登。在越来越注重社交的今天，借助成熟的社交渠道来协助新闻内容的传播，已经成为新闻传递的重要手段之一，甚至社交软件本身也担任了一部分新闻内容生产的任务。移动新闻客户端应该发挥自己的内容优势，以更加丰富、更加优质的内容来应对挑战。

3. 做出特色赢取用户

说到赢取用户，就要拿用户评分最高的今日头条作为案例。首先，今日头条的首页是新闻推荐，没有较大的焦点图片占用空间，使得单屏承载的信息量更大。今日头条将广告位转移到新闻消息中的推广板块，不会因为醒目的焦点图是广告而引起用户反感。其次，在设计方面，和微信图文消息类似，今日头条也选择了更令人舒适的标题居左、图片居右的布局。这一方面使标题显得更加醒目，不会有杂乱之感；另一方面起辅助作用的图片不会吸引读者太多的注意力。可以说，这些选择均是为内容服务的，旨在让内容更好地呈现在读者面前。优质的内容是移动新闻客户端的灵魂所在，而这一切的努力都要以优质内容能够成功被用户获取为前提。

二　用户需求分析

（一）移动新闻客户端用户规模

1. 移动端网民规模

2011 年，我国的移动端网民规模是 3.26 亿人，2012 年增长至 4.20 亿人，2013 年增长至 5.00 亿人，2014 年达 5.53 亿人，占国内全部网民的 85.6%。随着移动互联网的高速发展，中国移动端网民规模将会显著增长，且在全部网民中的占比也会进一步提高，接口的转变逐渐将越来越多的人从电脑前解放出来。

2. 移动端网民浏览新闻情况

2014 年，移动端网民浏览新闻情况的调查显示，仅有 3.3% 的用户表示不看新闻；浏览新闻的人占 96.7%，如此高的渗透率标志着国内拥有庞大的潜在新闻用户群体。参照 2014 年移动端网民规模以及移动端网民浏览新闻的情况，理论上国内移动新闻客户端用户数量 = 移动端网民规模 × 移动端网民浏览新闻人数占比，即理论上的移动新闻客户端用户规模可达 5.35 亿人。随着移动互联网的发展，移动新闻客户端用户群体会进一步扩大，未来移动新闻市场依然有很大的挖掘空间。

（二）用户关注新闻类型排行

从用户对各类新闻的关注度来看，科技类新闻的用户关注度最高，达 77.0%；其次分别是娱乐类新闻（68.5%）、互联网类新闻（63.0%）、财经类新闻（55.6%）、社会类新闻（54.4%）。此后的新闻类别关注度都低于 50%，包括游戏类、体育类、军事类、国际类、教育类、汽车类、房产类新闻（见图6）。

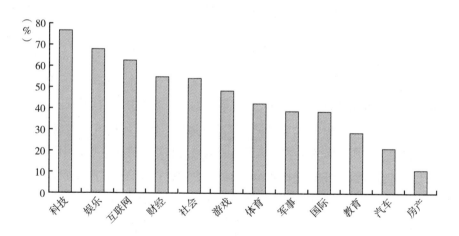

图6　用户对各类新闻的关注度

资料来源：速途研究院问卷调查，样本规模为100716个。

科技是当今社会发展的重要推动力，由于"摩尔定律"的关系，在互联网时代，计算机相关的技术及其衍生品更新换代频繁，可以说人们对科技类新闻的关注是紧跟当今时代要求的。然而在关注热点新闻内容的生产与推送的同

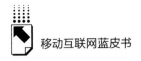
时，值得内容生产者注意的是，尽管有些方面的新闻内容用户的关注度较低，但仍然要注重新闻种类的丰富性和同类新闻内容的多样性，从而最大限度地保证用户的阅读体验。

（三）用户属性分析

1. 年龄分布

在移动新闻客户端的用户中，20～39岁的占了72%，其中30～39岁的占38%、20～29岁的占34%，这部分用户一方面作为当今移动互联网时代的主要推动者，更容易接受移动终端作为新的新闻载体；另一方面为了保持对时代的敏感性，对新闻内容有着较高需求，因此自然而然地成为移动新闻客户端用户的主力军。40岁以上的用户只占了16%，19岁以下的用户占了12%，两者年龄相差很大，使用客户端比例却相差不大，究其原因，40岁以上的部分人群更习惯通过传统新闻载体来获取新闻内容。随着时间的推移，人们对移动互联网的认识更加透彻，移动终端设备也逐渐普及，移动互联网覆盖面大大拓展，人们对移动端新闻的依赖性会逐渐加大，移动新闻前景将会一片大好。

2. 地域分布

移动新闻客户端的用户主要分布在北京以及其他东部沿海地区，中部及东北地区用户在省会分布较为集中，西部地区的用户整体分布密度较低。用户分布较为集中的十个省份依次是北京、江苏、浙江、广东、湖南、福建、上海、湖北、河北、陕西，除北京外，东部沿海地区还有6个省份入榜，中西部地区仅有3个省份入榜。可见一个地区的经济社会发达程度直接影响了新闻移动化发展的程度，进一步影响了用户的数量分布情况。从目前来看，用户地域分布并不均衡，中西部拥有数量庞大的潜在用户。移动设备企业已经开始拓展中西部市场，衍生产品也会随之涌入，包括移动新闻客户端在内的各类移动端产品都应该做好充足的应对准备，适应中西部市场。

3. 性别分布

在移动新闻客户端用户中，男性占了74%，女性占了26%。男性网民的数量高于女性网民数量，同时相比而言，男性对新闻资讯内容的关注程度要略高于女性。所以在新闻内容选择以及广告推送上可以此为参考。

三　移动新闻客户端未来发展趋势

（一）新闻内容视频化

根据彭兰《中国网络媒体的未来 2014》中企鹅智库 10 万个样本的调查结果，新闻资讯类应用是移动端使用频率最高的一类应用，使用频率达 34.4%；视频观看类应用排在第二位，使用频率为 20.9%；购物/支付类应用使用频率为 19.8%，排在第三位；社交类应用和通信与即时通信类应用分别排在第四位、第五位，使用频率分别是 16.7%、13.7%（见图 7）。

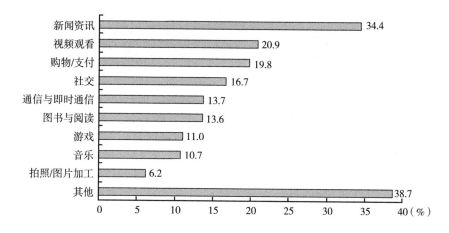

图 7　移动端各主要类型的应用使用频率分布

资料来源：彭兰《中国网络媒体的未来 2014》。

　　显然和文字阅读相比，用户在视频观看方面的需求更胜一筹。使用频率居前两位的新闻资讯与视频观看如果"强强联合"，将会更大限度地满足用户的口味。由于移动互联网的发展，以及人们在新闻内容方面参与度的提升，每一个人都有成为内容生产者的可能，自媒体正在产生。而这样的变化也逐渐改变了人们对新闻的认识，人们更希望自己能够用眼睛看到发生了什么，而不是要别人来告诉自己发生了什么，视频恰恰可以完美地满足这一诉求。

　　随着移动互联网网速的提升以及移动智能设备功能的增强，未来新闻资讯的形式将会更加形象生动，实现内容从以文字为主到以图片为主再到以视频为主的转变。而人人都是自媒体、内容生产者的理念，配合着微信的小视频功能以及同类视频拍摄应用，正在加速这一转变。

（二）新闻资讯场景化

步入移动互联网时代，移动新闻客户端的发展让新闻资讯有了一个新的要素——场景。移动智能设备的普及和移动互联网的发展逐渐将人们从电脑前解放出来，极大地丰富了用户使用的场景。调查结果显示，44.9%的用户会在休息/闲暇时间使用移动新闻客户端，27.5%的用户会在卫生间使用，25.8%的用户使用场景在床上（见图8）。可见，移动新闻客户端的普及，让人们的碎片化时间得到了更加充分的利用，人们阅读新闻的场景更加自由。新闻资讯的场景化给未来移动新闻客户端提供了新的可能，移动新闻客户端通过对用户的精准定位，以及利用大数据对用户行为的准确预测，及时推送给用户相关的新闻内容。

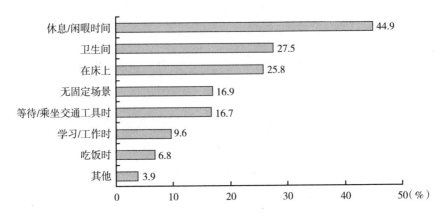

图8　移动新闻客户端使用场景

资料来源：彭兰《中国网络媒体的未来2014》。

（三）移动新闻社交化

现在的社交平台正在成长为超级应用，集社交网络、新闻媒体、O2O服务、电子商务等于一身。调查显示，获取新知识、新信息和关注热点事件成了用户对社交平台最主要的需求，分别占31.4%和30.1%（见图9）。互联网时代，每个人都是内容的制造者，人与人之间的交互可以加速新闻内容的产生与传播，而新闻资讯视频化则为新闻内容的生产提供了更多的可能性，也让内容生产更加高效。同时，借鉴如今的社交网络，新闻传播到的用户更加精准，用户对内容的接受度也会相应提高。由于移动新闻社交化使得新闻内容的生产效率和传播效率都大大提升，社交将会是移动新闻客户端未来的关键性功能之一。

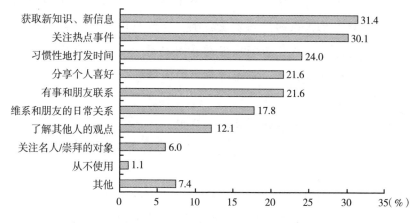

图 9 用户使用社交平台的主要需求分布

资料来源：彭兰《中国网络媒体的未来 2014》。

结　论

移动互联网的快速发展，在改变用户生活习惯的同时，也改变了新闻媒体的传播方式。有人的地方就有市场，而新闻媒体也同样适用。传统媒体转型不仅仅是把纸质内容转移到移动端上，还要基于媒体的自身优势，形成平台，实现线上和线下的结合，让新闻信息来源多样化，在移动端传播更注重时效性、易读性、丰富性和互动性。移动新闻客户端要尽量避免孤军奋战的局面产生，将自己融入移动互联网大家庭，与其他领域巧妙结合，积极探索新的盈利模式。

B.23
我国移动音频应用发展现状分析

王兆军　郑媛　黄超*

摘　要： 汽车的普及使交通电台一枝独秀，移动互联网的蓬勃发展，让本已式微的广播重获新生，音频应用丰富多彩，大获用户青睐。当前，音频应用质量有待提高、版权保护问题突出、监管难度大等，是亟待解决的问题。

关键词： 移动互联网　音频传播　应用

随着移动互联网的快速发展，移动音频应用大量出现。据国内最大的安卓应用分发平台百度手机助手统计，各类音频应用共有 764 款。笔者利用"Radio""FM""广播""电台""收音机"等关键词对苹果 App Store 相关应用搜索后不完全统计，截至 2014 年底，移动网络音频类应用有近千种。这类应用形式多样、内容丰富，可以随时随地满足网民各种收听需要。可见，音频是移动互联网传播的重要内容之一。

一　当前移动音频应用的基本情况

（一）移动音频应用的分类

所谓移动音频应用，顾名思义，就是以移动终端为载体，依托移动互联网，以声音为主要表现形式的各类移动应用程序。从目前来看，移动音频应用

---

* 王兆军、郑媛、黄超，均任职于北京市互联网信息办公室，有多年新闻从业和互联网管理经历。

可按内容提供主体、内容性质等不同标准进行分类。

1. 按内容提供主体分类

（1）传统广播电台类应用。该类应用是以中央和地方传统广播电台为主体开发的应用，这类应用依托电台丰富的节目资源，以播出电台广播节目为主，可以实时收听或点播收听电台广播节目。目前，此类应用的数量还不是很多，用户下载量较多的有中央人民广播电台的"中国广播"、北京人民广播电台的"北京广播在线"等。在传统媒体向新媒体融合发展的大趋势下，开发建设与本广播电台相匹配的应用，借此向移动互联网进军，成为传统广播电台发展的重要选项。

具体来看，这类应用又可以分为两类：一种是单一广播电台的应用，上文提及的"北京广播在线"就是整合北京人民广播电台各频率节目的系统应用，用户可以通过手机接入，在线收听广播节目；另一种是聚合多家广播电台节目资源的综合类广播电台应用，比如"手机收音机""全球广播电台"等，用户可以在线实时收听国内广播电台甚至全球广播电台的节目。传统广播电台类应用可通过移动网络接收节目内容，不受地域和广播信号限制，极大地扩展了地方广播电台的受众范围，丰富了网民对广播节目的选择。

（2）UGC（用户生产内容）类应用。这类应用最大的特点是所有广播内容都是用户自己创作生成并上传的，每个注册用户都可以成为一名独立的主持人，既可以制作有声读物、录制各种讲座，又可以讲故事、办个人脱口秀等，节目形式不限，内容丰富，满足了很多网民想要成为主持人的需求，所以受到了很多网民的追捧。一些优秀的节目订阅用户量高达数十万人，比如"荔枝FM"就是一个以原创音频类节目为主要内容的应用。此外，目前许多微博账号和微信公众号亦涉足其中，自己制作、播出广播节目，丰富了音频应用产品形态。

2. 按内容性质分类

（1）听书类应用。听书类应用把各种文学艺术作品音频化，供用户欣赏。此类应用数量较多，比如"懒人听书""酷我听书"等。把文学作品音频化，可以满足网民移动阅读的需要，或是满足一些老年人、盲人或其他网民"阅读"的需要。

（2）音乐类应用。音乐类应用非常受年轻网民的欢迎，无论是最新打榜

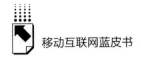

的流行音乐还是传唱百年的经典歌曲，都被集纳其中，常见的应用有"酷狗音乐""酷我音乐"等。此类应用还不断扩展各种其他功能，如点播电台音乐类节目功能和个人演唱的卡拉 OK 功能，增强应用的娱乐性，满足网民对音乐更全面的需求。

（3）有声资讯类应用。有声资讯类应用以声音播报新闻为主要内容，这类应用的开发者大多与知名电台、网络、电视主持人合作，有较专业的播音和制作团队，实时追踪各类社会热点新闻和资讯，制作新闻播报，内容涉及时政、社会、经济、国际、娱乐、体育等各个领域。目前，有声资讯类应用有"考拉 FM""有声资讯"等。

（4）音频教育类应用。音频教育类应用以提供各种不同的教育教学内容为主，此类音频应用根据不同的受众群体及不同的教育目标，通过文字与语音相结合的表现形式，为用户提供较为全面系统的学习体验，如"新概念英语""宝贝听听"等。"新概念英语"与"新概念"系列英语教材内容同步，用户利用此应用可以系统地学习原文、重点词等，能够满足用户移动环境下的学习需求。"宝贝听听"是专为儿童学习开发的产品，可为不同阶段儿童的学习提供便利。

（5）语音即时通信类应用。这类应用主要指以语音聊天功能为主的应用，较有代表性的应用是"YY 语音"，其既可以提供好友之间一对一的聊天服务，又可以提供多人在线群聊服务。"YY 语音"目前的注册用户超过 4 亿人，晚间黄金时段各频道同时在线人数在千万人以上，是网游玩家在线交流的主要语音软件。此外，网民普遍使用的微信、QQ 等各种即时通信软件，也都具有语音功能，语音交流已经成为即时通信类应用的一种基本功能。

（二）移动音频应用的内容收听模式

1. 个性化推送

最具代表性的是"豆瓣 FM"和"考拉 FM"。由于节目内容以及类型不同，这类应用所采用的大数据计算形式有所区别，相比来看，多维度的综合语音类运算比单一音乐维度的运算要复杂很多。"豆瓣 FM"通过大数据技术，推荐符合用户个性化喜好的音乐，使自身逐渐演变成符合每一位用户口味的个人专属音乐台。"考拉 FM"则通过对每个节目上划的"顶"、下划的"踩"来统计用户对节目的喜好，后台通过长期的数据积累进行分析，重点推送符合用户喜好的节目类型。

2. 点播订阅模式

综合类的音频应用一般采取点播订阅的模式发布内容，如"喜马拉雅""蜻蜓 FM""荔枝 FM"等，都采用这种模式。采用这种模式的客户端会分门别类地将传统电台节目、网民自行制作上传的节目、评书、有声读物、广播剧等进行集纳，用户根据个人需要进行点播订阅，添加订阅后其后续节目就会在用户个人电台中及时更新。这类应用还会通过精选推荐、排行榜、新晋榜等不同形式，向用户提供优质的音频广播节目。

二 移动音频应用发展中存在的问题

（一）音频节目质量有待提高

在众多的移动音频产品中，大部分节目出自专业制作团队，其内容和音质都比较稳定。比如，"豆瓣 FM"作为国内最早的网络音乐电台，收纳歌曲众多，音质比较好，因此吸引的用户比较多；"考拉 FM"依托车语传媒以及和众多地方电台的合作，节目基本出自专业的制作团队且拥有所有节目的版权，节目质量相对稳定。

而为数众多的 UGC 类音频节目，其内容和音质的水平差别较大，"喜马拉雅"应用的内容只有大约 40% 是通过购买和合作方式获得的，另外的一大部分是网民上传的，[1] 节目质量参差不齐。"荔枝 FM"通过合作取得版权的节目质量都是不错的，但其余绝大多数网民上传的节目，内容质量和连续性都不能得到保证，很多内容重复性高，更多的是满足上传用户自身的各种娱乐需求。

（二）版权保护问题突出

从目前来看，各主流移动音频应用的发展还是以专业生产内容（PGC）为主要支撑，同时，为避免同质化，各家都把"内容战"作为吸引用户的重要

---

① 《喜马拉雅电台：传统媒体互联网时代下的三个实验》，http：//www.360dream.com/v/4060.html。

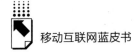

手段，买断独家版权往往成为实现内容差异化的重要手段之一。当稀缺、独家的内容资源成为竞争砝码时，版权维护费用必然不断提高，这会增加企业的运营负担，成为制约其发展的瓶颈。

目前，各种移动音频应用或将面临如下版权问题：一是移动音频应用如何通过合法合规的手段获取音频作品的版权，在自己的应用中进行推广传播。《中华人民共和国著作权法》第四十条明确规定："录音录像制作者使用他人作品制作录音录像制品，应当取得著作权人许可，并支付报酬……录音制作者使用他人已经合法录制为录音制品的音乐作品制作录音制品，可以不经著作权人许可，但应当按照规定支付报酬；著作权人声明不许使用的不得使用。"也就是说，在各类移动音频应用中播出的节目，除网民主动上传的 UGC 类节目事实上默许可以免费使用外，其他无论是有声读物、广播剧还是音乐、曲艺节目等，都是需要支付作者报酬的。面对巨额的版权费用，许多音频应用选择直接使用现有的音频作品，或是未经授权、未支付报酬而直接将文学作品制作为有声读物，这就面临了巨大的侵权风险，原著作者随时可以起诉。早在 2010年，就有一起经典案例：乒坛名将庄则栋与妻子佐佐木敦子根据其经历写成的《邓小平批准我们结婚》出版后，上海隐志网络科技有限公司未经授权，将其改编成有声读物传播到互联网上，并在呱呱听书网、听派网、奇闻网、迅雷看看等多家网站播放。庄则栋夫妇以侵犯其著作权为由，将隐志网络告上法庭。目前，大多数移动音频应用有可能会面临这样的法律风险。二是鉴于互联网的开放、自由传播特点，音频应用如何保护自己制作的广播节目的版权。一些公司精心制作的 PGC 类广播节目，很有可能会在未经授权也没有任何合作的情况下，被其他移动音频应用转播，或者被个别用户上传至其他应用。因此，移动音频应用保护自身知识产权的任务也相当艰巨。

（三）UGC 类及互动类音频节目内容监管难度较大

当前，UGC 模式在给网民带来娱乐享受的同时，也会被一些不法分子用来传播各种不良信息，低俗信息及暴力信息大量存在于 UGC 类广播节目中，严重影响了社会政治安定。2013 年以来，国家互联网信息办公室强化互联网违法和不良信息的清理工作，开展了铲除暴恐音视频、"扫黄打非·净网2014"等一系列专项整治行动，这为各种移动音频应用健康发展提供了良好的保障。

（四）网络流量和信号稳定性问题

网络流量及信号稳定性也是制约移动音频应用发展的一大问题。网络信号不稳定，用户就无法在移动过程中随时收听节目。此外，如何在保证音频节目质量的同时，尽可能减少所耗费的流量，也是每个移动音频应用需解决的难题。开发者一方面需要研究省流量的压缩模式；另一方面要积极想办法，解决信号不稳定可能带来的种种问题。

从省流设计和稳定性来看，以大数据个性化推送模式为主的产品大多以缓冲方式节省流量，比如"考拉 FM"凭独家开发的省流技术，比传统 MP 3 播放形式节省 2/3 流量，而且稳定性较好，同时还提供有声读物离线下载服务，① 满足了用户移动收听的需求，其良好的稳定性和较少的流量支出可为用户带来良好的体验。以传统电台节目、UGC 类节目为主的点播产品，大多采用离线下载收听的方式节省流量。此外，为了节约用户流量，一些音频类客户端还与运营商合作，推出流量包月的服务，比如"蜻蜓 FM"已经和中国电信上海分公司、中国联通浙江分公司合作，推出了 5 元的流量包，用户购买后就可以不限流量地使用"蜻蜓 FM"来收听内容。

三 移动音频应用发展方向

（一）合作方式和节目形式都将多元化

传统广播媒体最大的优势在于音频产品的专业化生产，其劣势在于线性的节目传播方式不能满足跨越时间、地点的用户需求。而在移动互联网时代，手机作为一种伴随性强的移动媒介终端，能满足用户逆时回放节目、碎片化收听等多元需求。同时，兼具"聚合""社交"等功能的移动音频应用将逐步改变"专业内容生产＋点对面的传播"这一传统模式，除了传统广播节目之外，其他节目形态的音频资源和部分用户生产的音频内容将逐渐成为移动音频节目的

---

① 《考拉 FM：做"有人性"的互联网电台》，http：//news. xinhuanet. com/newmedia/2014 – 10/09/c_ 127076874. htm。

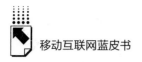

主要组成部分，不断满足用户对移动音频的需求。

未来，移动音频将围绕以下两点不断发展：一是实现优势资源的跨平台合作。未来移动音频将逐步实现应用跨平台的自由合作，使音频节目传播不再受到单位、地域的限制，地区与地区之间、电台与电台之间、电台与个人之间，优势资源可以交流与共享。二是节目表现形式更加多元化。从目前已有的移动音频节目可以看出，很多节目已经逐步加入了娱乐化、社交化的互动元素，不再拘泥于传统广播单纯"听"的表现形式。

（二）个性化推送、专业化制作将成为主流

从技术应用上看，在移动环境下，个性化推送模式将代表移动音频产品发展的趋势，其优点在于能最大限度地解放用户的手和眼，用户可以在各种情境下直接收听自己喜欢的高质量广播节目；而以点播模式为主的音频应用，虽能满足用户碎片化时间的收听需要，却无法完全解放手和眼，用户还是需要通过自己的选择才能收听。

从节目内容上看，专业化的制作团队生产的节目质量更为稳定，比如各传统广播电台的节目以及专业广播节目制作公司出品的节目。依靠集团资本和专业化团队，打造质量上乘、丰富多彩的节目，将成为主流。而以 UGC 节目为主的移动音频应用，其节目内容和质量可能无法与专业化节目相比，但是其增加了用户的娱乐体验，也有很大的市场。无论是专业制作音频内容还是用户个人生产音频内容，只有严守法律法规底线、加强行业自律、抵制有害信息，才能使移动音频应用获得长足发展。

$\boxed{\text{B}}$.24

2014年移动互联网应用用户行为分析[*]

焦岳 任明远 钱庄[**]

摘 要： 本报告根据友盟移动应用统计分析平台的数据，对国内移动
应用的使用情况以及用户行为进行了分析，包括用户地域分
布与迁移、使用时间分布，以及高中低频用户的使用行为比
较等。随着应用开发商数量的快速增长，国际化与本地化并
行，将促进三线及以下城市应用市场的繁荣。

关键词： 高频用户 低频用户 大屏 4G

一 移动互联网用户应用使用总体情况

（一）移动互联网用户对应用的依赖程度不断提高

2014年，移动互联网用户数量保持迅猛增长的势头。中国互联网络信息
中心发布的《中国互联网络发展状况统计报告（2015年1月）》显示，截至
2014年12月，我国手机网民规模达5.57亿人，较2013年底增加5672万人。
网民中使用手机上网人数占比由2013年的81.0%提升至85.8%。[①]

2014年第二、第三季度，移动互联网用户使用应用的次数持续增长，9

---

* 本报告数据样本为友盟移动应用统计分析平台的52万余款iOS应用及安卓应用的匿名抽样
数据，以及友盟覆盖的国内9.9亿部移动设备数据，数据时间跨度为2014年1月至2014年
12月。

** 焦岳，友盟移动应用数据统计及开发者服务平台副总裁；任明远、钱庄，友盟移动应用数
据统计及开发者服务平台数据分析师。

① 参见http://yuqing.people.com.cn/n/2015/0204/c210121 – 26508264.html。

月，全体用户应用总启动次数比 4 月增长了 30%。① 可以看出，移动端应用已经成为用户生活不可或缺的一部分。随着智能手机的普及，新热点垂直领域 O2O 类别的应用紧密连接线上与线下，渗入教育、医疗、建筑、农业等传统领域，带来了全新的商业模式，也给客户在移动端获得便利的服务提供了条件。

2014 年 12 月，在全体移动互联网用户中，至少每天启动一次应用的用户占比比上年同期增长 68%，绝对人数增长了 1600 万人以上；每天都启动应用的用户平均每人每天启动应用的次数比上年增长了 24%。由此我们可以看到，随着应用越来越多地改变人们的生活方式，很多过去必须在线下完成的事如今能通过应用在线上完成，过去需要在网页端实现的功能如今也不断向移动端迁移。

（二）用户对垂直领域应用的使用增多

友盟数据显示，2014 年前三季度，社交、电商、资讯、理财等生活辅助功能较强的垂直领域应用增速较快（见图 1）。这些垂直领域与生活情境的关联更紧密，例如，金融理财是新兴的垂直领域，移动互联网金融产品能够逐渐修正传统金融产品信息不对称的问题，在降低获客成本、增强流动性等方面发挥了独特的作用。电子商务的 O2O 元素增强，通过地理位置信息和摄像头扫

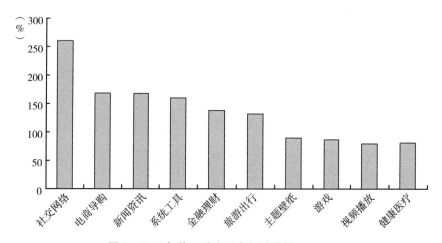

图 1　2014 年前三季度垂直领域增长 Top 10

资料来源：友盟，下同。

---

① 本报告数据除特别注明外，均来自友盟移动应用统计分析平台。

码等功能，打通线上导购与本地商户，其可以把用户的体验延伸到线下，获得更多的用户，提升用户满意度。

（三）三线及以下城市用户占比增多

2014年第四季度，国内58.3%的活跃用户集中在三线及以下城市，是一线城市活跃用户占比的近3倍。2013年同期，国内只有49.6%的活跃用户集中在三线及以下城市（见图2）。与一、二线城市相比，三线及以下城市用户的移动互联网使用习惯还有很大的培养空间，上文说到的一系列O2O服务，在三线及以下城市还不是很普及，三线及以下城市用户应该是开发商们下一阶段争夺的重点。

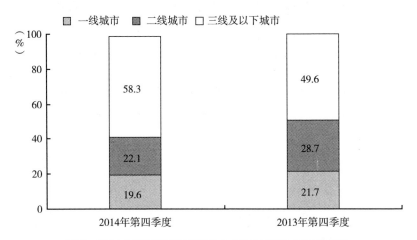

图2　2014年第四季度活跃用户分布与2013年同期相比

二　用户分类使用情况分析

（一）不同地域的用户使用应用的特征

从图3可以看到，三线及以下城市用户使用较多的应用类别是主题壁纸、系统工具、视频播放、游戏、休闲娱乐等，对移动互联网的需求还比较初级；而一、二线城市用户使用较多的应用类别是旅游出行、交通导航、商务办公、金融理财和教育学习，这些用户与移动互联网的关系更为紧密，以往在PC端完成的活动正在向移动端迁移。

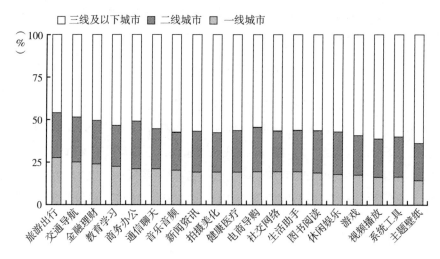

图3 2014年第一季度各垂直领域用户的地域分布

由于三线及以下城市用户与一、二线城市用户的生活方式存在显著差异，二者在使用移动互联网的时间上也存在显著差异。友盟数据显示，三线及以下城市的用户使用应用频率最高的时间是22时；而一、二线城市用户使用的"晚高峰"是21时。此外，三线及以下城市用户在7～11时使用手机的频率比一、二线城市用户低，交通导航及商务办公类应用用户量较少。

（二）不同使用频率用户的应用使用情况

随着智能手机的普及，移动互联网用户人数急剧增多，与此同时，用户人群内部的差异性也在显现，其中，高频用户和低频用户在需求、行为表现等各方面都存在各自的特性。友盟数据显示，每个月活跃天数在5天以下的用户数约占总用户数的55%。这批低频用户在应用的使用上还存在广阔的开发空间，将是未来移动开发者争夺的热点人群。为了更好地理解用户的兴趣和行为，可以将用户分为三类：高频用户（平均每月超过15天启动应用）、普通用户（平均每月启动应用的天数为6～15天）、低频用户（平均每月仅有1～5天启动应用）。从使用数量上看，低频用户平均每天使用1.3个应用，普通用户平均每天使用4.8个应用，而高频用户平均每天使用9个应用。低频用户在应用使用数量和频繁程度上仍有很大的拓展空间。

从应用的启动次数上看，高频用户经常使用的应用类别为休闲娱乐、社交网络、视频播放、新闻资讯和商务办公。这类人群使用应用种类比低频用户多，需求更为多元，生活场景可以在应用使用中得到还原。其中，娱乐类、社交类应用是他们最重要、最频繁的需求所在，这两类应用的使用次数占总使用次数的28%。这些应用类别也是吸引"在移动互联网上最活跃的一群人"的入口。相比而言，低频用户由于对设备本身的关注度更高，系统工具是他们最大的需求所在，这类用户使用系统工具类应用的次数占总使用次数的33%；其次是游戏类和视频播放类应用，分别占17%和10%。

（三）大屏设备用户使用的应用类别分布

大屏手机是指屏幕在5.5英寸及以上的手机设备。包括苹果在内的各大品牌近年来陆续推出了多款大屏手机。目前，大屏手机用户大约占全体移动用户的36%。大屏手机用户使用应用的行为有一个显著的特点，即视频播放类应用的启动次数较多。大屏手机的流行可能是视频播放类应用开发商的一个新机遇。除了视频播放，图书阅读、系统工具和游戏也是大屏用户经常使用的应用类别（见图4）。

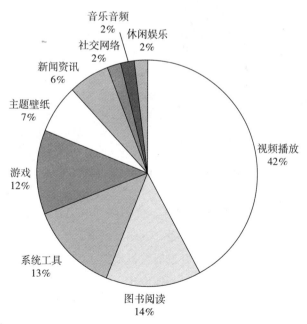

图4　大屏手机用户使用应用类别分布

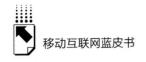
三　应用发展前景分析

（一）应用开发商数量快速增长，国际化与本地化并行，促进三线及以下城市应用市场繁荣

随着二、三线城市移动互联网用户的崛起，以及国内应用开发商竞争实力的增强，应用开发商的地域分布也出现了一些变化。2014 年第三季度，在国内开发者开发的应用中，有 14% 是面向海外市场的。在"出海"的应用中，有近一半是游戏类应用（见图 5）。

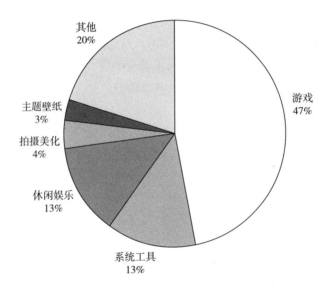

图 5　面向海外应用的领域分布情况

而在国内方面，2014 年 1 月以来，全国移动应用开发商数量保持上升的势头。一线城市开发商数量翻了一番，二线城市增长了 2.5 倍多。而其中又以三线及以下城市增长最为迅速，开发商数量增长了 5 倍多。二线、三线及以下城市增幅已远大于一线城市，增长的速度比一线城市更快。

2014 年第二季度，三线及以下城市开发者在全体开发者中的占比从第一季度的 60.7%一跃上升为 67.0%；一线城市开发者在全体开发者中的占比则从第一季度的27.7%直降到21.3%。在2014年第三、第四季度，一线城市开发者在全体开发者中的占比有所回升（见图6）。这些数据说明，开发者在数量大规模增长的同时，更加本地化，不同的应用开发者正在尝试制作更适合特定场景的应用，促进了三线及以下城市应用市场的繁荣。未来一段时间，应用开发人才、相关职业教育会继续向三线及以下城市流动，这种流动和用户的地域分布相辅相成。

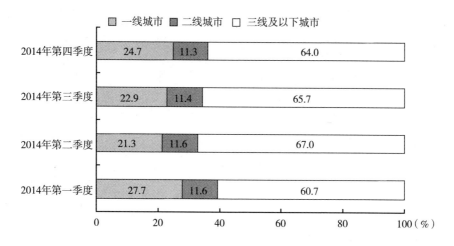

图6 2014年分季度应用开发者地域分布变化

（二）热点垂直领域在各线城市不同增长

友盟观察了电商导购、教育学习、健康医疗和金融理财四类热点垂直领域用户从2013年第四季度到2014年第四季度的增长情况，数据显示，电商导购在各线城市都获得了超过100%的增长速度，其中在三线及以下城市获得的增长最高，为178.93%。金融理财在各线城市的增长也都很显著。一线城市用户关注教育学习、健康医疗和金融理财，这三个垂直领域在一线城市的增长最快，增速分别为90.70%、77.94%和112.17%（见图7）。

（三）4G的发展将使路途中使用成为应用开发值得关注的新情境

技术的发展总是能带动生活方式的转变。2014年，4G在国内逐步普及，增速迅猛。2014年9月，国内通过4G联网的启动次数已经是1月的30.5倍。

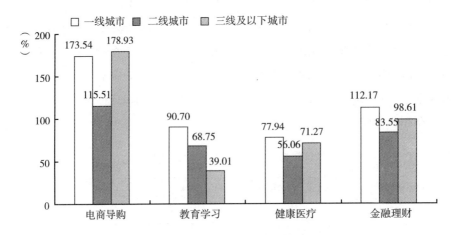

图7　分地域看热点垂直领域用户增长情况

4G 制式也已成为各大厂商新手机的标配，推动了设备的更新。

　　2014 年 1 月，国内 85% 的 4G 流量集中在华北地区和华东地区；而 2014 年 9 月，全国各地区 4G 流量均有大幅上涨，"4G 生活方式"向全国扩散，其中，华东地区赶超华北地区，成为全国范围内 4G 流量占比最高的地区，占比达 29.2%（见图 8）。

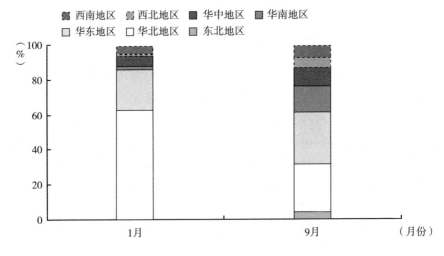

图8　2014 年 1 月、9 月国内 4G 流量分布变化

　　全国范围内4G的普及，相信会很直接地影响到人们的应用使用方式。过去人们受网速和资费的限制，在应用的使用上非常依赖 Wi – Fi。4G 的普及使得人们在移动过程中的碎片化时间联网成为可能。因此，人们在路途中使用应用，将是开发商需要关注的新情境。这意味着，未来的应用设计在功能上需要更加简单直接。

B.25

移动互联网推动智慧城市建设分析

顾强 黄岱*

摘　要： 2014 年移动互联网应用推动智慧城市发展的亮点频现，重点领域包括智慧社区、智慧园区和智慧产业，呈现了三大特点：移动应用成为提高企业和市民参与基础设施建设的有力推手；移动应用推动城市公共服务实现均等化；移动应用热点从消费领域转向生产领域。下一步需尽快出台国家级权威智慧城市标准、评价体系；加速数据的安全、有序开放；推进对城市传统信息服务业的智慧化改造；着力打造垂直整合的新型智慧产业链。

关键词： 移动互联网　智慧城市　智慧产业链

一　移动互联网推动智慧城市建设的最新进展

（一）技术标准正式出台，推动智慧城市建设走向规范

2014 年 3 月，国务院发布《国家新型城镇化规划（2014～2020 年）》，明确提出"推进智慧城市建设"，首次把建设智慧城市纳入国家战略。为了有效解决智慧城市建设中出现的各种问题，国家发改委在《关于促进智慧城市健康发展的指导意见》中进一步明确了智慧城市建设的重点内容。《智慧城市评

---

* 顾强，中国科学院科技政策与管理科学研究所博士后，主要研究方向为科技政策与实践；黄岱，经济学博士后，华夏幸福基业总监，主要研究方向为产业政策与实践。

价模型及基础评价指标体系》《智慧城市技术参考模型》《智慧城市 SOA 标准应用指南》等智慧城市国家标准及评估体系也正在加紧制定。2014 年，住房和城乡建设部又正式批准了两批智慧城市试点，包含 170 多个城市；工业和信息化部启动了中国与欧洲之间智慧城市的合作试点工作，选择江苏的常州、扬州进行试点示范。同时，各省份推进智慧城市建设的积极性也十分高涨，47%的县级城市、89% 的地级城市和 100% 的副省级以上城市已经规划开展智慧城市投资建设。① 预计 2015 年智慧城市建设将在起步较早、基础较好的省份取得更大成效。

（二）"宽带中国"战略推动智慧城市基础设施建设融入4G 等移动互联元素

2014 年也是 4G 的启用元年。移动应用用户规模的迅速扩大，大大加快了智慧城市基础设施建设步伐。"宽带中国"战略实施效果显著，光纤入户和 4G 应用加快普及。4G 的移动高速体验为智慧城市的公共服务和应用推广奠定了良好基础。目前，全国 4G 用户数达 7584.8 万人，光纤接入用户已超过 6500 万人，占宽带用户总数的 32%。②

2014 年，许多城市加快了数据中心的投资建设步伐，正在分步骤、分层次地将数据中心建设成智慧城市公共管理的基础平台，基础设施建设成果主要集中在数据中心和公共无线局域网（Wi-Fi）领域。电信运营商作为这一领域的主要提供商，仍然占据着市场优势地位，贵阳、重庆、西安、宁波大数据中心建设相继启动，正在推动这些城市智慧城市基础设施的升级。新兴第三方供应商阿里巴巴、世纪互联等也开始加大了与地方政府的合作力度，通过签署战略合作协议的方式，提供以数据中心建设为起点的云服务系统解决方案，希望在将来把智慧城市平台建成大数据获取的主要来源。2014 年，各地政府还将推动公共 Wi-Fi 投资建设，并将其作为推动智慧城市基础设施建设的重要部署之一。海南省正积极参照海口国际机场的标准，按照市场化、商业化运作

---

① 《2014 年中国信息化发展水平评估报告》，http：//www.miit.gov.cn/n11293472/n11293832/
　 n11293907/n11368223/n16405769.files/n16405761.pdf。

② 《赛迪预测 2015 年中国信息化十大趋势》，http：//www.miit.gov.cn/n11293472/n11293832/
　 n11293907/n11368277/16403895.html。

方式在选定区域（如全省重点公共场所、星级宾馆和景点景区等）进行 Wi-Fi 建设，并逐步在省内主要城市的重点区域免费开放 Wi-Fi。预计 2015 年通过大数据发掘等方式实现智慧城市体验提升和商业变现的成功案例将大大增加。

（三）移动电子商务新发展推动智慧城市商业生态系统不断进化

2014 年，电子商务加速向移动化、社交化方向发展，进一步促进了城市商业生态向微电商、社群电商方向快速演进。随着微信用户量大幅增加以及微信公众号普遍运营，传统行业开始利用社交渠道吸引客户，企业微信群大量涌现。腾讯与京东通过深度专业协作，联袂构建了微信购物、手机 QQ 群两个重要社交购物平台。阿里巴巴也通过投资陌陌，实现了在社交化方向的重要突破，随着陌陌成功上市，阿里巴巴在移动社交领域的战略也取得了阶段性实际进展。小米公司通过微信销售小米手机，实现了主营业务的成倍增长。粉丝经济将日益受到热捧，消费者将通过微信、百度等发现更多更实用的移动应用，消费激情正在迅速点燃。预计 2015 年，以"微商城 + 微营销 + 微粉丝 + 微应用 + 微服务"为特征的微电商将继续成为智慧城市的掘金地。

2014 年，多行业加快 O2O 布局。O2O 模式成为智慧城市移动互联网的应用亮点。线上和线下融合的表现形式越来越丰富，比如线上营销 + 线下成交，或者线上购买 + 线下服务，线上与线下之间的组合、叠加、创新，促使了 O2O 模式越来越为城市消费者接受，呈现了加速普及的态势。在综合生态体系营造方面，百度、阿里巴巴、腾讯等互联网巨头又走在了前列，百度直达号、支付宝、微信公众号将 O2O 业务纳入各自生态圈，并不断完善。以渠道为王的传统零售连锁企业也在加快 O2O 布局，代表是苏宁云商，其全力推进全产业链互联网化，积极实施"线下到线上无缝融合、布局全渠道零售"战略，业务实现了快速转型。O2O 模式的不断成熟也催生了一批新的信息中介平台，代表企业有 58 同城、赶集网、大众点评、美团等，它们借助 O2O 模式加速向综合交易化平台转型。同时，制造企业也开始将线下业务转移到线上的电子商务平台，在天猫、淘宝开设网店成为这些企业转型升级的必备条件之一。预计 2015 年，制造企业 O2O 创新应用的活跃程度将大大提升，通过线上与线下终端渠道创新商业模式，探索个性化定制、按需制造等适应互联网时代的生产方式，将成为移动互联网创新应用的新亮点。

（四）数据开放及创新应用推动智慧城市数据应用加速启动

2014 年，各地在积极探索数据信息资源的共享应用新模式。北京开通了政府数据资源网；上海公布了《2014 年度上海市政府数据资源向社会开放工作计划》；广州、南京、青岛、厦门、贵阳、长春等地加快建设公共数据服务开放平台；武汉首批 32 个部门 520 个数据集向公众开放。预计 2015 年将有一大批公共数据服务开放平台建成，包括交通、教育、医疗、能源管理、食品安全、旅游等与民生密切相关领域的公共数据资源将率先开放。

大数据被喻为"未来新石油"。大数据技术和应用加速向经济社会各领域快速延伸，正在成为构建企业核心竞争力的新资源基础。百度、阿里巴巴、腾讯在挖掘大数据商业价值方面的应用眼花缭乱，推动了互联网金融、O2O 在纵深、更加细分的领域对专业消费者行为进行分析、分类，不断开发或提升服务的价值及精准性。2015 年，大数据还将与深度学习、神经计算及人工智能等技术深度融合，促进大数据应用更加智能，可视性更强、更丰富。

二 2014年移动互联网推动智慧城市建设的重点领域

（一）智慧社区：撬动智慧城市建设的重要杠杆

智慧社区作为一个体量相对适中的载体，是智慧城市建设的切入点，是优化城市服务的活"细胞"。

1. 移动互联网技术正在影响智慧社区的发展方向

智慧社区在社区各个领域广泛应用移动互联网技术，并形成社区层面的总体功能集成，主要细分领域有智慧政务管理、智能安防、智能楼宇、智能路网、智能医疗和家护、智能家居、个人健康管理、数字生活等。智慧社区是通过社区级公共服务平台、能源管理服务平台、可视化安全监测平台等基础设施的建设，以实现社区内部各种信息共享为切入点，基于海量信息和智能过滤处理等移动互联网技术手段形成的新型社区。其构建了全新的社区形态智慧生态环境，使身处其中的居民生活更便捷、舒适、健康。

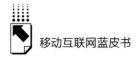

2014 年，移动互联网的发展、互联网思维的潜移默化，改变了社区周边业态形态，使之呈现了新的特点：社区内的商业业态向多功能服务综合体演化；单一功能的零售业态淡出，连锁式经营成为社区商业的主流方式；社区服务朝着 O2O 方向演进。社区居民的关注重点开始从设备、系统等硬件基础设施转向数字化、智能化、舒适化、便捷化的生活服务需求。

2. 国家出台一系列相关政策

2014 年，国家相关部委出台了一系列文件，支持智慧社区的发展。2014年 5 月 4 日，住建部办公厅印发了《智慧社区建设指南（试行）》。2014 年 8月，国家发改委等八部委联合发布了《关于促进智慧城市健康发展的指导意见》，智慧社区被明确为"实现智慧城市建设突破的核心承载体"。2014 年 5月，住建部提出到 2020 年智慧社区比例超过 50%。[①] 2015 年初，住建部颁布的《智慧社区建设指南》指出，2015 年全国要启动 50 多个试点项目。2014年，上海市在认真总结经验的基础上，启动了第三批试点工作，确定浦东新区川沙新镇等七镇为智慧社区建设第三批试点单位。

3. 经典实践

华为与万科共建的"智慧社区联合实验室"，让万科青岛小镇的业主全方位体验了智慧社区解决方案带来的生活方式改变。在智能安防方面，业主与小区出入口岗亭保安可以直接对话，邻里间可在自己家中进行免费视频通话，无线定位系统实现了对访客的实时跟踪管理。在智慧公共服务方面，业主可在社区公共服务平台上在线反映自己的服务需求，并可在平台上选择自己需要的服务。在智能家居方面，业主可通过使用基于物联网技术集成的立体式居家防盗系统进行远程手机布撤防，防盗防火。在智能医疗方面，智能医疗系统能提供对老人、小孩的随时监护和 24 小时健康监测。

（二）智慧园区：智慧城市产业升级的"试验田"

智慧园区是智慧城市试验的微缩样板。当前我国智慧园区建设不断掀起高潮，表明园区的信息化水平正由中级阶段向高级阶段迈进，智慧园区成为我国智慧城市产业升级的"试验田"。

---

① 参见 http：//www. mohurd. gov. cn/zcfg/jsbwj_ 0/jsbwjjskj/201405/t20140520_ 217948. html。

1. 移动互联网技术是驱动智慧园区功能不断完善的核心技术

智慧园区是基于 MSAC（移动互联网、社交网络、大数据分析和云计算）的园区产业资源与服务平台。智慧园区的"智慧"产业资源与服务体系构建在移动互联网技术基础上，通过云计算等技术手段建立网络云平台，使自身成为整个产城综合体的信息枢纽和运营服务的支撑中心。智慧园区依托一大批提供资源与服务的合作企业，研发一系列在线应用，再结合线下实体基础设施，最终形成具备 SOLOMO（社交化、本地化、移动化）价值和"一张网、一个数据中心、一个用户身份"特征的 O2O 园区整体在线服务体系，实现园区管理智能化，助力园区产业转型升级、居民生活环境改善。

2. 移动互联网是智慧园区生态系统的"操作系统"

区别于一般的纯技术型解决方案，智慧园区以促进"关联"为核心要旨，依托移动互联网技术，紧扣园区的管理者、企业、人才等各方需求，满足园区招商、企业办公、一卡（号）通与消费支付结算、信息集聚、商旅接待、组织活动与服务、非核心业务外包、企业采购、专业咨询、金融服务、人才引进与培训、园区综合办事等需要。

当前，我国智慧园区建设还主要聚焦在园区的基础设施建设和基本服务管理上，主要包括高速通信网络、园区信息及企业信息展示中心、云数据中心、智能化建筑系统、能效管理系统、绿色节能建筑、物联网系统、智能交通系统等建设，旨在提升基础环境竞争力。

3. 经典实践

2014 年，工信部批准中关村软件园等 9 家园区为全国首批智慧软件园区试点单位；上海推出了首批 12 家智慧园区试点单位，并出台意见，规划到2020 年，基本确立高端化、智慧化、生态化的新型园区发展模式。[①] 多年来，苏州工业园、上海漕河泾、亿达中国、天安数码、北科建、北京经开等纷纷试水智慧园区建设。苏州工业园已经构建了电子政务私有云、数据中心、非凡城市 SIP 等，具备了云服务条件。

（三）智慧产业：智慧城市的"不竭金矿"

移动互联网技术创新是智慧产业发展的驱动力。智慧产业是新材料、新设

---

① 参见上海市经信委《关于加快推进本市智慧园区建设的指导意见》，2013。

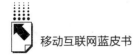
备、新工艺、新技术"四新"经济的聚合体，分为三部分：一是智能产品，包括智能手机、可穿戴设备、智能汽车、机器人等；二是智能服务，包括平台服务、应用服务、信息传输服务、互联网金融等；三是智能应用，包括智慧家居、智慧医疗、智能电网等。

1. 智能产品

智能终端呈现多屏化发展趋势。其中，手机终端是最重要的移动终端，车联网、汽车智能化则加速了移动终端的更新换代。可穿戴设备通过内置超小体积、超低功耗、行为感知的智能传感器，将采集的各种实时数据通过网络传输到云计算平台，以实现针对性服务功能。智能汽车将 GPS、移动通信技术、互联网相结合，可为车主提供定位、通信、远程诊断与救援、安防监控、资讯与娱乐服务。机器人则主要包括工业机器人、服务机器人、特种机器人、军事机器人。

2. 智能服务和应用

百度、阿里巴巴、腾讯是城市商贸消费领域三大智能综合服务商。百度采用产品＋平台模式，在搜索、地图、视频和应用商店四个领域都具有市场领导力。2014 年，百度在移动安全、互联网金融方面加速了布局。阿里巴巴采用平台模式，在电子商务、在线支付和浏览器领域具有市场领导力。2014 年，阿里巴巴积极开拓无线应用、手机操作系统和互联网电视等领域。腾讯采用产品模式，微信是其最具市场影响力的产品。2014 年，从大众点评到滴滴打车，加到微信上的应用越来越多，巩固了其作为在线应用平台的市场领先地位。2014 年，我国互联网金融发展取得了长足进展：腾讯、阿里巴巴先后获中国银监会批准，拿到民营银行的牌照；众筹平台如雨后春笋般涌现；京东推出了"白条"；阿里小微金融更名为"蚂蚁金融"。

城市家庭生活更加智能、便捷，智能家居进入"3.0 时代"，更加注重系统平台建设，强调各种家居设备之间的互联、互通、互懂、互控，而用户可以自由选择支配设备的件数、操控的时间和地点。

城市智慧医疗取得长足进展。就像大家已经用手机聊天、租车、看新闻、购物一样，移动互联网也在驱动医疗向个性化、移动化方向发展。2014 年，部分手机用户已经开始使用移动医疗应用，智能胶囊、智能护腕、智能健康监测设备等产品，借助智能手持终端和传感器，可有效地测量和传输健康数据。①

　　智能电网是智慧城市的重要基础设施，可为交通、公共服务、民生消费等城市生产生活领域提供支撑平台和运行网络。2014 年 6 月，国家电网首个面向智慧城市的"智能电网园区能源优化管理关键技术研究与应用"项目在天津启动。该项目旨在为工业客户、公共机构、大型数据中心等的能源优化管理和能效提升提供解决方案。②

三　移动互联网在智慧城市建设中的作用

（一）移动应用成为企业和市民参与智慧城市基础设施建设的有力推手

　　从我国智慧城市实践看，在发展的起步时期，政界、业界、学术界多年来一直强调以云计算、物联网的技术研发与应用为推动智慧城市基础设施建设的起点，导致了许多城市忽视了市民的实际应用需求，片面注重硬件建设，偏重"高、精、尖"技术驱动，形成了以技术为导向的建设体系，使智慧城市建设举步维艰、效能低下。近年来，上述体系正在悄然发生改变，移动互联网可以广泛应用于公共服务、政府管理、监测运行、产业应用等领域，提供更便捷、更高效、更人性化的服务，推进智慧城市建设以需求为导向，实现规模发展，吸引企业和个人更加广泛地参与智慧城市建设。

　　智能手机、可穿戴设备等移动智能终端作为人的信息基础设施，将市民联入智慧城市体系，使人成为城市信息流的众多末端节点。移动互联网技术越来越成为智慧城市的"中枢神经"，吸引互联网企业深入参与智慧城市建设，以需求为导向，不断创新。移动互联网规模递增效应显著，商业模式繁多，能够衍生众多在智慧城市中规模化、可复制的商业模式，能够吸引有意愿进入智慧城市投资领域的社会资本开展公私合作，探索市场化的建设运营模式。目前各

---

① 《未来的随行医生：智慧医疗 APP》，http://lady. people. com. cn/n/2014/1031/c1014 – 25946689. html。

② 《智能电网园区能源管理项目在天津启动》，http://www. indaa. com. cn/dwxw2011/dwyx/ 201406/t20140627_ 1538977. html。

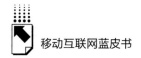
地政府越来越认识到移动互联网在智慧城市建设中的重要作用。上海正全力打造一个以 TD - LTE 技术为引领和"四网协同"的泛在、融合、智能的无线城市。广东也印发了《推进珠江三角洲地区智慧城市群建设和信息化一体化行动计划（2014~2020 年）》，明确规定到 2015 年，逐步实现"七位一体"的公共服务平台对接与数据共享。

（二）移动应用推动城市公共服务实现均等化

各地政府陆续推出政务应用，开始在移动互联网上提供政务服务。北京推出了随身社保移动服务，包括移动客户端应用和微信公众服务号，为参保市民提供个人参保缴费信息、社保专题、服务网点查询、用户设置四大项 17 类服务。上海推出了"市立家园"幼儿园应用，家长通过"市立家园"客户端，可以即时看到孩子在幼儿园的一举一动，还可以和老师、其他家长互动。① 浙江推出了集省、市、县三级政府网上政务和公共服务资源于一体的移动应用，实现全省政府在移动端公共服务的一站式导航和便捷查询。四川推出了"交警公共服务平台"手机应用，全省的轻微交通罚单可通过该应用轻松处理。近两年，BAT 加快了移动医疗布局。2014 年 5 月，阿里巴巴支付宝正式对外公布了"未来医院"计划，对医疗机构开放平台，帮助医院工作在移动互联网时代变得更加高效。② 2014 年，腾讯在移动医疗领域大动作频出，先后投资了主打品牌专科医生在线医疗健康服务的"邻家医生"，研发可穿戴设备和提供医疗健康服务的"缤刻普锐"，以及在全国拥有 400 万专业会员、200 万职业医师的"丁香园"，基本建立了一条职能划分明确的医疗 O2O 产业链，并以微信支付来完成闭环。③ 2015 年 1 月，百度正式成立移动医疗事业部，并将联手国内知名医院推出挂号预约等服务，整合百度原有的各项移动健康和移动医疗业务。

---

① 《上海幼儿园试点 APP 直播　孩子表现获家长称赞》，http：//shanghai. eol. cn/shanghainews_ 5281/20130907/t20130907_ 1013407. shtml。
② 《支付宝推出"未来医院计划"　对医疗机构开放平台》，http：//tech. ifeng. com/bat3m/ detail_ 2014_ 05/28/36553149_ 0. shtml。
③ 《挂号网吞"金象"　腾讯移动医疗再落一子》，http：//tech. hexun. com/2015 - 02 - 09/ 173215455. html。

（三）移动应用推动智慧城市热点从消费领域转向生产领域

2014 年，消费互联网方兴未艾，生产型互联网又成为热点。与消费领域相比，移动互联网与生产制造领域渗透融合步伐加快，涌现了个性化定制、按需制造、异地协同设计、众包众设等一批"互联网＋"应用新模式。海尔通过众包平台集聚了中科院、高通、腾讯等智力资源，研发设计空调产品。创维发布了 O2O 移动商业平台"云 GO"。2015 年将有一大批制造企业主动拥抱移动互联网，同时，互联网企业也将加快与制造业的深度融合。[①] 移动互联网技术、自动化技术和新型感知技术相互融合并快速发展，带动了智能制造技术在设备管理、工艺流程全程监测、能源管理、环境实时监测、安全生产等领域的广泛应用。预计 2015 年将涌现一批以工业互联网、信息物理系统、制造业创新网络等为特征的智能工业应用。

四　以移动互联网推进智慧城市建设的建议

2014 年，虽然我国移动互联网在智慧城市中的应用亮点频现，但进一步发挥其作用仍面临用户参与不足、数据开放滞后、技术创新亟待突破等诸多问题。但从整体来看，发展基于移动互联网的开放模式，是实现智慧城市进一步发展的必由之路。

（一）尽快出台国家级权威智慧城市标准、评价体系

当前智慧城市国家标准体系的实质性缺失，仍然是我国智慧城市快速发展的瓶颈，国家相关部门应加快相关标准的出台进程，同时要研究制定智慧城市建设运行效果的科学评估体系，形成以评估促建设、促改进的新做法，推进各城市智慧城市建设符合国家相关标准，使相关标准真正落在实处。2015 年，要顺应中央进一步减少政府审批事项、简化办理流程的改革方向，围绕医疗、社保、教育、养老等领域，以为民、便民为中心，整合现有的、分散在各部门

[①] 《2014 年中国信息化发展水平评估报告》，http：//www.miit.gov.cn/n11293472/n11293832/n11293907/n11368223/n16405769.files/n16405761.pdf。

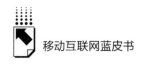

的公共服务，将强化信息惠民作为智慧城市建设的重要突破口，深入推进智慧公共服务的全生命周期应用，提升市民的生活品质与幸福感。

（二）加速数据的安全、有序开放

数据开放是引入社会力量进行智慧城市移动应用开发的基础。但数据开放必须在数据安全和用户隐私得到切实保护的前提下推进。首先，要重点研究制定公共信息资源开放共享政策法规，编制开放资源目录，在明确政府、企业、市民各方职责分工的基础上，确立管理制度和实施步骤，推进数据安全、有序开放。其次，在数据开放的基础上，要降低移动互联网应用的开发门槛，提供标准化与容易调用的数据集、开发环境和开发工具。API 的开放将刺激移动应用的多元化发展，使城市生活变得更为方便。

（三）推进对城市传统信息服务业的智慧化改造

在智慧城市建设过程中，移动互联网技术的泛在性决定了其与各行业的融合能力。产业重组和融合可以孕育许多新兴产业，比如，智能交通、智能医疗、智慧教育、智能电网等新兴产业就是新一代信息技术与传统产业相结合的产物。因此，充分将信息技术融合到现有产业中，是智慧城市建设行之有效的路径，它可以通过"两化融合"、建设电子商务支撑体系、支持企业信息化示范工程改造，提升传统产业的竞争力，使其快速摆脱旧有发展方式，从而使城市经济发展适应能力和抗风险能力得到提升。

（四）着力打造垂直整合的新型智慧产业链

以主体需求为中心，打造垂直整合的新型智慧产业链。智慧城市的建设和运营涉及城市各类主体和各项领域，移动互联网的创新应用使得上下游产业链之间形成了协同效应，形成了巨大的市场机会。但巨大的市场机会也将带来激烈竞争，以应用为纽带，硬件产品供应商、解决方案供应商和电信运营商之间的边界将不断模糊。未来产业链的变化将以"智慧城市主体需求"为导向，相关企业只有真正与市场需求零距离接触，才能掌握产业链的主动权。

B.26
媒体微信公众号现状与发展研究[*]

杨淑娟　张文乐[**]

摘　要：　本报告选取2014年11月表现较为优秀的617家媒体（包括传统媒体、网络媒体、自媒体）的微信公众号为样本，运用微信传播指数模型评价它们的传播影响力，并对媒体微信公众号做分类别和分地区的现状描述。当前，媒体微信公众号存在信息承载量有限、同质化严重、缺乏互动、服务号发展滞后等问题，媒体宜转变观念，既重视订阅号又重视服务号，尝试分众化、垂直化、社群化发展。

关键词：　媒体　微信公众号　微信传播指数

一　媒体微信公众号现状

（一）微信公众号的诞生

2011年1月21日，微信作为即时通信工具问世。2012年8月17日，腾讯微信推出了公众平台。通过这一平台，个人和企业都可以注册属于自己的微信公众号，向关注自己的用户推送文字、图片、语音、视频等信息。微信公众号一经推出，立即受到了企业、公共机构、明星、个人用户等的追捧，成为继

---

* 本报告资料来自新媒体指数大数据共享平台，部分榜单引自2015年2月新浪网与清华大学新闻研究中心联合发布的《2014媒体行业发展趋势报告》。
** 杨淑娟，武汉大学信息管理学院硕士研究生，主要研究方向为新媒体、网络舆情；张文乐，首都师范大学文学院硕士研究生，主要研究方向为新媒体。

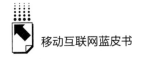
微博后又一重要的新媒体运营平台。2013 年 8 月，微信公众平台升级，微信公众号分成了订阅号和服务号两种类型。其中，服务号弱化了信息传播功能，更强调为用户提供服务。2014 年，微博活跃度下降，微信公众号却空前活跃。到 2014 年底，微信公众号的总数已超过 800 万个。

（二）媒体微信公众号现状

微信便捷的信息传播方式、高到达率以及广泛的用户基础，吸引了传统媒体和媒体类网站纷纷试水。传统媒体在受到移动互联网的巨大冲击后，正在微信公众平台上尝试转型、慢慢复活，如人民日报、中央电视台等众多强势的传统权威媒体都在微信公众平台上拥有了大批受众，依然保持竞争力。曾经被称为"新媒体"的网站，也受到了移动互联网的冲击，开始向移动端转型。

另外，在微信平台上活跃的还有一批独特的媒体公众号——自媒体。自媒体的定义由美国的谢因·波曼与克里斯·威理斯两位学者提出，他们认为自媒体"是普通大众经由数字科技强化、与全球知识体系相连之后，一种开始理解普通大众如何提供与分享他们本身的事实、他们本身的新闻的途径"。[1] 目前自媒体微信公众号并没有统一的界定。"微信自媒体"的概念界定及运营之道值得深入探讨。本报告所选微信自媒体是指内容定位明确，并且以原创为主的公众号，既包含个人运营的公众号，又包含非媒体机构的团队运营的公众号。

为从宏观上把握当前媒体类微信公众号的发展现状，本报告以新媒体指数大数据共享平台的媒体微信数据为分析样本，由于数据量大，本报告仅选取2014 年 11 月表现较为优秀的媒体微信数据，具体包括报纸 100 家，杂志 100家，广播电台、广播频道、网络电台及广播节目共计 100 家、电视频道 37 个（中央电视台频道 15 个，已开通微信公众号并在 2014 年 11 月推送至少一篇消息的省级电视频道 22 个），电视节目 80 个，媒体网站 100 家，自媒体 100家。

2014 年 11 月微信传播指数（WCI）在 1500 以上的媒体微信公众号共 24个（见表 1）。在 24 个媒体微信公众号中，报纸类的有 8 个，数量最多。广播

---

① 邓新民：《自媒体：新媒体发展的最新阶段及其特点》，《探索》2006 年第 2 期。

类的有 6 个，排名第二，尤其是交通广播类媒体微信公众号，通过提供及时的路况信息与用户生活紧密相连，发展势头强劲。然而从整体情况来看，11 月微信传播指数在 1000 以上的 277 个媒体微信公众号中，广播类的仅有 19 个，在六大媒体类型中倒数第二（电视类媒体微信公众号最少，仅有 17 个）。值得一提的是，在 277 个微信传播指数在 1000 以上的媒体微信公众号中，自媒体微信公众号有 71 个，与报纸微信公众号数量（81 个，排名第一）几乎可以分庭抗礼，其在微信平台的传播力不容小觑。

表 1　媒体微信传播指数排名

序号	微信公众号	总阅读数	总点赞数	微信传播指数	媒体类型
1	FM93 交通之声	20759993	204137	2145.32	广播
2	交通 91.8	17363504	84953	2013.25	广播
3	爆笑 gif 图	14195601	106980	2006.44	自媒体
4	央视新闻	22035307	47060	1987.47	电视频道/电视节目
5	新闻正前方	7102620	193140	1957.44	电视节目
6	男人装	7886379	50381	1826.72	杂志
7	人民日报	11034651	28979	1819.54	报纸
8	私家车第一广播	10844621	25912	1803.81	广播
9	冯站长之家	3292273	50336	1693.98	自媒体
10	新闻晨报	5742509	21874	1685.79	报纸
11	都市快报	6451042	16223	1672.96	报纸
12	河北交通广播	3799161	26846	1644.24	广播
13	广州日报	4077512	19439	1622.14	报纸
14	温州都市报	3483483	15858	1577.64	报纸
15	温州晚报	3166988	17681	1574.22	报纸
16	南方都市报	3076181	17675	1570.01	报纸
17	壹读	2742614	19328	1562.38	杂志
18	陕西交通 916	3576500	13206	1561.76	广播
19	钱江晚报	3770552	11499	1556.07	报纸
20	腾讯娱乐	5498654	6468	1555.78	网站
21	读者	2525513	19925	1555.12	杂志
22	浙江之声	2893358	12229	1522.35	广播
23	文字撰稿人	2318652	15508	1514.45	自媒体
24	央视财经	3355295	8632	1511.62	电视频道

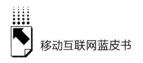

二　媒体微信公众号分析

（一）报纸微信公众号

本报告选取的表现较优的 100 个报纸微信公众号月平均阅读数达 112.25 万次，月平均推送文章数约为 167 篇，均高于其他类型媒体，微信传播指数月平均值为 1167.89，标准差为 185.91，较其他类媒体小，说明报纸微信公众号之间差距不大。2014 年 11 月总阅读数突破 100 万次的报纸微信公众号有 27 个，8 个月总点赞量突破 1 万次。总体来说，报纸微信公众号实力普遍较强，并且推送频率高，在公众平台中最为活跃。

在报纸微信公众号中，都市报微信公众号占据份额最大，为 61%；党报微信公众号则为 21%；行业专业类报纸微信公众号或受制于其本身受众范围，占比较少，仅为 18%（见图 1）。由此可见，都市报在微信公众平台上依然延续了其传统优势；党报表现也可圈可点，前五名中就有两个是党报微信公众号，其中“人民日报”微信公众号担当了报纸微信公众号“领头羊”的角色，成了报纸微信公众号中唯一月总阅读数超过 1000 万次的公众号。报纸微信传播指数 Top 10 见表 2。

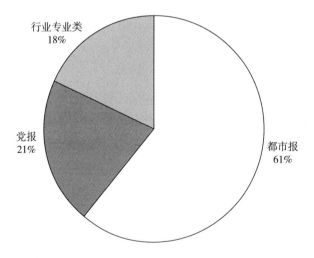

图 1　报纸微信公众号百强类型占比

表2　报纸微信传播指数 Top 10

序号	微信公众号	总阅读数	总点赞数	微信传播指数
1	人民日报	11034651	28979	1819.54
2	新闻晨报	5742509	21874	1685.79
3	都市快报	6451042	16223	1672.96
4	广州日报	4077512	19439	1622.14
5	温州都市报	3483483	15858	1577.64
6	温州晚报	3166988	17681	1574.22
7	南方都市报	3076181	17675	1570.01
8	钱江晚报	3770552	11499	1556.07
9	每日经济新闻	3659993	5212	1473.79
10	楚天都市报	2760114	6404	1452.72

（二）杂志微信公众号

杂志微信公众号整体表现平稳，微信传播指数月平均值为1017.26，在所有媒体类别中处于第三的位置，标准差为224.11，说明各公众号之间差距不大。

如图2所示，100个杂志微信公众号据内容属性可分为8类，其中商业财

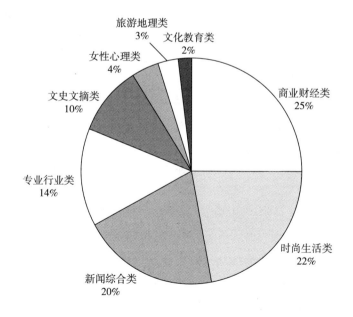

图2　杂志微信公众号百强类型占比

经类杂志微信公众号所占的比例最大，达 25%，紧随其后的是时尚生活类和新闻综合类杂志微信公众号，分别占 22% 和 20%。数据证明，商业财经类、时尚生活类和新闻综合类在微信公众平台依然是强势杂志类型，最受用户欢迎。杂志微信传播指数 Top 10 见表 3。

表 3　杂志微信传播指数 Top 10

序号	微信公众号	总阅读数	总点赞数	微信传播指数
1	男人装	7886379	50381	1826.72
2	壹读	2742614	19328	1562.38
3	读者	2525513	19925	1555.12
4	知音	2409379	8796	1464.44
5	中国新闻周刊	2390789	5751	1422.62
6	中国药店	1416147	6333	1357.82
7	意林	2102266	3070	1346.08
8	三联生活周刊	1616355	4129	1339.15
9	南都周刊	1204864	4687	1309.00
10	昕薇	1485856	3223	1302.39

（三）广播微信公众号

相较于其他类型的媒体，广播微信公众号的整体传播力较弱，微信传播指数月平均值仅为 725.9。而微信传播指数标准差为 406.25，是所有媒体类别中最高的，这说明广播微信公众号强弱之间拉开了较大的差距，呈现极化态势。

如图 3 所示，综合类广播微信公众号所占比重最大，将近 1/3，交通类和新闻类广播微信公众号分列第二和第三。值得注意的是，综合、交通和新闻三大类广播微信公众号占比为 74%，可以说共同组成了广播类微信公众号的绝对主力，尤其是交通类和综合类广播微信公众号，两者几乎瓜分了广播微信传播指数前十名（见表 4）。

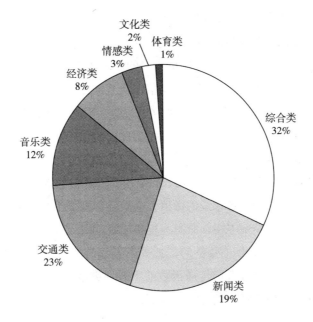

图 3 广播微信公众号百强类型占比

表 4 广播电台频道微信传播指数 Top 10

序号	微信公众号	总阅读数	总点赞数	微信传播指数
1	FM93 交通之声	20759993	204137	2145.32
2	交通 91.8	17363504	84953	2013.25
3	私家车第一广播	10844621	25912	1803.81
4	河北交通广播	3799161	26846	1644.24
5	陕西交通 916	3576500	13206	1561.76
6	浙江之声	2893358	12229	1522.35
7	河南交通广播	2365001	10481	1479.02
8	新疆 949 交通广播	1850799	6292	1394.60
9	西湖之声	1975363	4526	1372.34
10	中国之声	925838	3845	1253.75

（四）电视频道微信公众号

电视频道微信公众号微信传播指数月平均值仅为 652.55，在所有媒体类型中最弱，且各频道微信公众号间差距较大，标准差为399.48。这一点也反映在各电视频道微信公众号总阅读数这一指标上，2014年11月电视频道微信公众号总阅读数超过2947万次，而前十名的总阅读数就达2904万次，两极分化的趋势十分明显。大部分电视频道微信公众号推送文章的频率较低，月平均推送文章约74篇，但其月平均点赞率为9.27‰，相对于其他类媒体微信公众号有不小的领先优势。这说明虽然电视频道微信公众号推送的内容不多，但用户对其内容的满意度较高。

央视在微信平台上依然延续了自己的优势地位，在排名前十的电视频道微信公众号中，中央电视台各频道的微信公众号就占据了4个席位。在省级卫视频道微信公众号中，湖南卫视、旅游卫视和江西卫视的微信传播指数均突破了1000大关，表现较为突出（见表5）。此外，各频道的电视节目也积极活跃在微信平台上，节目公众号微信传播指数前十名均突破1000大关，其中7个是新闻类的，其余为综艺娱乐类的。

表5 电视频道微信传播指数排名

序号	微信公众号	总阅读数	总点赞数	微信传播指数
1	央视新闻	22035307	47060	1987.47
2	央视财经	3355295	8632	1511.62
3	湖南卫视	1509739	7132	1379.99
4	CCTV 5	531793	2066	1145.46
5	旅游卫视	518243	1451	1095.64
6	江西卫视	261752	2680	1062.53
7	央视综艺	223096	3137	1059.65
8	浙江卫视中国蓝	347761	630	978.64
9	安徽卫视	153369	1340	941.77
10	江苏卫视	107285	640	850.68
11	宁夏卫视	128246	208	783.66
12	CCTV 音乐	57142	238	709.13
13	央视一套	38719	330	695.04
14	北京卫视	26081	277	643.62
15	东南卫视	33579	117	616.90
16	央视纪录	16394	294	602.19
17	山东卫视	19010	161	592.83

序号	微信公众号	总阅读数	总点赞数	微信传播指数
18	云南卫视	15960	254	591.62
19	广东卫视	14598	68	504.83
20	山西卫视	12033	92	504.56
21	湖北卫视	8024	107	481.83
22	河北卫视	6650	103	468.83
23	东方卫视	9097	66	464.92
24	陕西卫视	8198	71	458.98
25	CCTV 电视剧	9629	47	455.99
26	天津卫视	5014	61	412.27
27	新疆卫视节目中心	4991	38	395.50
28	四川卫视	3228	43	382.08
29	辽宁卫视	3663	24	350.62
30	广西卫视	3089	25	335.15
31	青海卫视	1974	19	304.95
32	重庆卫视	1922	16	289.63
33	吉林卫视	1226	11	278.54
34	贵州卫视	1905	5	242.48
35	甘肃卫视	1323	10	241.21
36	河南卫视	205	5	175.39
37	黑龙江卫视	159	7	148.77

（五）媒体网站微信公众号

媒体网站在微信平台的总体表现平平，微信传播指数月平均值为958.73，微信传播指数标准差为288.02，强弱差距一般。55.44万次的月平均阅读数和3‰的月平均点赞率在各类媒体微信公众号中均处于最低位，这种情况显示了媒体网站在向新媒体平台转型过程中还未完全适应微信平台的传播规律。本地新闻类的微信公众号表现较好，占比39%；新闻综合类微信公众号占比27%，紧随其后（见图4）。及时获取本地消息和新闻资讯，是微信用户订阅媒体网站微信公众号的主要原因。媒体网站微信传播指数 Top 10 见表6。

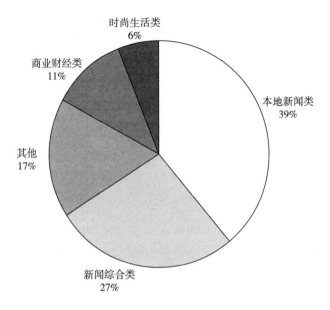

图4　媒体网站微信公众号百强类型占比

表6　媒体网站微信传播指数 Top 10

序号	微信公众号	总阅读数	总点赞数	微信传播指数
1	腾讯娱乐	5498654	6468	1555.78
2	澎湃新闻	2582901	6861	1451.65
3	虎嗅网	2399550	5580	1420.83
4	凤凰新闻	1998869	4844	1383.85
5	中国日报网双语新闻	1215419	8852	1369.25
6	人民网	2014441	3798	1359.30
7	网络新闻联播	1986560	3505	1350.64
8	ELLE 中文网	1379716	4894	1330.92
9	腾讯时尚	1908078	2610	1318.52
10	华尔街日报中文网	1463550	3464	1306.62

（六）自媒体微信公众号

2014 年是自媒体微信公众号井喷的一年，自媒体表现抢眼。2014 年，其微信传播指数月平均值为 1158.52，仅次于报纸微信公众号，共计 118.41 万次的月平均阅读数在所有媒体类别中居首位。与传统纸媒微信公众号不同，自媒体微信公众号由个人或小团队运营，人力和原创力较弱，多数自媒体推送频率不高，百强公众号的月平均推送文章只有约 83 篇，但月平均点赞率较为可观，达 5.91‰，超越了报纸、杂志和媒体网站类微信公众号。

自媒体微信公众号涉及的领域较广，如图 6 所示，大致可分为 8 种类别，其中文化类微信公众号占比最大，达 28%；娱乐类、时政类和财经类分别占比 19%、17% 和 16%。近半数的自媒体微信公众号专注于文化和娱乐方面，约 1/3 的自媒体微信公众号主打时政类、财经类资讯（见图 5）。自媒体微信传播指数 Top 10 见表 7。目前，国内自媒体微信公众号数量多、种类广，但质量上参差不齐。有的自媒体由于更新不及时、缺乏新意，很难吸引用户的持续关注；还有许多自媒体抄袭情况严重。原创力是考验自媒体生存力影响力最重要的标准，只有内容新颖、有特色的自媒体微信公众号才能够经受考验，获得用户的持续关注。

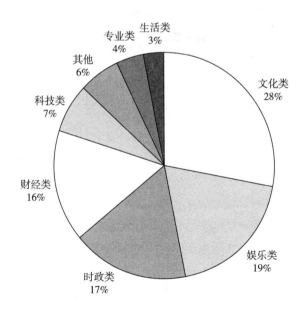

图 5　自媒体微信公众号百强类型占比

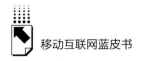

表 7　自媒体微信传播指数 Top 10

序号	微信公众号	总阅读数	总点赞数	微信传播指数
1	爆笑 gif 图	14195601	106980	2006.44
2	冯站长之家	3292273	50336	1693.98
3	文字撰稿人	2318652	15508	1514.45
4	鲁国平	2559166	4550	1409.9
5	IPO 观察	2156858	2894	1343.77
6	罗昌平(平说)	1183126	6324	1336.28
7	连岳	501587	11780	1289.49
8	鬼脚七	663361	7723	1280.54
9	张鸣	278672	8661	1193.88
10	王冠雄	395381	4635	1161.18

三　主要地区及城市媒体微信公众号分析

本部分以 2014 年 11 月 516 个媒体微信公众号的数据为样本，对媒体微信公众号的地区分布做分析（由于大量自媒体微信公众号地理位置信息不确定，本部分未将自媒体微信公众号纳入统计，同时排除的还有一个海外网站微信公众号）。从数量上看，华北、华东地区分别有 169 个和 150 个媒体微信公众号（见图 6）。北京则以 133 个媒体微信公众号高居各城市之首。

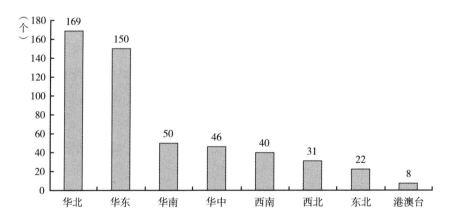

图 6　各地区媒体微信公众号分布

媒体微信公众号的地区分布整体上呈现了以下几个特点：（1）北上广等超大城市聚集了一大批有强大影响力的媒体微信公众号，在媒体微信传播指数前100名中，北京地区有38个，占比近四成；（2）东南沿海的一些省会和经济较发达地区也有少量媒体微信公众号表现优秀，如浙江省的两个交通广播微信公众号"FM 93 交通之声"和"交通91.8"就分别居微信传播指数排行榜的第一位与第二位；（3）中部、西北以及西南等经济欠发达地区媒体微信公众号的数量和影响力整体不足。

（一）北京媒体微信公众号

如图7所示，在北京133个媒体微信公众号中，杂志类占比最大，达40%；媒体网站类以22%紧随其后（见图7）。北京地区媒体微信传播指数超过1000的媒体微信公众号有64个，约占总数的一半，整体实力较强。

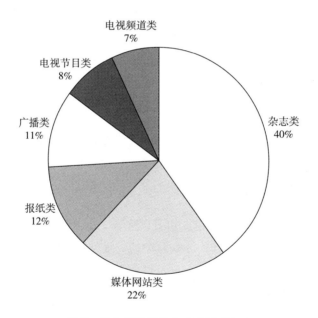

图7　北京媒体微信公众号类型占比

（二）上海媒体微信公众号

与北京相比，上海的媒体微信公众号数量明显减少，仅29个。如图8所示，在这 29 个媒体微信公众号中，杂志类占 38%，位居第一。虽然报纸微信公众号仅有 2 个，但其总阅读数超过了 940 万次，接近 29 个媒体微信公众号总阅读数的一半，远超杂志类微信公众号的 309 万次。可见在上海，报纸微信公众号是用户信息的重要来源，影响力大。

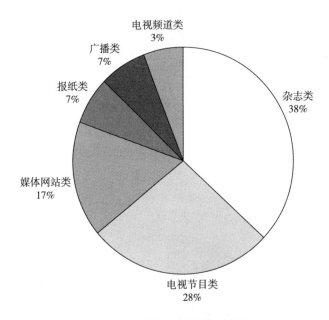

图 8　上海媒体微信公众号类型占比

（三）广州媒体微信公众号

广州媒体微信公众号有 27 个。如图 9 所示，杂志微信公众号占 41%，也是广州地区数量最多的媒体微信公众号类型。报纸微信公众号占 33%，位居第二，总阅读数在 1366 万次以上，超过广州媒体微信公众号总阅读数的一半。报纸微信公众号影响力不仅在广州，在全国范围内都具有绝对优势。

（四）其他地区媒体微信公众号

在其他地区的媒体微信公众号中，微信传播指数值在 1000 以上的有 109 个，浙江、江苏分列第一、第二位（见图 10）。在这些地区，影响力较大的媒体微信公众号恰恰是广播类的，最突出的就是浙江的"FM93 交通之声"和

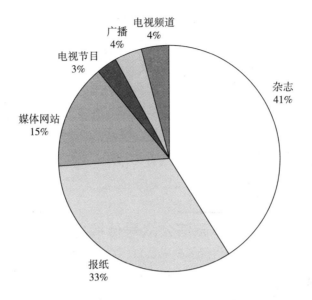

图9　广州媒体微信公众号类型占比

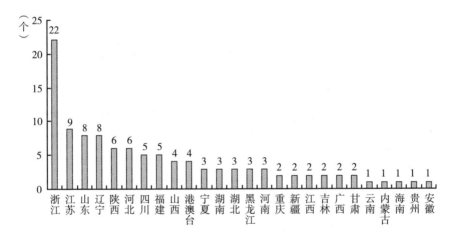

图10　其他地区微信传播指数值超过1000的媒体微信公众号分布

"交通91.8"。同时，尽管广播微信公众号数量少，仅有16个，但这16个公众号的总阅读数超过7023万次，接近总阅读数的一半。

　　按媒体类型区分，微信传播指数超过1000的报纸微信公众号主要分布在浙江、江苏、山东及辽宁等省份，多位于我国东部沿海经济较发达地区。微信

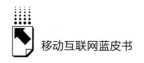
传播指数超过 1000 的广播微信公众号主要分布在浙江、福建和陕西，除浙江的"FM 93 交通之声"和"交通 91.8"外，陕西的"陕西交通 916"和"秦腔广播西安乱弹"也表现优秀，微信传播指数值分别为 1561.76 和 1268.27。微信传播指数超过 1000 的媒体网站微信公众号主要分布在浙江、香港和山东。

总体看来，在北京、上海和广州以外的其他地区，杂志类、电视频道类及自媒体类媒体微信公众号，无论是在数量还是在影响力上，都比较弱。这一方面与一些欠发达地区的新媒体意识薄弱有关；另一方面与当地媒体行业本身的发展态势息息相关。

四 媒体微信公众号传播力评价

媒体微信公众号的发展成果需要得到科学的考量和评价，因此必须有一套体系完整的评价标准。从业界的角度看，评价标准的建立可以让媒体微信公众号的发展有方向可循，使广告商的广告投放更精准……种种现阶段存在的问题都可以通过科学评价得到解决。从学术研究的角度来看，量化评价媒体微信公众号的传播效果，对了解微信发展态势、把握舆论场导向、提炼成功运营案例等都可以发挥有利作用。

2014 年 7 月，腾讯微信公开公众号文章阅读数和点赞数，无疑为媒体微信公众号的科学评价提供了一些量化条件。图 11 显示了本报告采用的微信传播指数模型指标体系。这套体系可以用来衡量媒体微信公众号推送文章的传播度、覆盖率及该公众号的成熟度和影响力，即该公众号的整体热度。该体系包含了总阅读数、平均阅读数、最高阅读数、总点赞数、平均点赞数、最高点赞数、点赞率等多项评估指标。

因为阅读数、点赞数等指标的数据量级不统一，为了能够放在一起比较，并减小误差，本报告在不参考全体样本特征（如总样本均值、标准差、极值）的基础上，采用基本算法对单样本数据进行标准化，即根据各指标的一般性关联确定各自的标准化基数（经过拟合度检验），分别得到阅读指数和点赞指数的标准量纲级别，在此基础上对阅读指数和点赞指数进行量纲级别的统一。在数据标准化的基础上，本报告结合层次分析法和专家交叉评分法确定各项指标的权重。

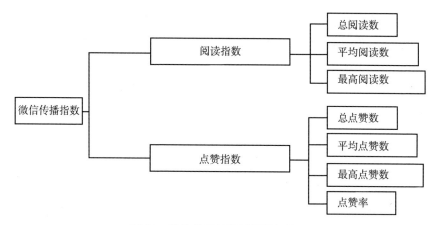

图11　微信传播指数模型指标体系

接下来需要采集样本账号相应时间段内的平均阅读数、平均点赞数、最高阅读数、最高点赞数、头条阅读数、头条点赞数、阅读数增量、点赞数增量、点赞率等，结合评价模型计算出账号的微信传播指数值，通过专家评估和历史数据校验发掘异常值，进一步对微信传播指数模型进行调整和再次检验，最终形成更加科学的微信公众号传播指数模型。

五　媒体微信公众号发展趋势

（一）媒体微信公众号存在的问题

1. 信息承载量有限

大部分微信公众号一天仅可以推送一次信息，可采用文字、图片、语音、视频、图文消息等方式，其中信息承载量最大的是图文消息，其可以同时包含文字、图片、视频等多种形式，但每次推送最多也只能有8条图文消息（小部分微信公众号一天可推送三次）。这对以传播信息为主要功能的媒体而言远远不够，内容是媒体生存和发展的基础，即使平台发生转移，向受众传递信息内容也依然应该是媒体发展微信公众号的首要任务。微信公众号信息传播的承载量有限与媒体本身信息丰富的现实之间存在矛盾。

2. 同质化问题严重

以微信为主要载体的新媒体正发展得如火如荼，但用户面临信息过载的问

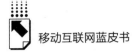

题，大量同质化信息充斥于微信平台。关于内容同质化，媒体微信公众号依然遵循以前的思维，根据新闻事件的影响力、内容深度等维度来推送信息，特别是当出现重大的新闻事件、实时热点时，各微信公众号推送的信息就很容易"撞车"，如歌手姚贝娜去世之后，媒体微信的头条几乎全被该新闻占据，用户被热点"刷屏"。内容同质化还主要表现在多家转载，更严重的就是复制，这一问题在自媒体微信公众号中更为常见。根据新媒体指数大数据共享平台对2014年11月24～30日阅读量高的热门文章的监测，一篇阅读数超过10万次的文章，一周内最高被18个不同微信公众号推送。内容同质化的另一个表现在大量同质微信公众号存在。如以"气质女人"为例，用该名称命名或以此为名称关键词的微信公众号有116个，其背后反映的是内容与定位的同质。

3. 缺乏互动

一方面，媒体与用户间的互动不足，重发布、轻互动的现象普遍存在，如许多媒体微信公众号菜单导航设置不合理、服务功能不足、缺乏线下互动等。另一方面，由于微信本身点对点的传播特点和私密性，用户与用户之间也较难形成互动。这一点可以通过开通微社区来加以改善，但微社区开通与维护的总体情况也并不尽如人意。

4. 服务号发展不足

微信公众号分为订阅号和服务号两个类别，目前绝大多数媒体开通了订阅号，却忽视了服务号在与受众互动时的独特优势。作为以内容推送为主的订阅号的必要补充，服务号可以帮助媒体为用户提供更具个性化的定制服务，如线上订阅、微商城、活动推广等，对媒体增强与用户的联系、塑造自身品牌有重要的助力作用。然而，现阶段只有不足半数的报纸开通了官方服务号，杂志、电视、广播等媒体的开通率更低，且目前媒体服务号运营水平整体较低，服务功能项设置不合理、活跃度欠佳，有的服务号甚至从未更新过信息或单纯"搬运"订阅号发布的内容。尚处于起步阶段的媒体服务号是一个待开发的领域，拥有巨大潜力。

（二）媒体微信公众号未来发展趋势

1. 黄金时期已经过去

2014年是微信公众号飞速发展的一年，其总数超过800万个，大约每160

个中国人就有一个微信公众号，"从一定程度上诠释了当前微信公众号无序、略显畸形的膨胀式发展"。① 媒体微信公众号，尤其是自媒体微信公众号的发展将面临瓶颈期，大量同类型公众号存在，最早开通的公众号坐拥大批粉丝，新公众号难以突围。广州日报社全媒体中心主任邱敏就认为："从具体项目来看，如果等发展成熟再跟进使用，会失去该平台的黄金成长期，越晚进入门槛越高！"②

2. 分众化与垂直化

不同媒体微信公众号订阅用户数量的差距巨大，少数优秀公众号覆盖大量用户的局面已很难改变，未来媒体微信公众号的突破点和着力点在于分众化和垂直化传播，大量提供专业化、特色化信息的微信公众号将找到自己的生存之道。通过微信社交数据对订阅用户的特征和偏好做出分析，了解用户生态，梳理用户个性化、定制化的信息需求，进行精准推送，是新媒体微信公众号发展的趋势。

3. 轻阅读是常态

生活节奏的加快形成了碎片化的阅读环境，加上移动端设备本身的限制，深度阅读已经不适应微信等新媒体平台。"受众更加青睐简单快捷的阅读方式，而微信平台推送讯息的碎片化、快餐化的特点，也使得微信'读图时代'的到来成为必然"，③ 图片增多、语言风格渐趋简短风趣、图表新闻流行……这些都将成为未来媒体微信公众号发布内容的常见趋势。轻阅读是常态，符合这一原则的内容会更具有传播力。

4. 从内容到服务的理念变革

从目前媒体微信公众号的整体发展来看，订阅号的开通和竞争已逐步趋于饱和，媒体微信公众号的前期运营主要集中在内容传播上，内容是吸引用户的关键所在。而现在服务号的竞争期将要到来，媒体也越来越重视微信订阅号与服务号的服务功能开发，做好互动和客服以留住用户至关重要。尽管媒体微信

---

① 周凯莉：《2015，自媒体的泡沫经济时代》，《青年记者》2015 年第 1 期。
② 邱敏：《品牌延伸与互动平台——兼谈广州日报官方微博和微信的运营》，《青年记者》2013 年第 12 期。
③ 刘景景、杨淑娟、沈阳：《2014 年传统媒体微信公众号分析》，《新闻与写作》2014 年第 12 期。

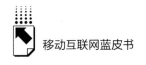

服务号起步较晚、发展较慢，但现在从简单的信息发布向为用户提供多元化服务转变的理念已经被大多数媒体微信公众号接受。订阅号与服务号平台的互动和服务会越来越多、越来越友好以及越来越人性化。

（三）媒体微信公众号发展建议

1. 回归"内容为王"

微信平台大量的"拿来主义"冲击了原创内容的影响力和生产积极性，一些非原创内容可能获得更多的用户关注和更高的经济收益，这是对新媒体平台规范和秩序的挑战，会导致媒体微信公众号陷入不良竞争，造成整个行业难以前进。在微信发布渠道如此便捷、信息获取来源如此冗杂的环境下，内容更加成为媒体保持生命力和竞争力的有力武器。只有创作适合新媒体平台传播形式的有针对性的深度原创内容，才能留住用户，也才能推动媒体行业向有序、健康的方向发展。

2. 联动打通新媒体传播平台

媒体微信公众号要想在竞争激烈的媒介环境中生存、发展，仅靠微信这一单一平台是远远不够的，还需要打通整个新媒体信息传播平台，引导用户"走出去"，走回网站、微博、客户端等平台，获得更广泛意义的忠实用户。相应的，可以利用媒体的联动效应，如加大对报纸、网站、微博等微信公众号的宣传力度，提高其在节目中的曝光度等；除了线上宣传，也可以通过线下活动吸引核心用户。新媒体发展应当是完整的、全面开花的，多平台联动是最终目标。

3. 社群化与线下互动

增强核心用户黏性、留住用户，需要形成社群，而社群化最好的方式就是互动，尤其是线下互动。在新媒体时代，媒体的基本功能仍是信息传播，这对小众化的专业媒体、地域性强的地方媒体来说尤其重要。媒体本身具有品牌力和公信力，能够吸引用户，利用微信平台建立线上社群，加强媒体与用户、用户与用户的互动，能有效留住用户。而长期组织针对用户群的线下活动，可以维持用户与媒体的良好关系，培养用户习惯，对媒体和用户均有价值。对媒体而言，受众与用户才是其经济利益和社会效益的最终实现群体。

"走出去"：华为的海外移动战略和发展

张意轩　王威*

摘　要： 华为以2万元创业起家，经过多年的发展，已成为行业内的世界级巨擘。2014年，华为营收的70%来自海外，这样的成绩与其在1996年毅然走出国门是密不可分的。华为勇敢地走出国门，艰难地在全球市场耕耘，经历诸多挫折，最终取得了优异的成绩。2G时代跟着跑、3G时代并肩跑、4G时代领先跑的华为，目前正投入巨资布局4.5G，谋划5G。

关键词： 华为　国际化

2014年是中国企业走向国际化征途中重要的一年。阿里巴巴、京东、万达先后在纽交所、纳斯达克和港交所上市；联想将IBM服务器资产和摩托罗拉移动业务收入麾下；国产品牌智能手机集体发力，在国际上实现出货量与市场份额"双丰收"。在诸多扬帆出海的企业中，华为的年度表现得到了不错的数据印证。受惠于4G业务的投资加快，华为的运营商、企业、消费者三大业务均保持快速增长。整个2014年，华为全球销售收入为2870亿~2890亿元，同比增长约20%，是2011年以来华为销售收入增速最快的一年。[①] 华为是中国移动互联网国际化发展的一个缩影，其"出海"的时间与2G兴起同步，又在3G、4G时代"弯道超车"，靠的是多年来的全球耕耘，也有对趋势的把握。

---

* 张意轩，北京大学新闻与传播学院博士生，人民日报客户端副主编，长期跟踪IT互联网发展，关注新媒体变革；王威，中国人民大学文学硕士，人民日报客户端编辑。

[①] 华为首席财务官孟晚舟对外公布的2014年公司业绩预期数据。

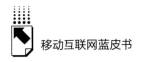
本报告着眼于华为的国际化之路，试图梳理其业绩背后的经验，并透过华为展望4G之后移动互联网的下一步发展。

一 优异的"出海"成绩

华为"出海"始于1996年，在不到二十年的时间里，华为从"投标屡屡不中"发展到网络铺遍全球，从生产白牌定制手机到打造自有高端手机品牌，走了很长一段路。2014年，华为的营收有七成来自海外，其全球化均衡布局使公司在运营商网络、企业业务和消费者领域均获得了稳定健康的发展。

（一）网络铺遍全球

关于华为海外的业务，有这样一个形容：在业务开展的地区，每架飞机上都有华为人。根据华为员工2014年的差旅数据，每天至少有2000名华为人在飞机上度过。① 他们飞去哪里？华为在地球版图上走了多远？其运营商业务中关于LTE②的一组数据可以给我们答案。根据全球移动设备供应商协会（GSM）提供的数据，截至2014年底，全球已有124个国家开通了360个LTE商用网络，用户数接近5亿人。其中，华为已与全球运营商开通了174个LTE商用网络及132个EPC③商用网络，位列业界第一。在海外已经有LTE商用网络的人口超400万的17个城市中，由华为建的占一大半。④ 在发布2013年财报时，时任轮值CEO的徐直军介绍，华为的业务范围已经"从海拔最高的珠穆朗玛峰到遥远的北极圈，从广袤的农村山区到密集的大都市，从发展中的亚

---

① 数据来自华为杭州研究所微信公众号。
② LTE（long term evolution）是由3GPP组织制定的通用移动通信系统技术标准的长期演进，是GSM/UMTS技术标准的升级。与3G相比，LTE显著提高了频谱效率和数据传输速率，减少了系统时延，并支持多种带宽分配。LTE分为TD-LTE和FDD-LTE，虽然被广泛宣传为4G，但并不是严格意义上的4G标准，而是3G向4G升级演进过程中接近3.9G的一代技术标准。
③ EPC网络是4G移动通信网络的核心网。它具备了用户签约数据存储、移动性管理和数据交换等移动网络的传统能力。除此之外，它还增加了符合4G高速数据传输的扁平化网络模型，可满足高速的数据报文交换。
④ 《华为披露全球4G业务进展：LTE商用网络数业界领先》，http://tech.huanqiu.com/comm/2014-10/5184819.html。

非拉到发达的欧洲"，范围可谓不小。

在华为的网络不断铺设的同时，昔日的竞争对手逐渐被赶超。2010年，华为超越了诺基亚、西门子、阿尔卡特、朗讯，成为全球仅次于爱立信的第二大通信设备制造商。2013年，华为总营收和运营商业务利润赶超爱立信，成为业界第一。

（二）移动智能终端全系列布局

华为的终端业务从小灵通起家，其发展受益于运营商业务的展开。早期，在欧洲腹地之外的新兴市场，华为通过与当地电信运营商建立良好商业关系，借助其渠道定制适用于当地用户的合约机套餐，或销售特价机型，在低端市场低利跑量。虽然缺乏清晰而又统一的品牌，但华为凭借这种方式在许多国家培养了自己的客户群。

随着更多竞争者杀入运营商定制机市场，华为的利润空间被一步步压缩。从2011年开始，华为消费者业务开始转型，转向打造自有品牌。2013年底，华为推出了独立品牌"荣耀"，高中低端通吃。而2014年的高端旗舰品牌Mate 7在国际上拿奖不断，卖到脱销，还成为习近平主席会见外宾与出访时的国礼之一。目前，华为已在多个国家成功进入智能手机第一阵营。

2015年初，在华为消费者业务团队的新年致辞上，华为消费者业务CEO余承东透露，2014年华为智能手机发货量将超过7500万部，同比增长超过40%，保持全球第三的地位，迅速缩小与第一名、第二名的差距。华为智能手机的国际化之路，为公司特别是为终端业务带来了品牌知名度的提升。余承东透露，在2011年以前，华为终端的品牌知名度在全球小于3%，但做自有品牌后，第一年品牌知名度提升到25%，第二年提升到52%，2014年已达65%。可穿戴设备也适时加入了华为的智能终端系列。2015年3月2日在巴塞罗那开幕的世界移动通信大会上，各家的可穿戴设备成功抢了手机风头。华为携5款新品亮相，其中的智能手表获得了较高的评价。

（三）全球研发

研发是华为被业界敬重的主要原因之一。创业初期，华为"教父"任正非就一针见血地指出，企业最核心的竞争力其实就是技术。2014年，华为从事研究与开发的人员约为 76000 名，占公司总人数的 45%；研发费用支出占总收入的 14.2%，已经超过了主营业务利润。在过去 10 年里，华为在研发投入上累计超过 1900 亿元。① 与同行业年均 5%~6% 的投入相比，华为每年的研发投入超过整个销售收入的 10%。② 2014 年，华为的研发投入已经超过了主营业务利润。2014 年 11 月，在汤森路透发布的年度全球百强创新机构榜单中，华为成为唯一登陆榜单的中国大陆企业。

截至目前，华为在全球多个国家和地区设立了国际研究所，以实现其全球研发战略。为了实现与客户的快速对接，华为投入巨资与客户建立联合开发实验室。2008 年，华为与沃达丰在西班牙建立了全球应用创新中心；2009 年，华为与沃达丰在意大利联合建立了核心网创新中心；2010 年，华为与挪威 Telenor 建立了联合创新中心。③ 在技术、制造和市场开发领域，华为先后与德州仪器、IBM、摩托罗拉、朗讯、英特尔、SUN 等知名公司展开合作。高投入的研发，给华为在国际市场的竞争带来了高起点和更多的话语权。

二 华为"走出去"的经验

华为以 2 万元创业起家，经过多年的发展，已成长为世界级的巨擘。成功难，持续成功更难，华为历经诸多困境生存下来，在竞争者中脱颖而出，与其公司文化和经营策略紧密相关。

（一）危机意识与自我革命

比尔·盖茨曾说，微软离破产永远只有 18 个月。公司越大，业务越稳固，防范风险、未雨绸缪就显得越重要。业内有人戏称，二十多年里任正非天天都在假定华为明天会垮掉。2000~2008 年，他三次警告"冬天来了"，说"准备好棉衣，总比不准备好"。华为正是在强烈的危机感中存活下来，并发展壮大的。

---

① 华为 2014 年度报告。
② 华为首席财务官孟晚舟对外公布的 2014 年公司业绩预期数据。
③ 符可：《我国电子制造企业在发达国家市场的营销策略——以华为欧洲市场为例》，《企业经济》2012 年第 10 期。

华为的危机意识决定了华为将不断进行自我革新。2011年，华为主动转型，将公司分为三大业务集团，分别面对运营商、企业和消费者。从互联网幕后默默无闻的电信运营商形象跳转为智能手机生产者形象，华为收获的不仅仅是新业务的利润，还有市场的认可和品牌知名度的提升。从主打合约机到推出独立品牌，从采用高通芯片、安卓系统到自主研发芯片和系统，华为试图自给自足，做到不受制于人。而对此，任正非曾尖锐地指出："不能有狭隘的自豪感，这种自豪感会害死我们。"

（二）客户至上与快速反应

2001年7月华为内刊《华为人》有一篇名为《为客户服务是华为存在的理由》的文章，任正非在审稿时，将其名改成了《为客户服务是华为存在的唯一理由》。

客户至上，"永远做乙方"，是华为的一项基本原则。以乙方的心态面对大大小小的客户，就要不断根据客户的需求提升自己的服务质量。许多大型企业在竞争中倒下，就是因为陷入了自我陶醉的规划，耗时耗力，却开发了不符合市场需求的产品。华为则清醒地认识到，行业竞争不仅是一家企业和另一家企业的竞争，而且是一条产业链与另一条产业链的竞争，只有客户获利，产业链才会保持竞争力。在合作中，华为开展了多项举措，让利给客户，同时善待上游供应商，从而培育了较高的渠道忠诚度。对此，任正非表示："我们不想做最赚钱的公司，而是要帮助用户成为最赚钱的公司。"

用户至上，还体现在华为对客户需求的快速响应和定制化开发能力上。分析人士指出，华为正是凭此在市场上快速获得了良好的口碑。[1] 若产品出问题，即使地点远在非洲的乞力马扎罗山，华为也会立刻派工程师到现场，与客户一起解决问题。[2] 2011年，日本大地震和海啸引发福岛核电站发生泄漏，不少外资企业纷纷撤离日本。但华为员工不仅没有因为危机而撤离，反而穿戴上防辐射装备展开工作，在一天之内，就协助软银、E-mobile等客户，抢通了

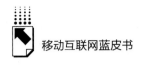

300多个基站。而在埃博拉病毒肆虐的利比里亚，西方企业纷纷撤离，华为则选择了坚守。

（三）渐进式发展："农村包围城市"

华为在国内创业初期，面对国外巨头和国企的竞争，转而埋头在农村市场耕耘，并迅速发展起来。在国际上，华为也借鉴了这种"农村包围城市"的渐进式发展策略，从发展中国家和新兴市场切入，转而"进攻"发达市场。

华为的国际化探索始于1996年。为在海外市场的缝隙中找到立足之地，华为最初选择了国际大公司重视程度较低的俄罗斯和东欧展开业务，次年进入巴西。1998～1999年，华为开始大规模招聘，加速进入亚非拉地区。这些市场的运营商用户少、收入低，希望得到实用而便宜的设备，而华为能够满足其需求。华为在决心打入欧洲腹地时，这些市场已经走向成熟。分析人士指出，如果华为没有那些能源源不断提供收益的母国市场和新兴市场，华为在欧洲博杀的巨额投入就很难得到保证，[①] 与阿尔卡特、爱立信、西门子和诺基亚这些巨头抗衡就更谈不上了。

值得一提的是，在华为重点"进攻"欧洲市场的当下，"农村"依然对其业务保持着较高的贡献。根据华为消费者BG公布的数据，2014年第二季度，华为智能手机在中东及非洲市场同比增长550%，在拉美市场同比增长275%，大大超过了在欧洲的增速。

（四）全球本地化

"glocalization"（全球本地化）一词是由"globalization"（全球化）与"localization"（本地化）组合而成的，该词在华为的表述中频繁出现。2013年，华为在欧洲中东非洲片区（EMEA）、亚太、美洲的销售收入分别占总销售收入的36%、16%和13%。华为的业务在全球均衡发展，与其单一市场的商业理念密不可分。在2014年APEC贸易部长会议上，华为轮值CEO胡厚崑表示，要像在单一市场那样构建全球的价值链，并将全球的优质资源整合到这个价值

---

① 符可：《我国电子制造企业在发达国家市场的营销策略——以华为欧洲市场为例》，《企业经济》2012年第10期。

链里，使每一个单一节点上创造的价值都有可能在全球范围内被分享。在海外扩张的过程中，华为不断践行着这一理念，从资源调配、人员流动到科研共享。华为在拥有优质资源的地区建立不同的研究所和专业能力中心，又通过这些研究所和专业能力中心与全球的合作伙伴进行往来。在管理上，华为对海外分机构采用统一的平台，对全球各地员工一视同仁。

全球化必然伴随着不同市场的"入乡随俗"问题。在中国，7·11便利店出售包子、盒饭套餐，肯德基提供豆浆、油条，都是很好的本地化经营例子。华为本着贴近用户的思路开展本地化运作，从客户需求出发，注重响应速度和服务质量。华为积极与当地高校合作进行员工招聘，海外员工本地化的比例逐年上升，并大胆聘用本地人担任高管。2010～2014年，华为的海外员工本地化率从69%上升至75%，华为成为真正由全球员工组成的企业。与此同时，员工虚拟持股的方案也扩展到了外籍员工范围，2013年首批即覆盖了68个国家的员工，并持续增加。①

三　"走出去"的阻碍与挑战

（一）专利壁垒

对立志"走出去"的中国企业来说，攻占欧美市场，专利问题绝对不容忽视。这一点上，HTC算是前车之鉴。这家曾经做到安卓手机销量第一、全球市场份额超过10%的台湾公司因为与苹果等公司的专利纠纷，多个机型在欧美市场遭禁，市场份额逐渐缩减。HTC董事长王雪红发出感慨："中国若无核心技术，将永远被欧美公司阻挡在外。"

余承东也多次强调专利对中国企业打入欧美市场的重要性。事实上，华为对专利的高度重视与"思科案"有着密切的联系。2003年，思科正式起诉华为及华为美国分公司，诉状涉及专利、版权、商标、不正当竞争等八个方面，几乎涵盖了知识产权的各项内容。经过整整一年半的时间，思科才与华为达成最终和解。"思科案"给华为带来了深深的警示：一个有持续竞争力的公司必

---

① 数据来自历年华为年报及可持续发展报告。

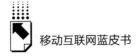

须要有一套成熟的知识产权战略。从此之后，华为分散的知识产权政策逐渐转变，逐步提速专利申请并加大专利交换力度。截至 2013 年 12 月 31 日，华为累计申请中国专利 44168 件，外国专利申请累计达 18791 件，累计获得专利授权 36511 件。① 如果说在 2G、3G 领域，华为在专利上还要"看人眼色"，那么在 4G 领域，4G 专利，特别是 LTE 相关专利的格局已被华为改写。据孟晚舟透露，截至 2014 年，华为拥有的 4G 专利数量已在全球占比达 25%。

（二）国家安全壁垒

提起华为国际扩张中遇到的阻碍，就绕不过在美国市场的一次又一次失败。2007 年，华为携手贝恩资本收购 3Com，却在次年被美国外国投资委员会否决。2010 年，华为携价格优势竞标电商 Sprint 的电信合同，却被美国政界认定存在"巨大风险"。就连仅涉资 200 万美元的对 3Leaf 的收购，也被五角大楼要求再次审查。

以安全为由禁止华为参与项目竞标和并购的不仅是美国，澳大利亚和印度也曾因同样原因做出过相似决定。在关于安全的质疑中，常常被提到的几点包括：华为可能存在中国政府及军方背景、华为的股权不透明等。而在有关人士看来，这样的借口很难掩盖其贸易保护的实质。同时也有不同声音称，华为想要撬动美国市场，必须做出更加开放、透明的举措，比如在美国或中国香港上市。不管怎样，美国依然是华为国际化征程中最重要的一站。在达沃斯论坛上，任正非首次公开回应"解放军背景"一说，称"当兵是偶然"，"华为没有什么背景，没有什么依靠"，并指出，美国的开放精神仍是华为需要学习的。华为在美国会有怎样的未来，只能靠时间去验证。

（三）文化差异

即便是华为这样注重创新和本地化的企业，也会面临文化差异带来的难题。曾有华为的外籍高管指出，公司中文名称是英语国家用户认可该品牌的一大障碍。也有人做过这样一个实验，让一批美国人辨识"Huawei"，基本上没有人能正确读出来，大部分人都将其误读为"Hawaii"（夏威夷）。读音背后

---

① 华为 2013 年可持续发展报告。

的中外文化鸿沟不容忽视，华为给旗下产品取名 Ascend、Honor、Ideos 等，从推广宣传的角度就迎合了海外用户的文化习惯。

华为投放过的一份广受质疑的广告从公司文化层面也说明了这一问题。这则广告通过讲述芭蕾舞者优雅舞姿背后的辛酸和伤痛，试图展示华为成功背后的艰辛和付出。然而，广告并没有收到理想的效果，有评论指出，华为屡战屡败的品格和艰苦奋斗的作风并不为西方用户所认可。用户关心的是产品的品质和性价比，而不会在意一家中国企业是如何艰苦奋斗的，自然更不会关心这样的奋斗是否快乐。

然而，华为有着丰富的海外经营经验和雄厚的资金实力，可以"任性"地尝试，铺天盖地做广告。通过大规模赞助体育赛事、公共交通广告"刷屏"等跨文化通用的宣传思路，华为在全球范围内进行着雄心勃勃的品牌扩张，逐步获得了海外消费者的认可。

四 "全联接"时代：新的机遇

互联网覆盖了全球的各个角落，但仍有超过 44 亿人以及数不清的设备尚未接入互联网。根据华为的预测，到 2025 年将产生千亿级别的连接。[①] 基于对移动互联网技术发展趋势的预判，华为创造了"全联接"一词。打开华为官方网站，在醒目的位置赫然写着"Building a better connected world"（建设更美好的"全联接"世界）。未来巨大市场带来的挑战，正是华为持续增长的动力。

（一）管道战略的坚持

在移动互联网突飞猛进发展的时代，传统运营商的电话、短信等业务受到了互联网企业 OTT 业务的冲击，挣扎在避免成为"管道商"的路上。而华为仍然聚焦"管道"，这一点不曾改变。华为敢于押宝"管道"未来，基于两点原因：任何时候，管道都是最基础的设施；数据流量的管道将会变粗，而且是成数量级的变化，将如任正非所形容的，"像太平洋一样粗"。因此，在运营商尝试"去管道化"的形势下，华为在管道战略的路上继续走远。

---

① 华为刊物《营赢·别册》2014 年 1 月，刊首语。

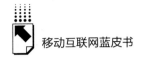
（二）从4G到5G

作为一家科技公司，华为要争夺的永远是下一个时代的市场。随着4G的进一步普及，5G渐渐进入人们视野。工信部与国家发改委等机构发布的《5G愿景与需求》指出，未来移动数据流量将出现爆发式增长，预计2010～2020年全球移动数据流量增长将超过200倍，2010～2030年将增长近2万倍。

2G时代跟着跑、3G时代并肩跑、4G时代领先跑的华为，在全球化的竞争中已逐渐变被动为主动，从遵守标准逐步过渡到制定规则。在2014年的全球移动宽带论坛上，华为方面透露，到2020年前将投6亿美元研发5G技术，实现5G标准化。

远在"全联接"尚未到来之前，华为率先提出了4.5G的标准。如果说大家对5G更多的还是设想，尚未制定有效的标准，那么4.5G更像是理想和现实之间的合理规划。据介绍，4.5G不同于革命性的5G，其本质还是LTE，但与现在的4G相比，4.5G网络的容量将更大，时延将更短，将可以使人和物，特别是物和物连接在一起。[①] 更值得一提的是，4.5G网络不需要"推倒重建"，可以直接由4G网络升级而成。

2016年，华为4.5G网络预计将正式投入商用。此外，华为还宣布与俄罗斯运营商Megafon合作，在2018年世界杯期间推出5G场馆。移动互联网技术的突破将在未来释放多大的能量，有待于今后观察。不过可以确定的是，在未来的行业话语权争夺战中，华为将是一支强大的力量。

---

① 《华为全球首家提出4.5G标准》，http：//epaper. jinghua. cn/html/2014 − 11/11/content_
143521. htm。

附　录

Appendix

B.28

2014年中国移动互联网发展大事记

1. 滴滴打车和快的打车开启支付"补贴大战"

1月10日，滴滴打车与微信支付宣布继续投入2亿元请全国人民打车，在全国32个城市以"乘客立减10元、司机立奖10元"的返现方式推广手机支付；1月21日，支付宝钱包和快的打车联合宣布再投5亿元请全国人民免费打车。此次"补贴大战"一直持续到5月17日。

2. 电信运营商纷纷发布数据流量产品

1月23日，中国电信在广东举办了中国电信综合平台开发运营中心成立发布会，同时发布了数据流量产品"流量宝"，提出流量三网流通、可转赠、索取交易。11月25日，中国联通正式发布了与之类似的"WO＋流量银行"。数据流量交易的推出，是在4G时代手机用户对流量需求越来越大的情况下，运营商市场转型探索的举措之一。

3. 微信推出微信红包

1月26日，腾讯基于微信5.2版本推出了微信红包应用，该应用可以实现发红包、查收发记录和提现等功能，一经推出即引发关注。腾讯数据显示，从除夕当日到大年初一下午，参与抢微信红包的用户超过500万人，共抢红包

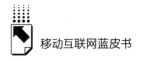
7500 万次以上，用户领取的红包总计超过 2000 万个；除夕夜的最高峰期间，1 分钟有 2.5 万个红包被领取。"抢红包"并非仅为娱乐，娱乐背后的目的在于争夺移动支付的市场。

4.《国家新型城镇化规划（2014~2020年）》发布，智慧城市建设是重头戏

3 月 16 日，《国家新型城镇化规划（2014~2020 年)》发布。这是中央颁布实施的首份城镇化规划。该规划明确要求推进智慧城市建设，推动物联网、云计算、大数据等新一代移动信息技术创新应用，实现与城市经济社会发展的深度融合。

5. 三部门联合开展打击治理移动互联网恶意程序专项行动

4 月 15 日，工业和信息化部、公安部、国家工商行政管理总局决定，2014 年 4~9 月，在全国范围内联合开展打击治理移动互联网恶意程序专项行动，目的是遏制利用恶意程序从事违法犯罪活动的蔓延势头，创造安全的移动互联网信息消费环境。10 月 24 日，中国互联网协会反网络病毒联盟、电信终端测试技术协会、电子认证服务产业联盟在北京组织召开的移动互联网应用程序开发者第三方数字证书签名与验证试点宣介会，是本次专项行动的重要组成部分。此外，北京等地还下架了一批移动互联网恶意程序。

6. 移动搜索市场竞争激烈

4 月 28 日，UC 与阿里巴巴合作，共同发布了其旗下移动搜索引擎品牌"神马搜索"；4 月 29 日，搜狗财报沟通会透露，搜狗将继续借力腾讯在移动端的优势，加强移动布局，6 月 9 日，搜狗上线了微信公众平台的搜索接口；9 月 3 日，百度在百度世界大会上推出了"百度直达号"公众平台，"百度直达号"是商家在百度移动平台的官方服务账号，它基于移动搜索、@账号、地图、个性化推荐等多种方式，可以让顾客"随时随地直达商家服务"。移动搜索是移动互联网的重要入口，2014 年移动搜索市场是 BAT 市场竞争的新焦点。

7. 生活类移动应用快速发展

5 月 6 日，网上订餐平台"饿了么"宣布与大众点评网达成战略合作，获得大众点评网等 8000 万美元的 D 轮融资；8 月 19 日，春雨医生完成 5000 万美元的 C 轮融资，这是国内移动健康领域最大一笔单笔融资。2014 年，大量资金流向生活类应用，餐饮、医疗、旅游、教育等领域的移动应用都得到了较快发展。

8.《5G 愿景和需求》白皮书发布

5 月 29 日，由工信部、国家发改委和科技部联合推动成立的 IMT－2020（5G）推进组在北京召开了主题为"5G 目标及能力"的第二次 IMT－2020（5G）峰会，发布了《5G 愿景和需求》白皮书。

9."今日头条"手机应用获1亿美元融资

6 月 5 日，新闻资讯类手机应用"今日头条"宣布获得 1 亿美元融资，并实现 5 亿美元估值。"今日头条"是一款基于移动互联网的推荐引擎，它可基于绑定的社交媒体账号和大数据挖掘进行信息的智能精准推荐。但与此同时，其版权问题引起了广泛争议。

10. 多家主流媒体推出移动客户端

从 6 月开始，移动互联网迎来了主流媒体新闻客户端建设热潮：6 月 11日，新华社的移动客户端"新华社发布"上线；6 月 12 日，人民日报社正式发布其移动客户端；7 月 22 日，上海报业集团旗下澎湃新闻正式推出新闻网站、应用客户端；其他一些地方媒体也纷纷推出了自己的移动客户端。这是主流媒体在推进传统媒体与新兴媒体融合发展方面迈出的重要一步。

11."2014移动互联发展大会暨第五届中国手机应用开发者大会"召开

6 月 12 日~13 日，由人民日报社等指导、由人民网和艾媒咨询联合主办的"2014 移动互联发展大会暨第五届中国手机应用开发者大会"在北京举行。会议开幕当天发布了《2014 中国媒体移动传播指数报告》和《中国移动互联网发展报告（2014）》。

12. 铁塔公司成立

7 月 15 日，中国移动、中国联通、中国电信在北京共同宣布成立了中国通信设施服务股份有限公司（简称"铁塔公司"）。铁塔公司主营铁塔的建设、维护和运营，铁塔公司拟通过基站共建共享，减少基站及相关基础服务的重复建设，提升宽带接入速度并降低资费。

13. 手机网民在中国网民中的占比超过80%

7 月 21 日，中国互联网络信息中心发布了《中国互联网络发展状况统计报告（2014 年 7 月）》。该报告显示，截至 2014 年 6 月，我国网民规模达 6.32

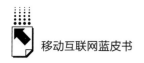

亿人，互联网普及率为46.9%，其中手机网民规模达5.2亿人，网民中使用手机上网的比例超过80%。

14.移动支付进入爆发式增长期

8月2日，中国互联网协会与新华社《金融世界》联合发布《中国互联网金融报告（2014）》。该报告显示，2014年我国手机支付用户规模达1.25亿人，同比增长126%，手机支付、网络银行、金融证券等相关各类移动应用累计下载量超过4亿次。其中，支付宝钱包下载量占比达58%。在2014年的天猫"双十一"购物节中，无线端成交量占比42.6%。12月8日，支付宝发布十年对账单，数据显示移动支付笔数占比超过50%。

15.《即时通信工具公众信息服务发展管理暂行规定》发布

8月7日，国家互联网信息办公室发布《即时通信工具公众信息服务发展管理暂行规定》（俗称"微信十条"），对微信等即时通信工具服务提供者的服务、使用者的使用行为进行了规范，对通过即时通信工具从事公众信息服务的活动提出了明确管理要求。

16.《关于推动传统媒体和新兴媒体融合发展的指导意见》出台，强调顺应互联网传播移动化等趋势

8月18日，中央全面深化改革领导小组第四次会议审议通过了《关于推动传统媒体和新兴媒体融合发展的指导意见》等文件。该意见强调，推动媒体融合发展，要顺应互联网传播移动化、社交化、视频化的趋势，积极运用大数据、云计算等新技术，发展移动客户端、手机网站等新应用与新业态，以新技术引领媒体融合发展，驱动媒体转型升级。

17.国信办要求推动党政机关等运用即时通信工具开展政务信息服务工作

9月10日，国家互联网信息办公室下发通知，要求全国各地网信部门推动党政机关、企事业单位和人民团体积极运用即时通信工具开展政务信息服务工作，大力推动即时通信工具政务公众号的建设、发展和管理。

18.微软小冰成功预测苏格兰公投结果

9月18日，由微软亚太研究院研发的人工智能机器人小冰成功预测了苏格兰公投结果：苏格兰将有超过一半的概率（51.3%）留在英国。微软小冰5月29日在微信发布上线。之后，经历了被微信封杀、在微博复活、进行跨平台整合等一系列事件，微软小冰发布了第二代产品，体现了微软在"人工智

能＋移动互联"这一领域的前沿探索。

19. 利用应用程序发新闻须获从业资格

11月26日，首都互联网协会发布《北京市移动互联网应用程序公众信息服务自律公约》，同时推出了《维护APP信息服务秩序承诺书》，提出对应用程序的运营者实行真实身份信息注册制度，利用应用程序从事新闻信息服务活动必须取得从业资格。

20. LTE 混合组网试点扩大

12月17日，中国电信和中国联通分别发布公告，宣布TD–LTE/FDD–LTE混合组网试验城市范围再次扩大，分别增加15个，累计达56个。6月27日，工信部正式向中国电信、中国联通颁发TD–LTE/FDD–LTE混合组网试商用经营许可证，两家运营商分别获许在16个城市展开试点。8月28日，工信部扩大了两家企业的试验范围，试点城市各增加至40个。

21. 2014年全国4G用户超9000万人

据工信部数据，2014年我国发展4G用户9000万人，总量达9728.4万人。4G用户的快速发展主要得益于中国移动网络的快速建设、多款4G千元机的推出、4G资费的不断下降。

22. 移动互联网流量高速增长，手机贡献超过八成

据工信部数据，2014年移动互联网接入流量消费达20.62亿GB，同比增长62.9%，比上年提高18.8个百分点。其中手机上网流量达17.91亿GB，同比增长95.1%，在移动互联网总流量中的占比达86.8%，成为推动移动互联网流量高速增长的主要动力。

23. 我国手机用户的月均点对点短信量继续下降

据工信部数据，在微信等新型即时消息类应用的替代作用下，移动短信业务量和收入降幅均超过10%。2014年，全国移动短信业务量为7630.5亿条（2012年是8973亿条）；月户均点对点短信量连续五年持续下降，目前只有36.8条/月/户（2010年为69.8条/月/户）。

Abstract

Annual Report on China's Mobile Internet Development (2015) is a collective effort by the researchers and experts from the Institute of People's Daily Online, as well as other research branches of government, industry and academia. It is also a combination of general research, systematic analyses, and data-based studies on the status, features, and stresses of China's mobile internet development in 2014.

The report is divided into five major sections: The General Report presents the emerging ecosystem of the mobile internet in China, and provides an in-depth interpretation and analysis of its features and impacts. The Overall Reports conduct special analysis and assess future prospect on issues concerning the mobile internet such as the innovation laws and future trends of mobile media, the new mobile internet society, the direction of the future intelligent internet, mobile technology innovation, the application of artificial intelligence in the mobile internet, mobile internet and information security. The Sector Reports combine introductions to and analyses of the mobile internet's impact on industry models, mobile applications in enterprises, the online-to-offline's temporal and spatial reconstruction of traditional industries, the development of wireless broadband networks and services, and the market trends for mobile devices in China. The Market Reports offer specific views and information on mobile capital market development and mobile use in social networks, marketing, reading, developer platform, health, video. The Special Reports focus on new patterns in the traditional media's mobile communication, the development of mobile news applications, Wechat supscription accounts and mobile audio applications, mobile internet application users' behaviors, construction of smart cities. There is also a case study on Huawei's overseas mobile strategies and development.

The Appendix lists the memorable events of China's mobile internet in 2014.

Contents

B I   General Report

Abstract: "Mobile Internet Plus", being the core of "Internet Plus", leaves much room for imagination. The mobile Internet has penetrated deeply into various industries to disrupt traditional ways and to create new modes, forming mobile Internet ecosystems. The mobile Internet has stepped into the phase of steady development in China, enhancing its globalization and intelligentized construction, opening an era of smart society. The mobile Internet is also facing numerous security challenges. It is the right time to enforce the governance as to make development of the mobile Internet in China.

Keywords: Mobile Internet; Internet Plus

B II   Overall Reports

Abstract: The market of mobile media is made up of four types of product: products for network access, content products, social relations products and service

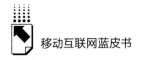

products. A good market structure depends on the connection and mutual support of the four parts. There are three basic laws for the innovation of mobile media. The first involves making use of the energy of the limit points of the pendular movement of a product. The second means making breakthrough by restriction. The third comprises making professional tools for amateurs. In the near future, Chinese mobile media will develop in the following directions: A deeper convergence of social media and news Apps; Updating of UGC and crowd sourcing model; Part-professionalization of We Media; Accelerating of the transformation of mobile Internet entrances to platforms; Rise of service media. In the long term, mobile media will be reshaped by the Internet of Things, wearable terminals and big data. Cloud Media may emerge as a new kind of personal portal.

Keywords: Mobile Internet; Mobile Media; UGC; Internet of Things

B. 3   Intelligent Internet: Direction of the Future   *Xiang Ligang* / 041

Abstract: Since the traditional Internet is now facing bottlenecks, Intelligent Internet will be the next big opportunity. Intelligent Internet is a new system based on ubiquitous mobile communication, intelligent sensing, and big data. It will fundamentally change military, transportation, health management and mobile e-commerce in many ways.

Keywords: Intelligent Internet; Big Data; Intelligent Sensing

B. 4   The New Mobile Internet Society   *Hu Yong, Xiang Kun* / 047

Abstract: With the development of the mobile Internet, China has a new catalyst for social transformation. It is bringing forth an entire "social generation", reshaping the social structure and many social functions. Changes in social communication and social interaction will result in new forms of governance, making a new mobile Internet society possible.

Keywords: Mobile Internet; Social Structure; Individual Freedom; Forms of Governance

B. 5   Technological Innovations of China's Mobile Internet

Lu Bo, Xu Zhiyuan and Huang Wei / 056

Abstract: Mobile Internet technology continues to upgrade and innovate. This success has prompted the Mobile Internet to be the largest Information consumption market and become a key force throughout the ICT industry. The innovations of China mobile Internet rely on both hardware and software. In terms of hardware, they hold the opportunity and follow closely the technology roadmap of mainstream enterprise, which have achieved important breakthroughs in areas such as chips, basic materials, and peripheral devices area. In terms of software, they fully exploit their strengths, actively exploring in the operating systems area and implement disruptive innovation in the applications. A newly-invented application-oriented online service from China may come into existence throughout the world.

Keywords: Mobile Internet; Hardware; Operating Systems; Applications and Services

B. 6   The Application of Artificial Intelligence in Mobile Internet

Li Di, Zhang Yizhao / 067

Abstract: Along with the the rapid development of mobile Internet, big data and machine learning are two hottest trends, letting the artificial intelligence (AI) technology to complete its closed loop including technology, product, commercial and user sectors. The AI was fragmented rather than integrated system until Xiaoice, a Siri-like application of Microsoft, appeared. AI is already trying to achieve a key goal: a complete intelligent personal agent, which can build an emotional connection with people, and react, think and make decisions. There are still several major hurdles to be overcome, such as the steps from smart machine to intelligent machine, and from rational computing to emotional computing.

Keywords: Artificial Intelligence; Mobile Internet; Big Data

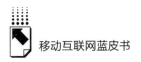

Abstract: With the rapid development of the mobile Internet, various security issues have arisen such as malicious programs and personal information leakage. Mobile internet security is not only related to individuals, corporations and organizations; it has even become an issue of national security. However, current laws and regulations, security supervision models, and security protection systems still need to be adapted to the mobile internet. Security standards need to be further improved and technical evaluation needs to be strengthened to improve the security level of individuals, corporations and the nation.

Keywords: Mobile Internet; Information Security

ℬ Ⅲ   Sector Reports

Abstract: 2014 was a crucial year for the development of the mobile Internet industry. The mobile Internet was expanding at the application level. Its impact on industry continues to grow. The mobile Internet has become an important way to gain efficiency in all walks of life. The mobile Internet is profoundly changing the daily and working lives of users. Ways of thinking are changing in the mobile Internet business, contributing to the arrival of the industrial age of the Internet. Developing trends indicate that enterprise applications, crowd sourcing, and big data will become important ways to promote the industrial development of the mobile Internet revolution. The role of mobile Internet still needs further development.

Keywords: Mobile Internet; Industry Model; Industry 4. 0

B. 9 Analytical Report on Mobile Applications in Enterprises

Wang Bin, *Liu Zhenxing* / 100

Abstract: The vigorous development of the mobile Internet in recent years has brought more productive tools to enterprises via the Internet and reshaped the industry and markets in every respect. Enterprise mobile application (EMA) has a bright future because it can reduce production and management costs, improve efficiency and maintain customer relationships, and optimize areas such as after-sales service, quality of product, and brand marketing. All of above are of great significance to business. Ultimately we predict that EMA will be a key indicator of the composite completeness for business and it is a priority to act accordingly.

Keywords: Enterprises Mobile Application; APP; Enterprise Information Management

B. 10 Online-to-Offline's Temporal and Spatial Reconstruction of Traditional Industries

Tan Mingzhou, *Liu Yang* / 111

Abstract: O2O is a combination of online and offline. It has four impacts: overlay, integrate, transform, and enhance. In 2014, O2O achieved further development in China. Through temporal and spatial reconstruction, it brought revolution and innovation to traditional industries, expanding channels of marketing and introducing new shopping experiences. In the future, O2O penetration into traditional industries will intensify. Its entrepreneurial threshold will be higher. Its resource integration will be more difficult. Competition will intensify.

Keywords: Online-to-Offline; Industry Model; Temporal and Spatial Reconstruction

B. 11 The Development of Wireless Broadband Networks and Services in China

Pan Feng, *Fu Youqi* / 122

Abstract: In 2014, the mobile telecommunication industry in China entered

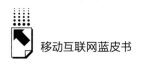

the 4G era. The largest 4G network in the world was built and the number of 4G subscribers increased rapidly. WLAN networks have experienced steady growth, and a new cooperative model of WLAN operation has emerged. Rapid growth of mobile data traffic continued in 2014, and telecom operators transformed their operations from voice to data. A national tower company was founded, which will significantly improve the efficiency and benefits of telecom infrastructure construction and further advance China's national Broadband Strategy.

Keywords: Wireless Broadband Network; Mobile Data Traffic; Data Service Monetization; Tower Company

B. 12 Market Trends for Mobile Devices in China　　　*Yang Xi* / 134

Abstract: In 2014, intelligent terminal markets entered a period of structural adjustment, and the smartphone market matured. The Internet of things and mobile internet were converging. Wearable devices became the next must-have. Terminal Enterprises manufactured hardware with Internet thinking, guiding to the traditional field of rapid expansion of intelligent hardware.

Keywords: Smart Connected Device; Market Structure; Wearable Technology

ℬ Ⅳ Market Reports

B. 13 China mobile Internet Market Development
　　　Status and Trends　　　*Ruan Jingwen, Wu Dan* / 145

Abstract: In 2014 China's mobile Internet market maintained a rapid growth. This year will see the continuous introduction of policies and regulations to guide the direction of Industrial Development. Influx of capital is a catalyst for the development of mobile Internet and emerging industries. Mobile internet field end of traditional PC migration gradually and mature industry gradually penetrates the three or four line of the city.

Keywords: China Mobile Internet Market; Mobile Internet

B. 14　Analysing the Capital Market Development of China's

Mobile Internet in 2014　　　　　　　　*He Shuhuang* / 157

Abstract: 2014 was the hottest year for the Mobile internet capital market in China. The development of mobile communication infrastructure, the increasing number of mobile phone users, and the functional enrichment of intelligence terminal devices had the keen noses of investors sniffing around the mobile internet field. According to public records, investment and financing in the field of China's mobile internet in 2014 amounted to over 16 billion USD, with more than 1000 investment and financing projects, involving the fields of online education, mobile health, O2O, intelligent hardware, mobile games, e-business and more. In this early stage of the mobile internet the market is still unsteady and the Matthew Effect is not yet obvious. Therefore, the mobile internet market is very attracted to VC, internet giants and cross-industries. Driven by the investor, the development of mobile internet will reach the peak of a new wave of development.

Keywords: Mobile Internet Investment; Financing Intelligent Hardware; O2O

B. 15　Research on Mobile Social Network in China

Kuang Wenbo, Liu Bo / 174

Abstract: The Mobile Social Network is particularly active at present in China. Its communicative characteristics are obvious. Users are always online, communication is decentralized, audience is more anti-popularization, information is fragmented and user-driven, user location is orientative. Mobile Social Networks enrich social forms, Social information is more real and abundant. The Mobile Social Network also has issues: Information overload, mobile phone dependency, insecure, and a risk to privacy. WeChat is only strongest status in the future. The competition among Mobile Social Networks is growing more fierce. Mobile Social Network with video and sounds is an advancing trend.

Keywords: Mobile Social Network; Users Analysis

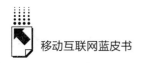
B. 16   Innovation and Growth: An Analysis of China's
Mobile Marketing Development   *Calvin Chan* / 185

Abstract: With the development of mobile Internet, the importance of mobile marketing is readily acknowledged by the digital marketing industry. Revenues from mobile marketing in China reached nearly 30 billion in the year 2014, with year on year growth of over 100%. Fast growth is expected to continue for at least $2-3$ years. Native ads, programmatic buying, integrated interactive marketing and marketing on wearable devices are 4 innovation trends in Chinese mobile marketing in the year 2015. Meanwhile, lack of deep mobile user understanding, and lack of industry standards and measurement tools are the main challenges Chinese mobile marketers are facing.

Keywords: Mobile Marketing; Native Advertisement; Programmatic Buying

B. 17   Mobile Reading Moving Towards Diversification
Cai Jin, Li Zhaoyang / 198

Abstract: With the burst growth of social concern and increased users awareness, the income of mobile reading has rising considerably. But the rising has reached its limit due to intensive competition. As low dimension product in "pervasive entertainment", mobile reading not only faces pressure of free reading trend but also fights with high dimension products such as gaming for fragmented time. Under such circumstances, mobile reading needs to improve the quality of its content and find a way out by personalizing, high-quality and full-copyright operation.

Keywords: Mobile Reading; Mobile Internet; IP (Intelltual Property)

B. 18   An Analytical Report on Developer-oriented

Services and Platforms for Mobile Internet   *He Shuhuang* / 210

Abstract: The rapid development of the Mobile Internet has driven a complete system of mobile application development. In 2014, the number of mobile application developers in China reached over three million, with a growth rate of about 16%. Benefited from the open and support of developers' service platform, its surviving environment has been further improved. The competition of development platforms makes services better and better for the application developers. The interdependence of mobile application developers and the mobile application development platform results in a healthy trend for mobile application development in China and acts as an impetus to China's mobile internet.

Keywords: Developers; Mobile Developers; Platforms Serving for Mobile Developers; Open Platform

B. 19   Study on the Development of the Mobile Health Industry

Chen Yahui / 223

Abstract: In 2014, traditional healthcare has become last giant market in the process of ongoing Internet transformations. The domestic mobile medical industry is mainly concentrated in the following areas: connections between doctors and patients, preliminary medical operations, intelligent hardware and wearable devices, health O2O and doctors' tools. In terms of age distribution, users of mobile medical products are much distinctive with traditional medical institutions. In the future, China's mobile medical industry will promote the implementation of grading clinics, help ease the tensions between doctors and patients, and drive national health care reform, which will represent great progress of China's medical industry.

Keywords: Mobile Health; Online Inquiry; Patient Communication Platform

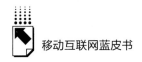
B. 20   The Development Analysis of Mobile Video in 2014

Calvin Chan / 234

Abstract: Mobile video user numbers surpassed PC-based video user numbers in 2014. Mobile video has therefore been the most important driver of online video market development. High speed, a stable operating environment, and low pricing of 4G telecom services will definitely stimulate the growth of mobile video consumption. With the popularization of 4G in China, in 2015 mobile video will continue to grow rapidly in user numbers, video consumption, and variety of video content. Cross screen integration, big data, Ad format innovation and programmatic buying will be key trends in mobile video marketing in the near future.

Keywords: Mobile Video; 4G; Mobile Video Marketing

Ⅰ V   Special Reports

B. 21   New Pattern of Chinese Traditional Media's Mobile
Communication in 2014

Li Lidan, Wang Peizhi and Huang Xiaobao / 246

Abstract: In 2014, the traditional media accelerated their use of mobile communication. Newspapers have significantly improved their overall level of mobile communication. Audio or visual programs and channels have generally adopted mobile products. Media's subscribing account in Wechat and its own APP are the core competitiveness of its mobile communicational platform. Connecting online and offline and gathering communities are the characteristic path of the era of mobile Internet. There are effective ways to earn users' loyalty by designing productions based on user's personalities collected by users' log and making service as location-based.

Keywords: Mobile Transmission; Traditional Media

B. 22   The Analysis of Current Situation and Developing

Trend of 2014 Mobile News Clients

Ding Daoshi, Zheng Chunhui and Li Guoqi / 267

Abstract: The mobile news App has become a new type of news media. China mobile news App has undergone rapid development in 2014. Through the analysis of domestic 51 higher downloads mobile news App, we found that there is no completely positive correlation between downloads and users' high rate. Tech news is the most popular. Future mobile trends will include increased video content, usage scenarized and dissemination socialized.

Keywords: The Mobile Internet; Mobile News App

B. 23   Situation Analysis of the Development of Mobile Audio App

Wang Zhaojun, Zheng Yuan and Huang Chao / 278

Abstract: The popularity of the car led to a great improvement in auto radio, and the rapid development of the mobile Internet can give to radio a new lease of life. A wide variety of audio software enables us to listen to the world through mobile phone apps, such as listening to a book, listening to music, listening to audio information, obtaining education through audio, and taking UGC classes. Such information is available by push, on-demand, and in personalized forms. These colorful audio apps are being widely welcomed by users. Currently, the audio quality of phone software is limited, copyright issues exist, and government has to face regulatory difficulties. These problems need to be resolved.

Keywords: Mobil Internet; Audio Transmit; Mobil App

B. 24   The Behavior Analysis of Mobile Internet App User in 2014

Jiao Yue, Ren Mingyuan and Qian Zhuang / 285

Abstract: With the development of China's mobile Internet industry, the

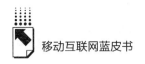

competition for APP developers is now more intense. Developers will continue to face both opportunities and challenges. It is essential that they understand in depth the current trends in China's mobile Internet industry and user behavior. This paper introduces the China's mobile Internet market, followed by user analysis, including user geographical distribution and migration, and time distribution. Users are also divided into three categories (frequent users, ordinary users and less frequent users) in order to further understand different user behavior. At the end of this paper, Umeng forecasts several development trends in China's mobile internet industry based on the data it has collected.

Keywords: Frequent Users; Less Frequent Users; Big Screen; 4G

B. 25 China's Mobile Internet and Wisdom City
Construction Analysis *Gu Qiang, Huang Dai* / 294

Abstract: In 2014, with the development of the mobile Internet, the smart city construction had many highlights, such as smart community, wisdom park and wisdom industry, having three major characteristics. Firstly, the mobile Internet applications became a powerful drive to encourage the enterprise and the public to participate in the smart city infrastructure construction. Secondly, the mobile Internet applications promoted the equalization of the city public service. Thirdly, the mobile Internet applications' highlights switched from consumption to production. This study provides four suggestions: the authority's establishment of the smart city construction standard and evaluation, the enforcement of the data openness and security, the intelligent transformation of the urban information services and the building of vertical and integral smart industry chain.

Keywords: Mobile Internet; Smart City; Wisdom Industry Chain

B. 26 The Status and Development of China Media's Public
Accounts on WeChat *Yang Shujuan, Zhang Wenle* / 305

Abstract: The WeChat Public Account or Official Account is a new way of press release in China. This study selected 617 most popular WeChat public accounts run by kinds of media in November, 2014 and used the WeChat Communication Index (WCI) to evaluate their communication effects in terms of type and region. This study pointed out several problems of the Public Accounts such as their limitation of information capacity, homogenization, lack of interaction and service function. It suggests the media should develop the service function of their Public Accounts, following the trends of decentralization, vertical distribution and socialization.

Keywords: WeChat Public Platform; Media Public Account; WeChat Communication Index

B. 27　Go Global: The Overseas Mobile Strategies and
Development of Huawei　　　　*Zhang Yixuan*, *Wang Wei* / 325

Abstract: Huawei started its business with capital of only 20000 RMB. After 28 years, it has become an industry leader. In 2014, 70 percent of Huawei's revenues derived from its overseas business. This outstanding achievement results from its' "Go Global" strategy, which was launched in 1996. Huawei boldly went abroad, worked hard in the global market, and experienced many setbacks, but finally achieved great success. In the 2G era, Huawei ran behind. In the 3G era, it ran side by side. In the era of 4G Huawei is now leading the way. Moreover, Huawei is working on 4.5G nowadays and is sketching for the era of 5G.

Keywords: Huawei; Internationalization

ℬ Ⅵ　Appendix

B. 28　The Memorable Events of China's Mobile Internet in 2014
/ 335

❖ 皮书起源 ❖

"皮书"起源于十七、十八世纪的英国，主要指官方或社会组织正式发表的重要文件或报告，多以"白皮书"命名。在中国，"皮书"这一概念被社会广泛接受，并被成功运作、发展成为一种全新的出版型态，则源于中国社会科学院社会科学文献出版社。

❖ 皮书定义 ❖

皮书是对中国与世界发展状况和热点问题进行年度监测，以专业的角度、专家的视野和实证研究方法，针对某一领域或区域现状与发展态势展开分析和预测，具备权威性、前沿性、原创性、实证性、时效性等特点的连续性公开出版物，由一系列权威研究报告组成。皮书系列是社会科学文献出版社编辑出版的蓝皮书、绿皮书、黄皮书等的统称。

❖ 皮书作者 ❖

皮书系列的作者以中国社会科学院、著名高校、地方社会科学院的研究人员为主，多为国内一流研究机构的权威专家学者，他们的看法和观点代表了学界对中国与世界的现实和未来最高水平的解读与分析。

❖ 皮书荣誉 ❖

皮书系列已成为社会科学文献出版社的著名图书品牌和中国社会科学院的知名学术品牌。2011年，皮书系列正式列入"十二五"国家重点图书出版规划项目；2012~2014年，重点皮书列入中国社会科学院承担的国家哲学社会科学创新工程项目；2015年，41种院外皮书使用"中国社会科学院创新工程学术出版项目"标识。

中国皮书网

www.pishu.cn

发布皮书研创资讯，传播皮书精彩内容
引领皮书出版潮流，打造皮书服务平台

栏目设置：

☐ 资讯：皮书动态、皮书观点、皮书数据、
　　　　皮书报道、皮书发布、电子期刊
☐ 标准：皮书评价、皮书研究、皮书规范
☐ 服务：最新皮书、皮书书目、重点推荐、在线购书
☐ 链接：皮书数据库、皮书博客、皮书微博、在线书城
☐ 搜索：资讯、图书、研究动态、皮书专家、研创团队

中国皮书网依托皮书系列"权威、前沿、原创"的优质内容资源，通过文字、图片、音频、视频等多种元素，在皮书研创者、使用者之间搭建了一个成果展示、资源共享的互动平台。

自 2005 年 12 月正式上线以来，中国皮书网的 IP 访问量、PV 浏览量与日俱增，受到海内外研究者、公务人员、商务人士以及专业读者的广泛关注。

2008 年、2011 年中国皮书网均在全国新闻出版业网站荣誉评选中获得"最具商业价值网站"称号；2012 年，获得"出版业网站百强"称号。

2014 年，中国皮书网与皮书数据库实现资源共享，端口合一，将提供更丰富的内容，更全面的服务。

法 律 声 明

"皮书系列"（含蓝皮书、绿皮书、黄皮书）之品牌由社会科学文献出版社最早使用并持续至今，现已被中国图书市场所熟知。"皮书系列"的LOGO（　）与"经济蓝皮书""社会蓝皮书"均已在中华人民共和国国家工商行政管理总局商标局登记注册。"皮书系列"图书的注册商标专用权及封面设计、版式设计的著作权均为社会科学文献出版社所有。未经社会科学文献出版社书面授权许可，任何使用与"皮书系列"图书注册商标、封面设计、版式设计相同或者近似的文字、图形或其组合的行为均系侵权行为。

经作者授权，本书的专有出版权及信息网络传播权为社会科学文献出版社享有。未经社会科学文献出版社书面授权许可，任何就本书内容的复制、发行或以数字形式进行网络传播的行为均系侵权行为。

社会科学文献出版社将通过法律途径追究上述侵权行为的法律责任，维护自身合法权益。

欢迎社会各界人士对侵犯社会科学文献出版社上述权利的侵权行为进行举报。电话：010－59367121，电子邮箱：fawubu@ ssap. cn。

社会科学文献出版社